中等职业教育系列教材

计算机绘图（AutoCAD 2006）实训教程

主　编　张瑜　张娜

副主编　范海英　山　屹

主　审　孙伟国

西安电子科技大学出版社

2009

内 容 简 介

本书结合中等职业教育的教学特点和培养目标，在内容上以够用为原则，以提高学生的实际操作能力为目的，以任务驱动形式为编写方法。本书主要内容包括：AutoCAD 2006 入门、绘制平面图形、基本绘图工具、平面图形的编辑、显示控制、文字与表格、尺寸标注、图块及设计中心、数据交换与图形输出、综合应用等。

本书结构合理，层次清晰，语言简明通俗，内容丰富，突出了中等职业学校教材的实用性和可操作性，每章后均附有实训部分，便于学生上机练习。本书是面向中等职业教育的教材，也可作为计算机绘图(AutoCAD 2006)培训教材以及计算机辅助设计人员的参考工具书。

图书在版编目(CIP)数据

计算机绘图(AutoCAD 2006)实训教程 / 张瑜，张娜主编. —西安：西安电子科技大学出版社，2009.2

(中等职业教育系列教材)

ISBN 978-7-5606-2202-6

Ⅰ. 计…　Ⅱ. ① 张…　② 张…　Ⅲ. 计算机辅助设计—应用软件 AutoCAD 2006—专业学校—教材

Ⅳ. TP391.72

中国版本图书馆 CIP 数据核字(2009)第 007706 号

策　　划　高维岳

责任编辑　张　玮　高维岳

出版发行　西安电子科技大学出版社(西安市太白南路 2 号)

电　　话　(029)88242885　88201467　　邮　编　710071

网　　址　www.xduph.com　　电子邮箱　xdupfxb001@163.com

经　　销　新华书店

印刷单位　陕西天意印务有限责任公司

版　　次　2009 年 2 月第 1 版　　2009 年 2 月第 1 次印刷

开　　本　787 毫米×1092 毫米　1/16　印　张　16.875

字　　数　394 千字

印　　数　1～4000 册

定　　价　24.00 元

ISBN 978-7-5606-2202-6/TP・1123

XDUP 2494001-1

如有印装问题可调换

中等职业教育系列教材
编审专家委员会名单

前　言

AutoCAD 是美国 Autodesk 公司开发研制的一种功能强大的绘图软件，其广泛应用于建筑、机械、化工、电子等领域。该软件能根据用户要求迅速、精确地在计算机屏幕上绘制出所需图形，用户也可随时按需要对图形进行任意修改，使用方便快捷，利用打印机或绘图仪可以方便地将图形输出到图纸上，线条均匀、美观。中文版 AutoCAD 2006 的功能更为强大，使用更为简便，非常适合学习计算机绘图的初学者。

本书结合中等职业教育的教学特点和培养目标，在内容上以够用为原则，以提高学生的实际操作能力为目的，以任务驱动形式为编写方法。本书主要内容包括：AutoCAD 2006 入门、绘制平面图形、基本绘图工具、平面图形的编辑、显示控制、文字与表格、尺寸标注、图块及设计中心、数据交换与图形输出、综合应用等。

本书结构合理，层次清晰，语言简明通俗，内容丰富，突出了中等职业学校教材的实用性和可操作性，每章后均附有实训部分，便于学生上机练习。

本书第 1 章及第 10 章由张娜老师编写，第 2 章由山屹老师编写，第 3 章由赵小刚老师编写，第 4 章由刘海峰老师编写，第 5 章由范海英老师编写，第 6 章由张瑜老师编写，第 7 章由杨晶老师编写，第 8、9 章由张小彬老师编写。全书由张瑜、张娜、范海英、山屹统稿，由张瑜最终审定，并由大连电子学校的孙伟国高级讲师主审。

由于编者水平有限，书中难免存在遗漏和不足之处，恳请读者不吝赐教，以便再版时修改完善。

编　者

2008.11

目　录

第 1 章　AutoCAD 2006 入门

本章学习目标：

- ✧ 了解 AutoCAD。
- ✧ 掌握设置绘图环境的方法。
- ✧ 熟悉 AutoCAD 的操作界面。
- ✧ 熟练配置绘图系统。
- ✧ 掌握 AutoCAD 的文件管理。
- ✧ 掌握基本输入操作。

1.1　AutoCAD 简介

本节任务：

- ✧ 了解 AutoCAD 的发展及其应用领域。
- ✧ 熟悉 AutoCAD 的特点。

1. AutoCAD 的发展及其应用领域

AutoCAD 是美国 Autodesk 公司推出的集二维绘图、三维设计、渲染以及通用数据库管理和互联网通信功能为一体的计算机辅助绘图软件包。该软件自 1982 年推出，二十多年来，从初期的 1.0 版本逐步升级，由 V2.6、R9、R10、R12、R13、R14、R2004、R2006 等典型版本，发展到目前的 AutoCAD 2008 版。早期的版本只是绘制二维图的简单工具，画图过程很长，非常费时，但现在它已经集平面绘图、三维造型、数据库管理、渲染着色、互联网等功能于一体，并提供了丰富的工具集。所有这些功能使用户能够轻松快捷地完成设计工作，还能方便地重复使用各种已有的数据，从而极大地提高了工作效率。

AutoCAD 软件不仅在机械、电子和建筑等工程设计领域得到了大规模的应用，而且在地理、气象、航海等特殊图形绘制方面，甚至是在乐谱、灯光、幻灯和广告等其他领域也得到了广泛的应用，目前已成为微机 CAD 系统中应用最为广泛和普及的图形软件。

当今，AutoCAD 在全世界 150 多个国家和地区广为流行，占据了近 75%的国际 CAD 市场。全球现有近千家 AutoCAD 授权培训中心，每年约有 10 多万名各国的工程师接受培训。此外，全世界大约有 10 多亿份 DWG 格式的图形文件在使用、交换和储存，其他大多数 CAD 系统也都能够读入 DWG 格式的图形文件。可以这样说，AutoCAD 已经成为二维 CAD 系统的标准，而 DWG 格式文件已成为工程设计人员交流思想的公共语言。

2．AutoCAD 的特点

(1) 具有完善的图形绘制功能。

(2) 具有强大的图形编辑功能。

(3) 可以采用多种方式进行二次开发或用户定制。

(4) 可以进行多种图形格式的转换，具有较强的数据交换能力。

(5) 支持多种硬件设备。

(6) 支持多种操作平台。

(7) 具有通用性、易用性，适用于各类用户。

1.2 设置绘图环境

本节任务：

✧ 学会设置图形的系统参数和样板图等，促进对图形总体环境的认识。

✧ 熟悉建立新的图形文件、打开已有文件的方法。

任何一个图形文件都有一个特定的绘图环境，包括图形边界、绘图单位、角度等。设置绘图环境通常有两种方法，即设置向导与单独的命令设置方法。通过学习设置绘图环境，可以促进对图形总体环境的认识。

启动 AutoCAD 2006 之后，出现图 1-1 所示的“启动”对话框。“启动”对话框是每次启动 AutoCAD 2006 时出现的第一个屏幕画面，用户可以从这里开始，单击相应的按钮来以不同的方式设置初始绘图环境。

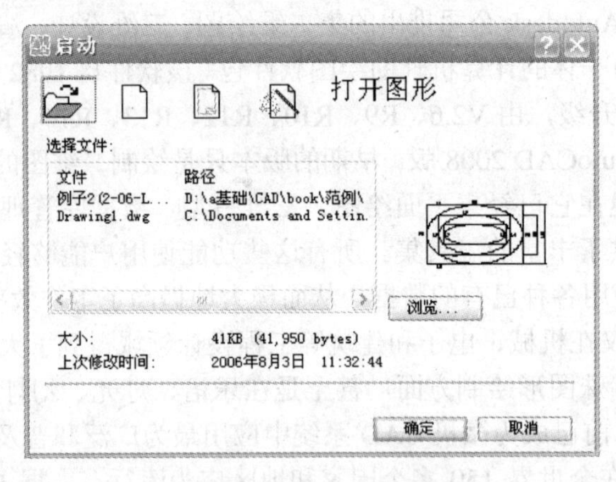

图 1-1 “启动”对话框

在“启动”对话框中有“打开图形”、“从草图开始”、“使用样板”和“使用向导”四个按钮，下面分别介绍。

提示： *启动 AutoCAD 2006 之后，如果不出现“启动”对话框，可以将菜单“工具”→“选项”→“系统”选项卡中“基本选项”设置中的“启动”由“不显示‘启动’对话框”改为“显示‘启动’对话框”。*

1．打开图形

“打开图形”的操作步骤如下：

(1) 单击“启动”对话框中的“打开图形”按钮，系统即可显示某些已经保存的图形，如图 1-1 所示。

(2) 选定某个已经保存的图形文件，单击“确定”按钮，绘图环境就和所打开图形的绘图环境相同。

2．从草图开始

“从草图开始”的操作步骤如下：

(1) 单击“启动”对话框中的“从草图开始”按钮，系统将提示用户选择绘图单位(英制或公制)，如图 1-2 所示。

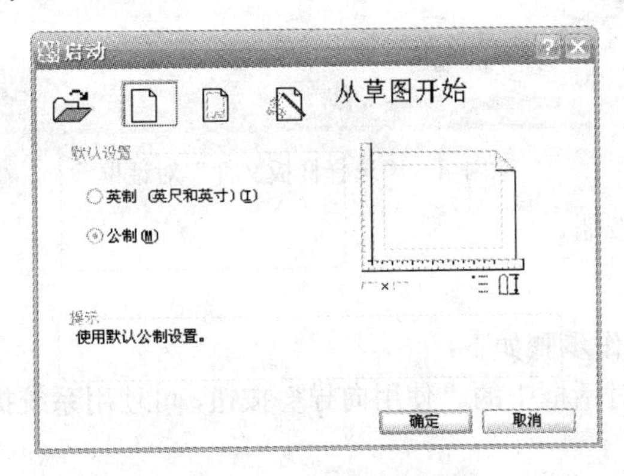

图 1-2　从草图开始

(2) 选择后单击“确定”按钮就可以进入 AutoCAD 2006 的绘图窗口，而其他的一些绘图环境参数先使用系统的默认值。

3．使用样板

“使用样板”的操作步骤如下：

(1) 单击“启动”对话框中的“使用样板”按钮，可使用预定义的样板文件方便地完成对特定绘图环境的设定，如图 1-3 所示。

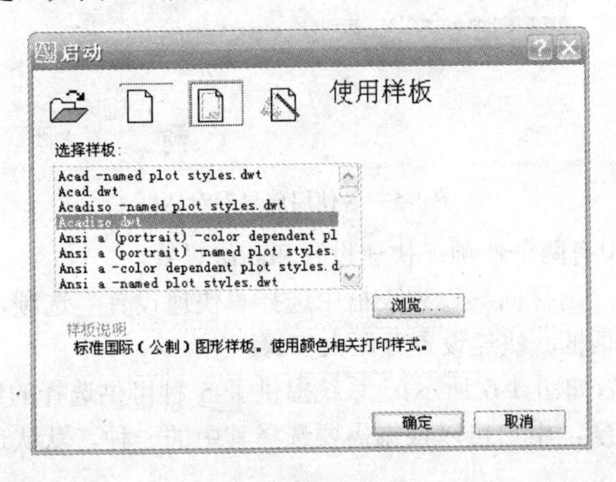

图 1-3　使用样板

(2) 单击“浏览”按钮，打开“选择样板文件”对话框，从中可选择更多的样板文件，如图 1-4 所示。

图 1-4　“选择样板文件”对话框

(3) 单击“确定”按钮。

4．使用向导

“使用向导”的操作步骤如下：

(1) 单击“启动”对话框中的“使用向导”按钮，可使用系统提供的向导来设置绘图环境，如图 1-5 所示。

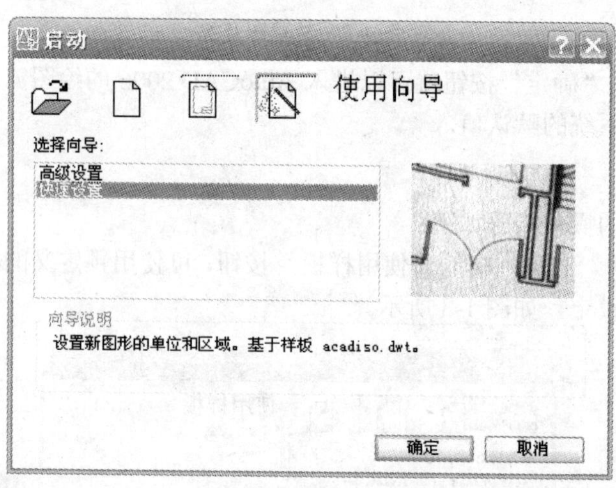

图 1-5　“使用向导”对话框

(2) 该设置方式中有两个选项：快速设置和高级设置。

- 快速设置：在“选择向导”列表框中选择“快速设置”选项，单击“确定”按钮，弹出“快速设置”对话框。快速设置分两大步骤：

① 指定绘图单位(如图 1-6 所示)：系统提供了 5 种可供选择的绘图单位，即小数、工程、建筑、分数、科学，用户可以根据需要选择其中的一种。默认选择小数，选择后单击“下一步”按钮。

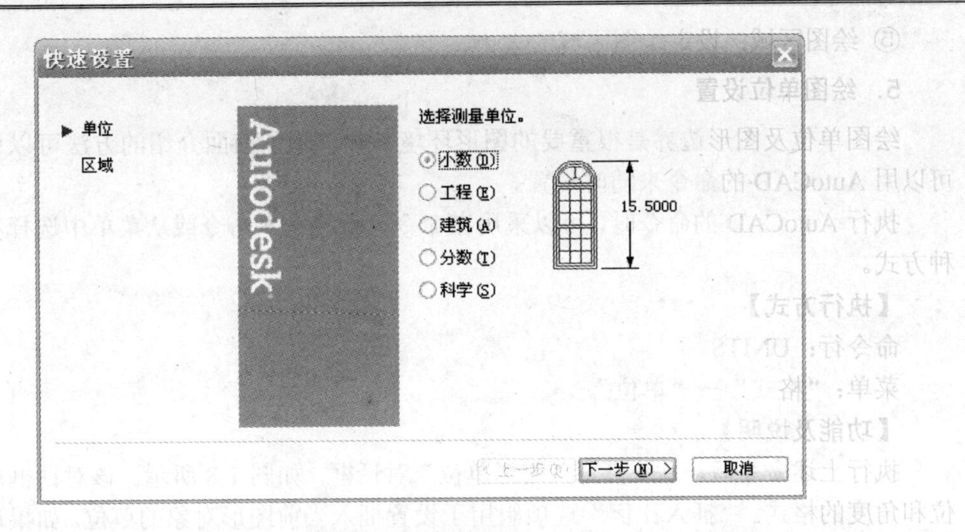

图 1-6　设置绘图单位

② 指定绘图区域(如图 1-7 所示)：在“宽度”和“长度”文本框中分别键入绘图区域的宽度和高度值。默认值分别是 420 和 297，即工程制图国标中的 A3 图纸幅面。单击“完成”按钮关闭该对话框，结束绘图参数设置。

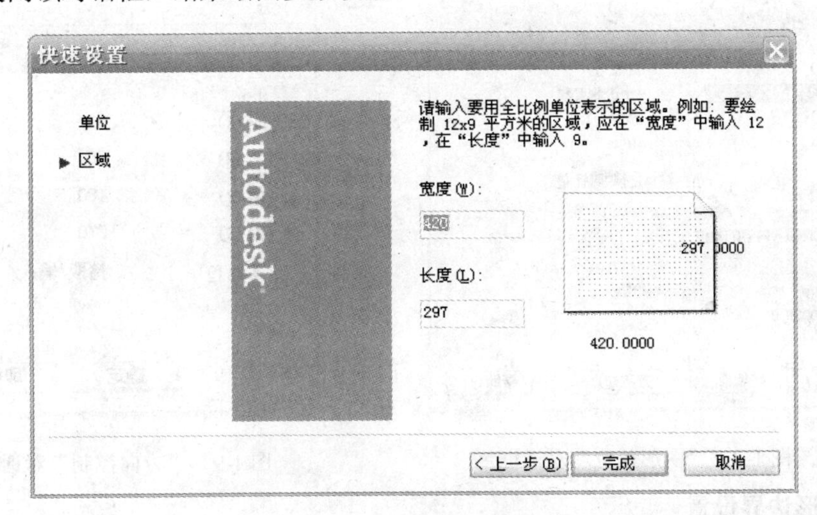

图 1-7　设置绘图区域

• 高级设置：在“选择向导”列表框中选择“高级设置”选项，单击“确定”按钮后弹出“高级设置”对话框。高级设置过程共有 5 步操作，其功能分别如下：

① 单位及精度：选择绘图单位，并在“精度”下拉列表框中选择绘图精度，即小数点后的位数。

② 角度单位及其精度：系统提供了 5 种可供选择的角度单位，即十进制度数、度/分/秒、百分度、弧度、勘测，用户可以根据需要选择其中的一种。默认选择十进制度数。

③ 角度测量起始方向：选择角度测量的起始方向，即零度角方向。如果单击“其他”单选按钮，则要求在下面的文本框中输入零角度方向。

④ 角度方向：选择角度旋转的正方向为逆时针或顺时针。

⑤ 绘图区域：设定绘图区域的大小。

5．绘图单位设置

绘图单位及图形边界是很重要的图形环境参数，除了前面介绍的方法可以设置外，还可以用 AutoCAD 的命令来随时设置。

执行 AutoCAD 的命令时，可以采用在命令行直接输入命令或从菜单中选择相应选项两种方式。

【执行方式】

命令行：UNITS。

菜单："格式"→"单位"。

【功能及说明】

执行上述命令后，系统打开"图形单位"对话框，如图 1-8 所示。该对话框用于定义单位和角度的格式。"插入比例"选项组用于设置插入当前图形对象的单位。如果选择了"无单位"，则在插入对象时不进行缩放。

如果要指定角度方向，应选择 方向(D)... 按钮，然后在"方向控制"对话框中选择基准角度，如图 1-9 所示。

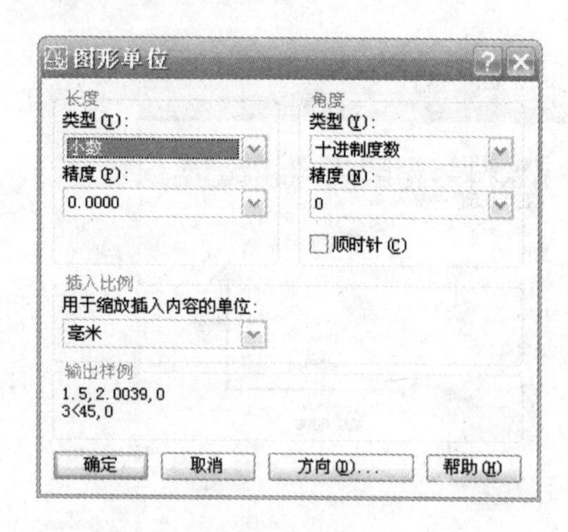

图 1-8 "图形单位"对话框

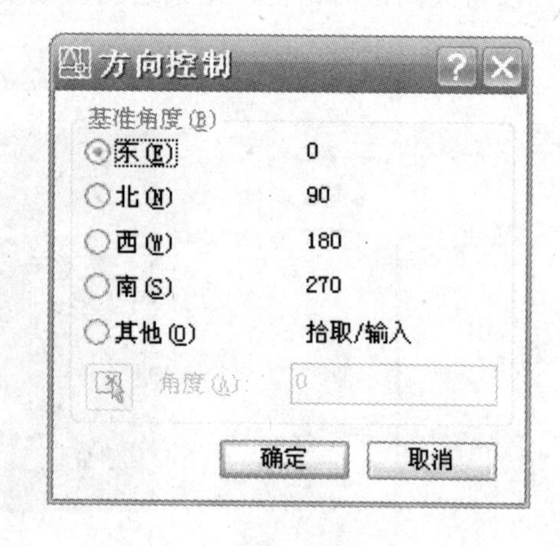

图 1-9 "方向控制"对话框

6．图形边界设置

用户要根据所绘图形的大小设定当前绘图窗口的大小，这样就可以了解图形在屏幕上占据的范围，否则，所绘图形有可能太大或者太小。

【执行方式】

命令行：LIMITS。

菜单："格式"→"图形界限"。

【功能及说明】

重新设置模型空间界限： //图形界限如图 1-10 所示。

指定左下角点或[开(ON)/关(OFF)] <0.0000,0.0000>： //输入左下角点坐标。

指定右上角点<420.0000,297.0000>： //输入右上角点坐标。

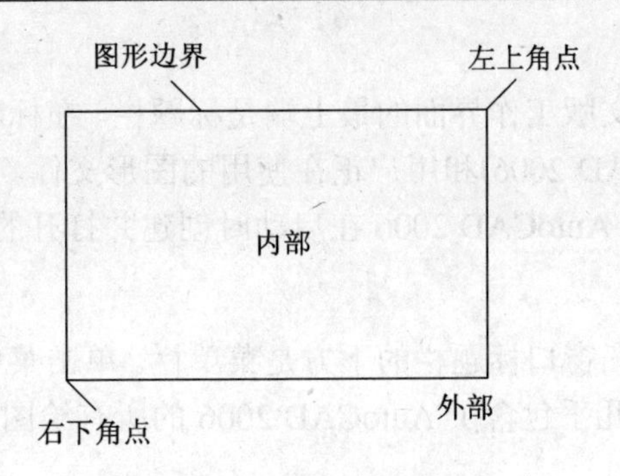

图 1-10　图形界限示意图

1.3 操 作 界 面

本节任务：

- ✧ 熟悉 AutoCAD 2006 的操作界面。
- ✧ 熟练掌握打开、移动、关闭工具栏的方法。
- ✧ 学会设置窗口颜色与光标大小。
- ✧ 熟悉命令行，养成多看命令提示的习惯。

AutoCAD 2006 的操作界面是 AutoCAD 2006 显示、编辑图形的区域。一个完整的 AutoCAD 2006 操作界面如图 1-11 所示，包括标题栏、绘图区、十字光标、菜单栏、工具栏、坐标系图标、命令行、状态栏、布局标签和滚动条等。

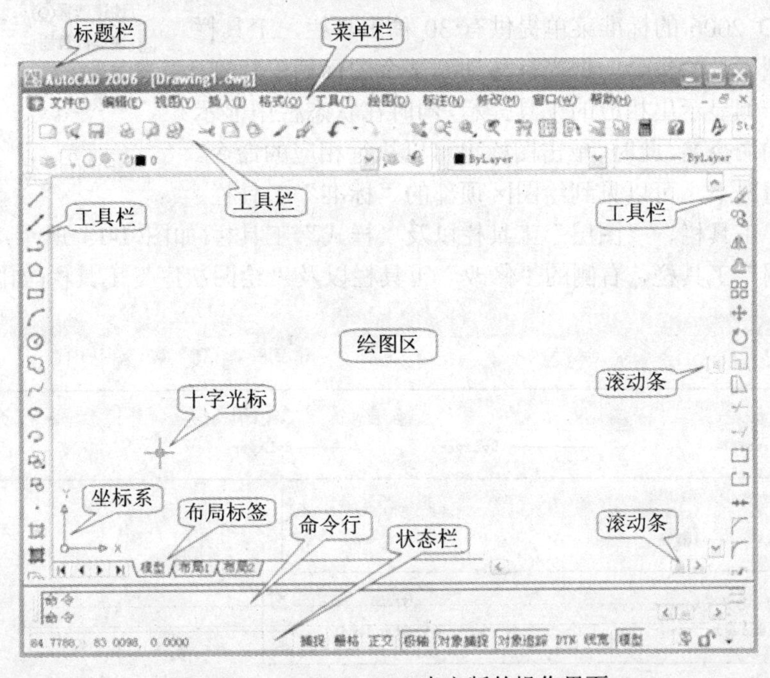

图 1-11　AutoCAD 2006 中文版的操作界面

1．标题栏

在 AutoCAD 2006 中文版工作界面的最上端是标题栏。在标题栏中，显示了系统当前正在运行的应用程序(AutoCAD 2006)和用户正在使用的图形文件。用户第一次启动 AutoCAD 2006 时，标题栏中将显示 AutoCAD 2006 在启动时创建并打开的图形文件 Drawingl.dwg。

2．菜单栏

在 AutoCAD 2006 绘图窗口标题栏的下方是菜单栏。单击菜单栏上的菜单项，将弹出对应的下拉菜单。这些菜单几乎包含了 AutoCAD 2006 的所有绘图命令。AutoCAD 2006 菜单选项有以下三种形式：

(1) 菜单项后面带有三角形标记(▸)：选择此菜单项后，将弹出后面的子菜单。

(2) 菜单项后面带有省略号标记(…)：选择此菜单项后，AutoCAD 将打开一个对话框，通过该对话框，用户可做进一步操作。

(3) 单独的菜单项：选择此菜单项后将直接进行相应的绘图或其他操作。

另一种形式的菜单是快捷菜单，当单击鼠标右键时，在光标的位置上将弹出快捷菜单。图 1-12 所示为绘图区快捷菜单。快捷菜单提供的命令选项与光标的位置及 AutoCAD 2006 的当前状态有关。例如，将光标放在作图区域或工具栏上分别单击鼠标右键，打开的快捷菜单是不一样的。此外，如果 AutoCAD 2006 正在执行某一命令或者用户事先选取了任意实体对象，也将显示不同的快捷菜单。

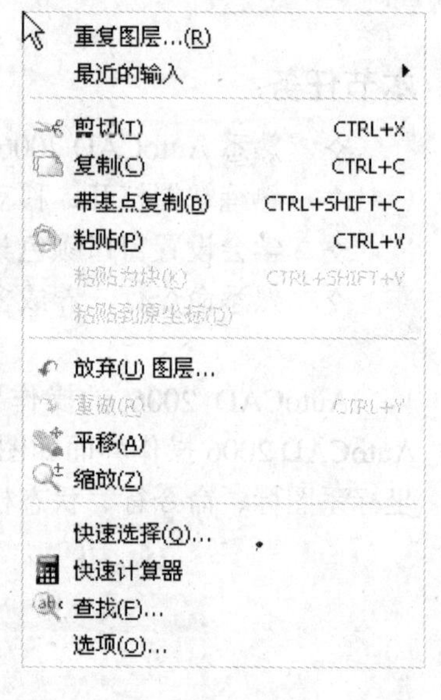

图 1-12 绘图区快捷菜单

3．工具栏

AutoCAD 2006 的标准菜单提供有 30 种工具栏，工具栏是一组图标型工具的集合。把光标移动到某个图标稍停片刻，即在该图标一侧显示出相应的工具提示，同时在状态栏中显示对应的说明和命令名。此时，单击图标也可以执行相应的命令。

在默认情况下，可以见到绘图区顶部的“标准”工具栏、“对象特性”工具栏、“图层”工具栏以及“样式”工具栏(如图 1-13 所示)和位于绘图区左侧的“绘图”工具栏，右侧的“修改”工具栏以及“绘图次序”工具栏(如图 1-14 所示)。

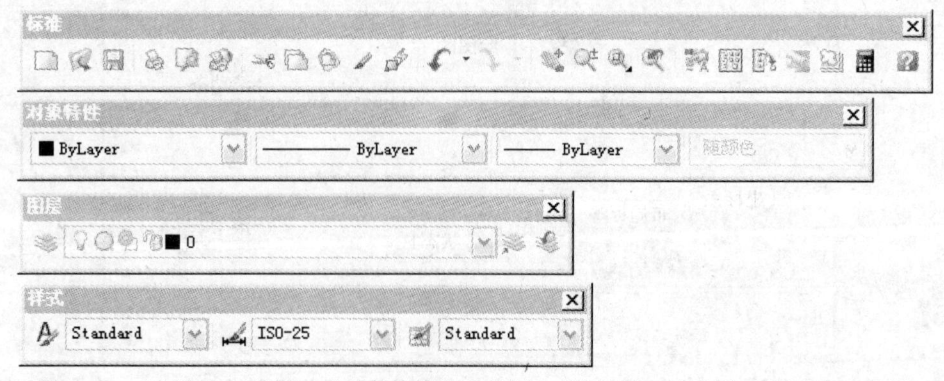

图 1-13 “标准”工具栏、“对象特性”工具栏、“图层”工具栏和“样式”工具栏

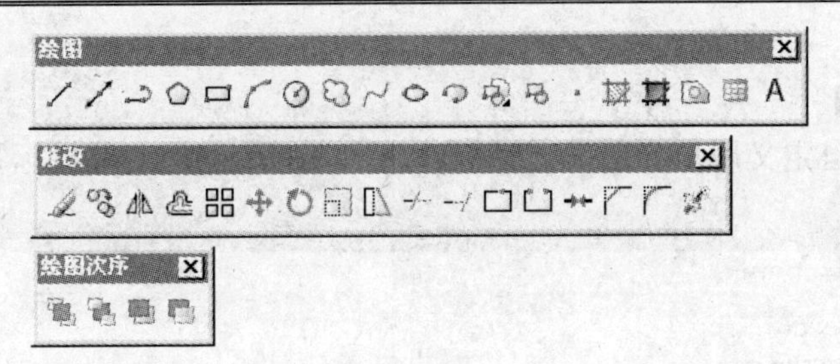

图 1-14　“绘图”工具栏、“修改”工具栏和“绘图次序”工具栏

1) 工具栏的打开与关闭

(1) 将光标放在任一工具栏的非标题区，单击鼠标右键，系统会自动打开单独的工具栏标签，如图 1-15 所示。

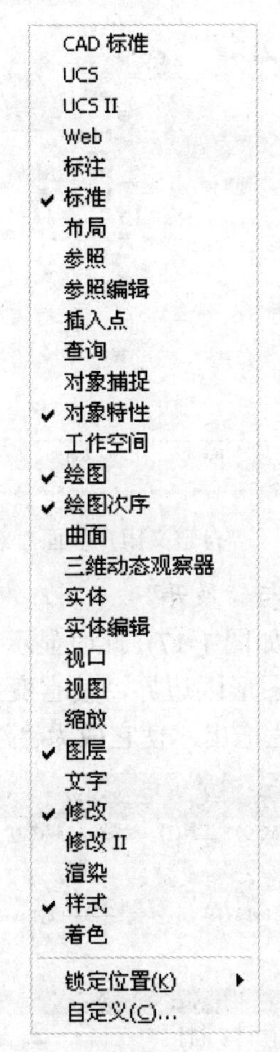

图 1-15　单独的工具栏标签

(2) 用鼠标单击某一个未在界面中显示的工具栏名，系统将自动在界面中打开该工具栏；反之，则关闭工具栏。

2) 工具栏的管理

【执行方式】

命令行：TOOLBAR。

菜单："视图"→"工具栏"。

【功能及说明】

通过打开的"自定义用户界面"对话框(如图 1-16 所示)的工具栏标签来对其进行管理。

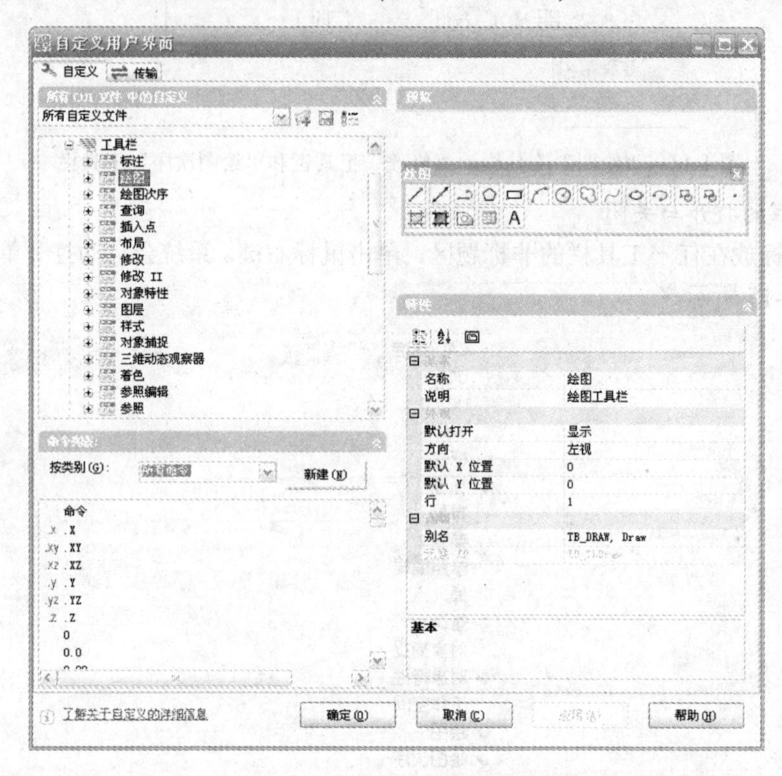

图 1-16 "自定义用户界面"对话框

3) 工具栏的"固定"、"浮动"与"展开"

工具栏可以在绘图区"浮动"(如图 1-17)，此时显示有该工具栏标题，可关闭该工具栏。用鼠标可以拖动"浮动"工具栏到图形区边界，使它变为"固定"工具栏，此时该工具栏标题隐藏；也可以把"固定"工具栏拖出，使它成为"浮动"工具栏。

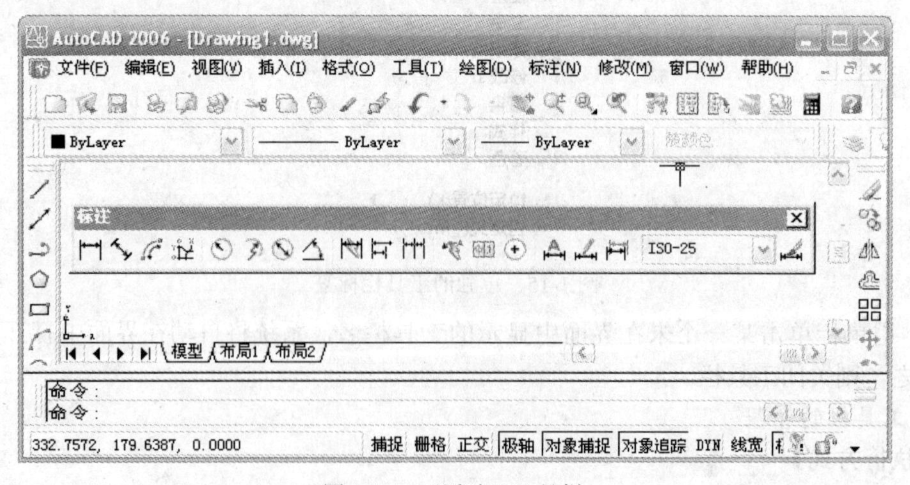

图 1-17 "浮动"工具栏

4. 绘图区

绘图区是指在标题栏下方的大片空白区域，绘图区域是用户使用 AutoCAD 2006 绘制图形的区域，用户绘制一幅设计图形的主要工作都是在绘图区域中完成的。

在绘图区域中，还有一个作用类似光标的十字线，其交点反映了光标在当前坐标系中的位置。在 AutoCAD 2006 中，将该十字线称为光标，AutoCAD 2006 通过光标显示当前点的位置。

1) 修改图形窗口中十字光标的大小

十字光标的尺寸有效范围从全屏幕的 1% 到 100%。默认尺寸为 5%。用户可以根据绘图的实际需要修改其大小。

操作步骤如下：

(1) 单击“工具”→“选项”，打开“选项”对话框。

(2) 单击“显示”选项卡，在“十字光标大小”选项组的文本框中直接输入数据，或者拖动文本框后的滑块，即完成对十字光标大小的调整，如图 1-18 所示。

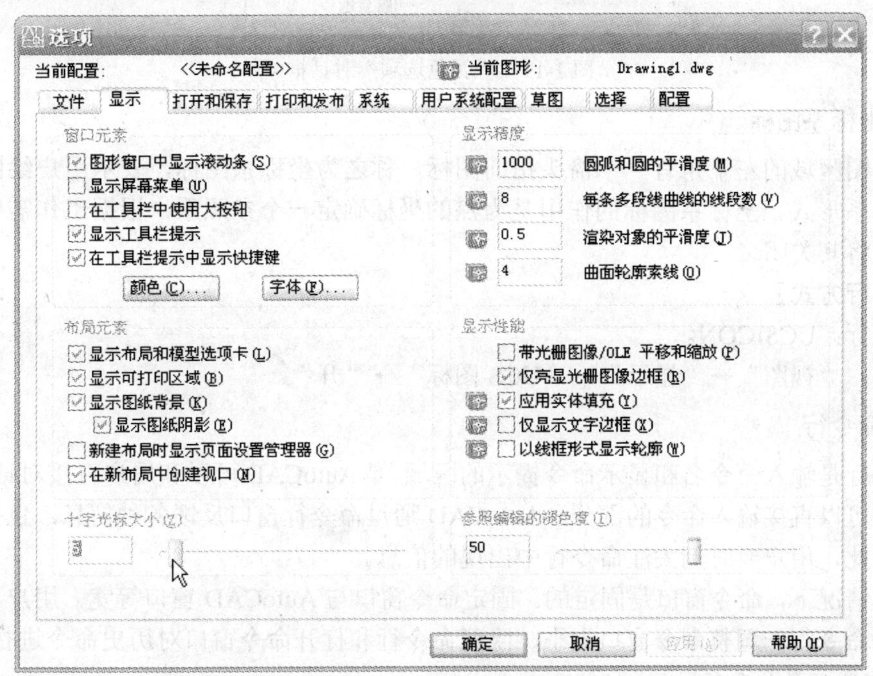

图 1-18　“选项”对话框中的“显示”选项卡

2) 修改绘图窗口的颜色

在默认情况下，AutoCAD 2006 的绘图窗口是黑色背景、白色线条，这不符合绝大多数用户的习惯，因此修改绘图窗口颜色是大多数用户都需要进行的操作。

操作步骤如下：

(1) 单击“工具”→“选项”，打开“选项”对话框。

(2) 单击“显示”选项卡，单击“窗口元素”选项组中的“颜色”按钮，打开图 1-19 所示的“颜色选项”对话框。

(3) 单击“颜色”下拉列表框右侧的下三角按钮，在打开的下拉列表中选择需要的窗口颜色，然后单击“应用并关闭”按钮，此时AutoCAD 2006的绘图窗口变成了刚设置的窗口背景色。通常按视觉习惯选择白色为窗口颜色。

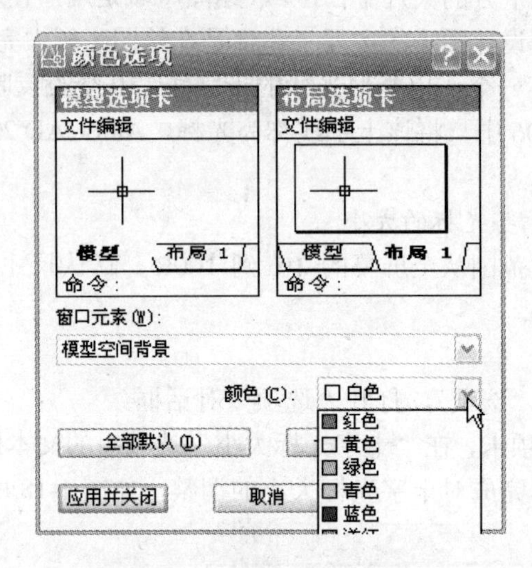

图1-19 “颜色选项”对话框

5．坐标系图标

在绘图区域的左下角有一个箭头指向图标，称之为坐标系图标，表示用户绘图时正使用的坐标系形式。坐标系图标的作用是为点的坐标确定一个参照系，根据工作需要，用户可以选择将其关闭。

【执行方式】

命令行：UCSICON。

菜单：“视图”→“显示”→“UCS图标”→“开”。

6．命令行

命令行是输入命令名和显示命令提示的区域，是AutoCAD可以和用户直接对话的部分，也是用户可以直接输入命令的部分。AutoCAD通过命令行窗口反馈各种信息，包括出错信息等，因此，用户要时刻关注命令行中出现的信息。

默认情况下，命令窗口是固定的。固定命令窗口与AutoCAD窗口等宽。用户可以通过重新部署命令行、调整命令窗口大小、隐藏命令行和打开命令窗口对历史命令进行编辑。

1) 重新部署命令行

【执行方式】

拖动命令行到AutoCAD工作窗口的任一位置。

2) 调整命令窗口大小

【执行方式】

将光标放在命令提示窗口的上边缘或下边缘，当其变成双向箭头时，拖动鼠标。

3) 隐藏/显示命令行

【执行方式】

快捷键：【Ctrl】+9。

菜单：“工具”→“命令行”。

4) 打开命令窗口

【执行方式】

按【F2】键打开命令窗口，可对当前命令行中输入的内容进行编辑。

7．布局标签

AutoCAD 2006 系统默认设定一个模型空间布局标签和“布局 1”、“布局 2”两个图纸空间布局标签。

1) 模型空间

模型空间是我们通常绘图的环境，是无限大的图形区域。在“模型”选项卡上工作时，可以按 1∶1 的比例绘制主题的模型，还可以决定是采用英制单位(用于支架)还是采用公制单位(用于桥梁)。

2) 布局

布局是系统为绘图设置的一种环境，包括图纸大小、尺寸单位、角度设定、数值精确度等等，在系统预设的三个标签中，这些环境变量都按默认设置。用户可以根据实际需要改变这些变量的值。在“布局”选项卡上，可以布置模型的多个“快照”。一个布局代表一张可以使用各种比例显示一个或多个模型视图的图纸，通常称其为图纸空间。

8．状态栏

状态栏位于屏幕的底部，左侧显示绘图区中光标定位点的坐标 X、Y、Z，右侧依次有“捕捉”、“栅格”、“正交”、“极轴”、“对象捕捉”、“对象追踪”、“DYN(动态数据输入)”、“线宽”和“模型”9 个功能开关按钮。单击这些开关按钮，可以实现相应的功能。这些开关按钮的功能与使用方法将在第 3 章详细介绍，在此从略。

状态栏的右下角是状态栏托盘，如图 1-20 所示。用鼠标右键单击状态栏或者用左键单击右下角的小三角符号，可以控制开关按钮的显示或隐藏以及更改托盘设置。

图 1-20　状态栏托盘

1) 通信中心

单击状态栏托盘中的图标，打开“通信中心”对话框，每当 Autodesk 发布新的信息或软件更新时，此图标将显示气泡式消息和警告。在该图标上单击左键可以访问“通信中心”。

2) 工具栏／窗口位置锁

状态栏托盘中的“工具栏／窗口位置锁”可以控制是否锁定工具栏或图形窗口在图形界面上的位置。在位置锁图标上单击鼠标右键，系统打开工具栏／窗口位置锁右键菜单，如图 1-21 所示，可以选择打开或锁定相关选项位置。

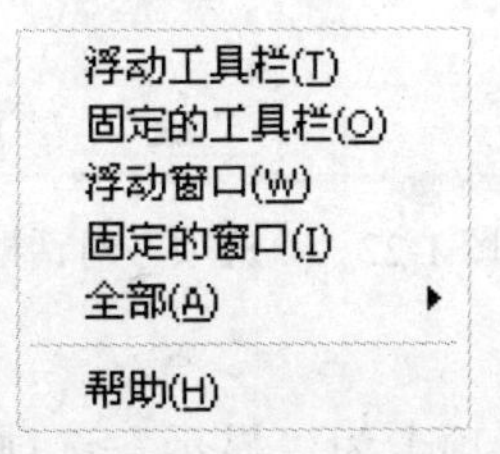

图 1-21　工具栏/窗口位置锁右键菜单

9．滚动条

在 AutoCAD 2006 的绘图窗口中，在窗口的下方和右侧还提供了用来浏览图形的水平滚动条和竖直滚动条。在滚动条中单击鼠标或拖动滚动块，可以在绘图窗口中按水平或竖直两个方向浏览图形。

1.4 配置绘图系统

本节任务：

✧ 学会配置绘图系统及个性化 AutoCAD 2006。

因为每台计算机所使用的显示器、输入设备和输出设备的类型不同，用户喜好的风格及计算机的目录设置也不同，所以每台计算机都是独特的。一般来讲，使用 AutoCAD 2006 的默认配置就可以绘图，但为了使用用户的定点设备或打印机以及为提高绘图效率，AutoCAD 2006 推荐用户在开始作图前先进行必要的配置。

【执行方式】

命令行：OPTIONS(或 OP)。

菜单："工具"→"选项"。

【功能及说明】

执行上述命令后，系统自动打开"选项"对话框，如图 1-22 所示，用户可以在该对话框中选择有关选项对系统进行配置。

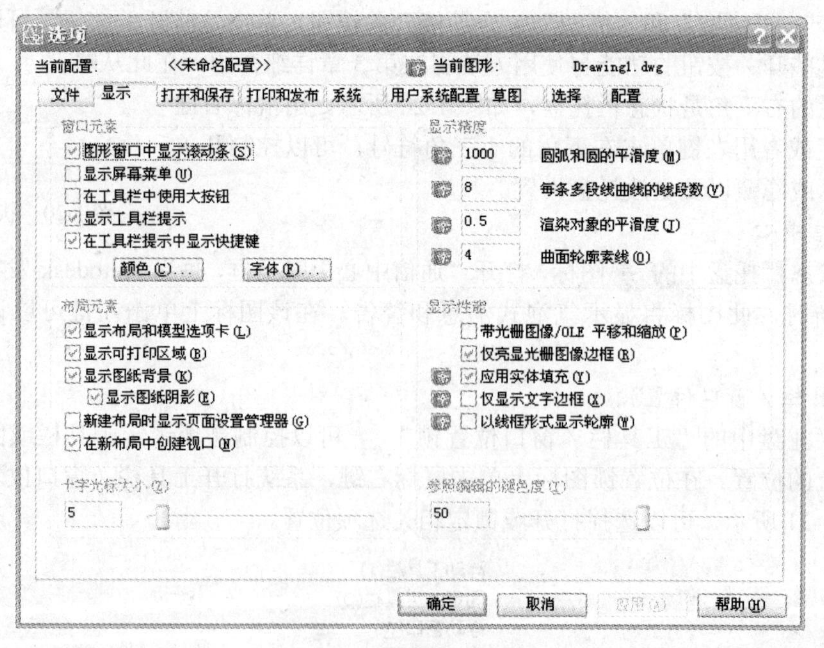

图 1-22 "选项"对话框

1．显示配置

"选项"对话框中的第 2 个选项卡为"显示"选项卡(如图 1-22 所示)，该选项卡可控制 AutoCAD 2006 窗口的外观，设定屏幕菜单和滚动条显示与否，设置 AutoCAD 2006 的版面布局，设定各实体的显示精度以及 AutoCAD 2006 运行时的其他各项性能参数等。其中屏幕颜色和光标大小的设置在前面已经作过讲解。

2．系统配置

“选项”对话框中的第 5 个选项卡为“系统”选项卡，如图 1-23 所示。“系统”选项卡用来设置系统的有关特性。

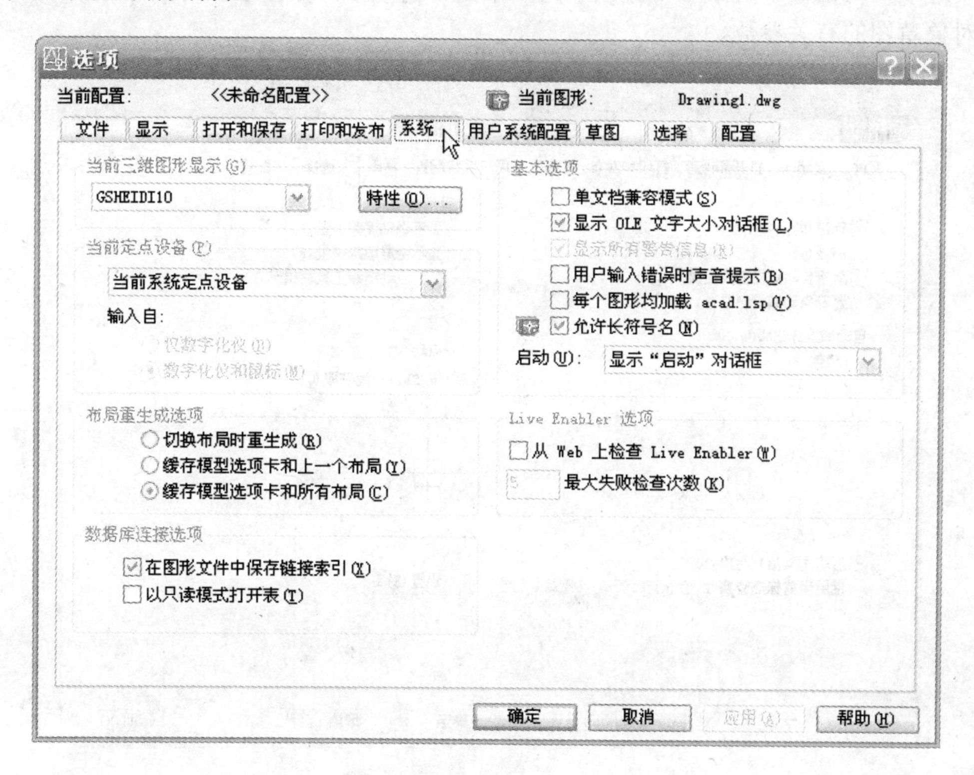

图 1-23　“系统”选项卡

(1) “当前三维图形显示”选项组：设定当前三维图形的显示特性，可以选择系统提供的三维图形显示特性配置，也可以单击“特性”按钮自行设置该特性。

(2) “当前定点设备”选项组：安装及配置定点设备，如数字化仪和鼠标等。具体如何配置和安装，可在定点设备的用户手册中参照“基本选项”选项组中的一些基本设置，如安全警告、图形预览、显示启动对话框、显示 OLE 特性对话框等，一般无需修改。

(3) “基本选项”选项组：确定是否选择系统配置的有关基本选项。如果在“启动”下拉列表框中选择“显示‘启动’对话框”，则每次启动 AutoCAD 2006 时都显示“启动”对话框(见图 1-1)，否则不显示“启动”对话框。

(4) “布局重生成选项”选项组：确定切换布局时是否重生成，或缓存模型选项卡和布局。

(5) “数据库连接选项”选项组：控制与数据库连接信息相关的选项。

“在图形文件中保存链接索引”：选择此选项可以提高“链接选择”操作的速度；不选择此选项可以减小图形大小，并且提高打开具有数据库信息的图形的速度。

“以只读模式打开表”：指定是否在图形文件中以只读模式打开数据库表。

(6) “Live Enabler选项”选项组：指定程序是否检查对象激活器。使用对象激活器可以显示并使用图形中的自定义对象(即使创建它们的 ObjectARX 应用程序不可用)。如果选择“从 Web 上检查 Live Enabler”，则从 Autodesk 网站上检查对象激活器。

3. 草图配置

“选项”对话框中的第 7 个选项卡为“草图”选项卡，如图 1-24 所示。该选项卡用来设置对象草图的有关参数。

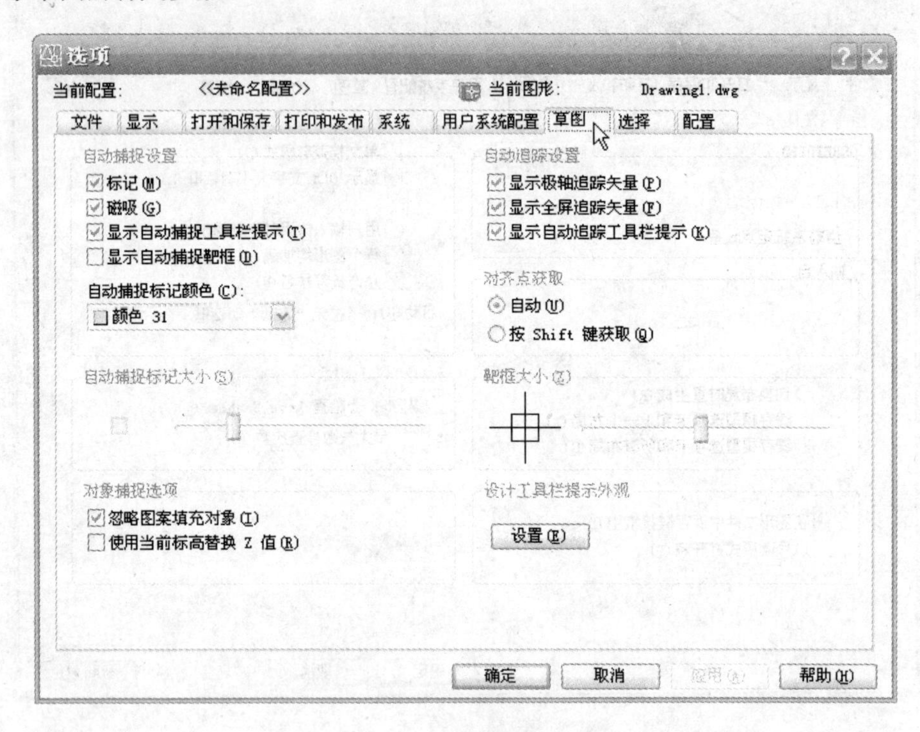

图 1-24 “草图”选项卡

(1) “自动捕捉设置”选项组：设置对象自动捕捉的有关特性，可以从“标记”、“磁吸”、“显示自动捕捉工具栏提示”、“显示自动捕捉靶框”4 个复选框中选择一个或几个。可以在“自动捕捉标记颜色”下拉列表框中选择自动捕捉标记的颜色。

(2) “自动捕捉标记大小”选项组：设定自动捕捉标记的尺寸。

(3) “自动追踪设置”选项组：设置自动追踪的有关特性。可以从“显示极轴追踪矢量”、“显示全屏追踪矢量”、“显示自动追踪工具栏提示”3 个复选框中选择一个或多个。

(4) “对齐点获取”选项组：设定对齐点获得的方式，可以选择“自动”对齐方式，也可以选择“按 Shift 键获取”的方式。

(5) “靶框大小”选项组：拖动滑块设定靶框大小。

(6) “对象捕捉选项”选项组：指定对象捕捉的选项。“忽略图案填充对象”选项指定在打开对象捕捉时对象捕捉忽略填充图案。“使用当前标高替换 Z 值”指定对象捕捉忽略对象捕捉位置的 Z 值，并使用为当前 UCS 设置的标高的 Z 值。

(7) “设计工具栏提示外观”选项组：控制绘图工具栏提示的颜色、大小和透明度。

4. 选择配置

“选项”对话框中的第 8 个选项卡为“选择”选项卡，如图 1-25 所示。该选项卡用来设置对象选择的有关特性。

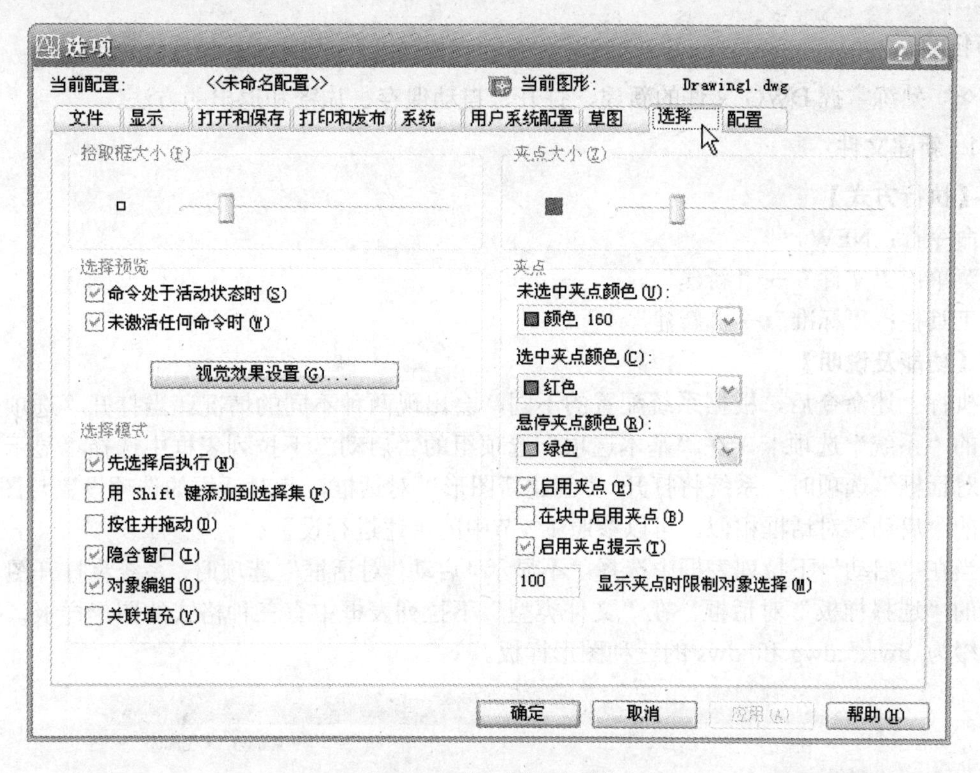

图 1-25　“选择”选项卡

(1) “拾取框大小”选项组：设定拾取框的大小。用户可以拖动滑块改变拾取框的大小，拾取框的大小显示在滑块的左侧。

(2) “选择预览”选项组：当拾取框光标滚动过对象时，设置亮显对象的外观。若选中“命令处于活动状态时”复选框，则表示仅当某个命令处于活动状态并显示“选择对象”提示时，才会显示选择预览；若选中“未激活任何命令时”复选框，则表示即使未激活任何命令，也可显示选择预览。单击“视觉效果设置”按钮，系统打开“视觉效果设置”对话框，在其中可以设置选择对象的视觉效果。

(3) “选择模式”选项组：设置对象选择模式，可以从“先选择后执行”、“用 Shift 键添加到选择集”、“按住并拖动”、“隐含窗口”、“对象编组”、“关联填充”6 个选项中选择一个或多个。

(4) “夹点大小”选项组：设定夹点的大小。所谓“夹点”，就是利用钳夹功能编辑对象时显示的可钳夹编辑的点。用户可以拖动滑块改变夹点大小，夹点的大小显示在滑块的左边。

(5) “夹点”选项组：设定夹点功能的有关特性，可以选择是否启用夹点和在块中启用夹点。在“未选中夹点颜色”和“选中夹点颜色”下拉列表框中可以选择相应的颜色。

1.5 文件管理

本节任务：

✧ 熟练掌握DWG文件的新建、打开、自动保存、加密和退出的方法。

1. 新建文件

【执行方式】

命令行：NEW。

菜单："文件"→"新建"。

工具栏："标准"→"新建" 。

【功能及说明】

执行上述命令后，根据系统配置的不同，会出现两种不同的情况：当打开"选项"对话框的"系统"选项卡，在"基本选项"选项组的"启动"下拉列表框中选择"显示'启动'对话框"选项时，系统将打开 "创建新图形"对话框，此对话框的选项设置与图 1-2所示的"启动"对话框相似，可以参照1.2节中的讲述进行设置。

当在"启动"下拉列表框中选择"不显示'启动'对话框"选项时，系统将打开图1-26所示的"选择样板"对话框，在"文件类型"下拉列表框中有三种格式的图形样板，分别是后缀为.dwt、.dwg和.dws的三种图形样板。

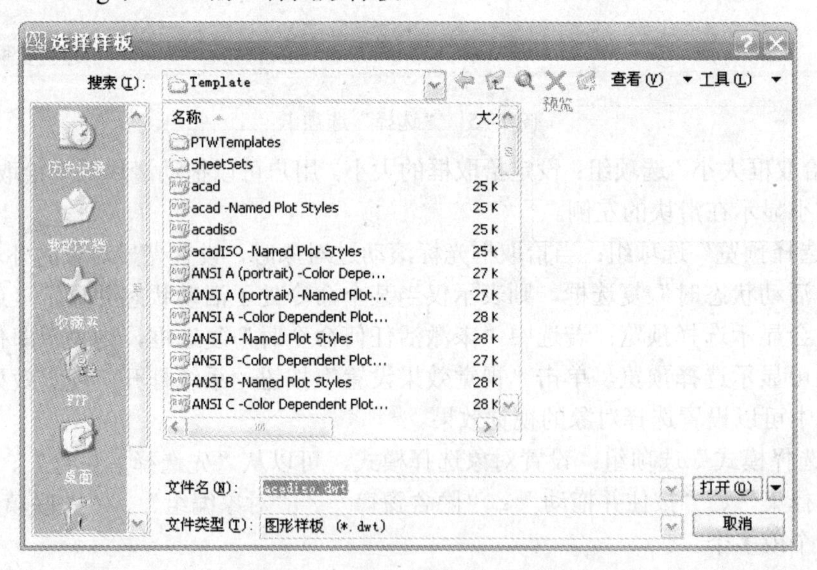

图1-26 "选择样板"对话框

在每种图形样板文件中，系统根据绘图任务的要求进行统一的图形设置，如绘图单位类型和精度要求、绘图界限、捕捉、网格与正交设置、图层、图框和标题栏、尺寸及文本格式、线型和线宽等。

使用图形样板文件开始绘图的优点在于，在完成绘图任务时不但可以保持图形设置的一致性，而且可以大大提高工作效率。用户也可以根据自己的需要设置新的样板文件。

一般情况下，.dwt 文件是图形样板文件，通常将一些规定的标准性的样板文件设置成 .dwt 文件；.dwg 文件是 AutoCAD 默认的图形文件；.dws 文件是包含标准图层、标注样式、线型和文字样式的样板文件。

2．打开已有文件

【执行方式】

命令行：OPEN。

菜单："文件"→"打开"。

工具栏："标准"→"打开"。

【功能及说明】

执行上述命令后，打开"选择文件"对话框(如图 1-27 所示)，在"文件类型"下拉列表框中可以选择 .dwg 文件、.dwt 文件、.dxf 文件和 .dws 文件。.dxf 文件是标准图形交换文件，是用文本形式存储的图形文件，能够被其他程序读取，许多第三方应用软件都支持这种格式。

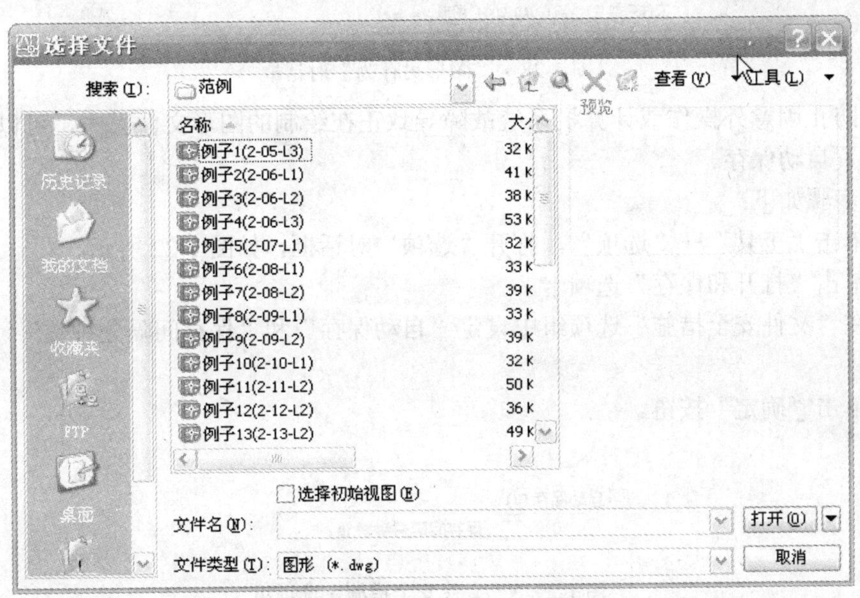

图 1-27　"选择文件"对话框

3．保存文件

【执行方式】

命令行：QSAVE(或 SAVE)。

菜单："文件"→"保存"。

工具栏："标准"→"保存"。

【功能及说明】

执行上述命令后，若文件已命名，则 AutoCAD 自动保存；若文件未命名(即为默认名 drawing1.dwg)，则系统打开"图形另存为"对话框(如图 1-28 所示)，用户可以命名后保存。在"保存于"下拉列表框中可以指定保存文件的路径；在"文件类型"下拉列表框中可以指定保存文件的类型。

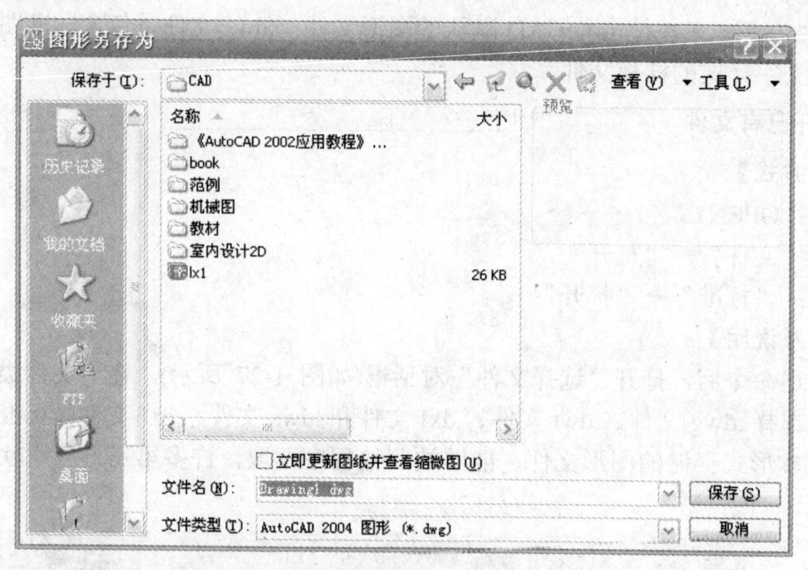

图 1-28 “图形另存为”对话框

为了防止因意外操作或计算机系统故障导致正在绘制的图形文件丢失，可以对当前图形文件设置自动保存。

操作步骤如下：

(1) 单击“工具”→“选项”，打开“选项”对话框，如图 1-22 所示。

(2) 单击“打开和保存”选项卡。

(3) 在“文件安全措施”选项组中设定“自动保存”和“保存间隔分钟数”，如图 1-29 所示。

(4) 单击“确定”按钮。

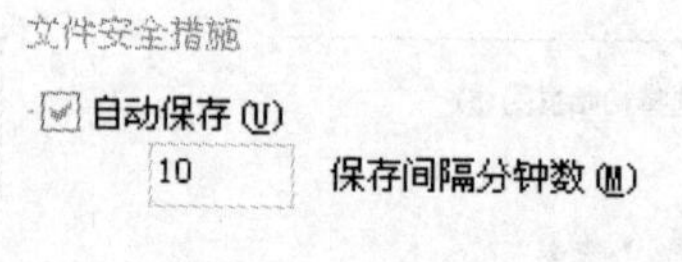

图 1-29 “文件安全措施”选项组

4．另存文件

【执行方式】

命令行：SAVEAS。

菜单：“文件”→“另存为”。

【功能及说明】

执行上述命令后，打开“图形另存为”对话框(见图 1-28)，AutoCAD 用另存名保存，并把当前图形更名。

5．设置密码

密码有助于在进行工程协作时确保图形数据的安全。如果保留图形密码，则将该图形发送给其他用户时，可以防止未经授权的人员对其进行查看。

操作步骤如下：

(1) 单击“工具”→“选项”，打开“选项”对话框，如图 1-22 所示。

(2) 单击“打开和保存”选项卡。

(3) 在“文件安全措施”选项组中单击 安全选项(O)... ，打开“安全选项”对话框，如图 1-30 所示。

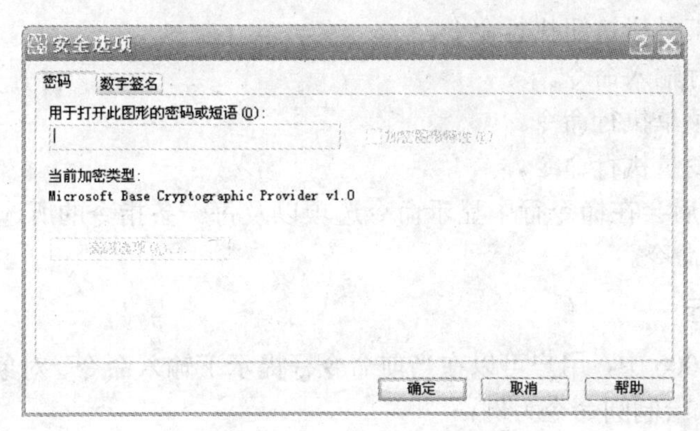

图 1-30　“安全选项”对话框

(4) 在“密码”标签中设置“用于打开此图形的密码或短语”。

(5) 单击“确定”按钮。

6．退出

【执行方式】

命令行：QUIT 或 EXIT。

菜单：“文件”→“退出”。

【功能及说明】

执行上述命令后，若用户对图形所做的修改尚未保存，则会出现图 1-31 所示的系统警告对话框。单击“是”按钮，系统将保存文件，然后退出；单击“否”按钮，系统将不保存文件。若用户对图形所做的修改已经保存，则直接退出。

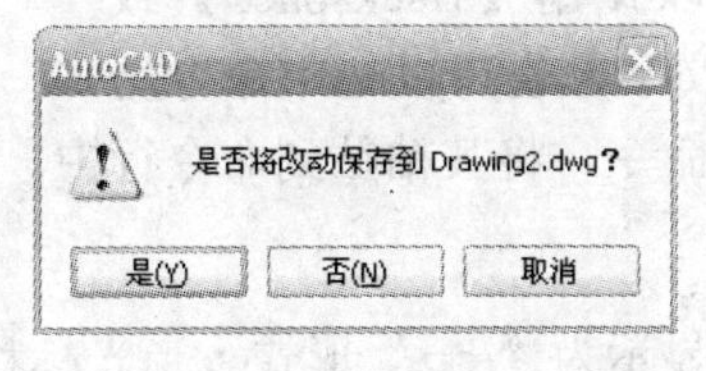

图 1-31　系统警告对话框

1.6　命令输入方式

本节任务：

- ✧ 掌握命令的执行方式以及命令的使用方法。
- ✧ 熟悉 AutoCAD 的坐标系统。
- ✧ 灵活熟练地掌握各种数据的输入方法。

1.6.1　命令执行方式

在 AutoCAD 中，菜单命令、工具按钮、在命令行中输入命令、快捷菜单和系统变量大多是相互对应的，用户可以选择以下任何一种方式激活命令。

(1) 菜单命令。

(2) 单击某个工具栏按钮执行命令。

(3) 使用命令行输入命令。

(4) 使用快捷菜单执行命令。

(5) 使用系统变量执行命令。

系统接收命令后会在命令行中显示命令选项以及每一条指令的所选项，用户可根据提示信息按步骤完成命令。

1．使用命令行

在 AutoCAD 2006 中，用户可以在当前命令行提示下输入命令、对象参数等内容。命令的基本格式如下(以绘制圆命令为例)：

命令：_CIRCLE 指定圆的圆心或[三点(3P)/两点(2P)/相切、相切、半径(T)]:

指定圆的半径或[直径(D)] <60.0000>:

用户在使用时应遵循以下约定：

- “[]”中是系统提供的选项，用“ / ”隔开。
- “()”中是执行该选项的快捷键。
- “<>”中是系统提供的缺省值，缺省值如满足要求，用户直接按回车【Enter】键即可。

在“命令行”中单击鼠标右键，AutoCAD 将弹出一个快捷菜单，如图 1-32 所示。用户可以通过它来选择最近使用过的 6 个命令、复制选定的文字或全部命令历史、粘贴文字以及打开“选项”对话框。

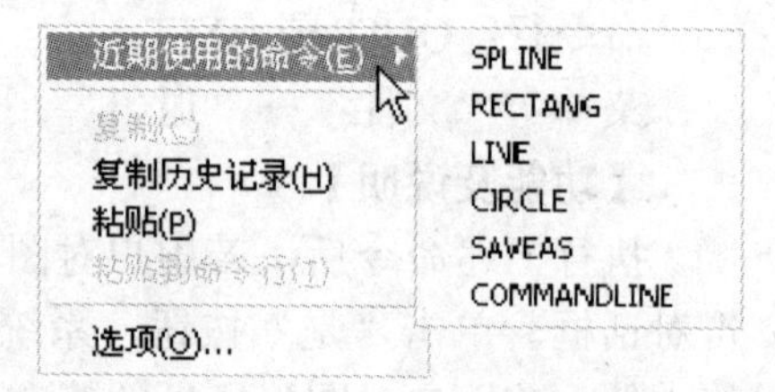

图 1-32　“命令行”快捷菜单

在命令行中，用户还可以使用【Backspace】或【Delete】键删除命令行中的文字，也可以选中命令历史，并执行“粘贴到命令行”命令，将其粘贴到命令行中。

2．使用鼠标执行命令

在绘图窗口中，光标通常显示为“⊕”形式。当光标移至菜单选项、工具与对话框内时，它会变成一个箭头。无论光标是“⊕”形式还是箭头形式，当单击或者按动鼠标键时，都会执行相应的命令或动作。在 AutoCAD 中，鼠标键是按照下述规则定义的：

(1) 拾取键：指鼠标左键，用于指定屏幕上的点，也可以用来选择 Windows 对象、AutoCAD 对象、工具栏按钮和菜单命令等。单击、双击都是对拾取键而言的。

(2) 回车键：指鼠标右键，相当于【Enter】键，用于结束当前使用的命令，也常用于单击鼠标右键弹出快捷菜单的操作。

(3) 弹出菜单：当使用【Shift】键和鼠标右键的组合时，系统将弹出一个快捷菜单用来设置捕捉点的方法。

3. 使用键盘输入命令

在 AutoCAD 中，大部分的绘图、编辑功能都需要通过键盘输入来完成，用户通过键盘输入命令和系统变量。此外，键盘还是输入文本对象、数值参数、点的坐标和进行参数选择的唯一方法。

- 在命令行直接输入命令名时命令字符可不区分大小写。
- 也可以在命令行输入命令缩写字，如 L(LINE)、C(CIRCLE)、A(ARC)、Z(ZOOM)、R(REDRAW)、M(MORE)、CO(COPY)、PL(PLINE)、E(ERASE)等。

1.6.2 命令的重复、撤消、重做

在 AutoCAD 中，用户可以方便地重复执行同一条命令，或撤消前面执行的一条或多条命令。此外，撤消前面执行的命令后，还可以通过重做来恢复前面执行的命令。

1. 命令的重复

重复执行上一个命令，在命令行里按【Enter】键或空格键，或在绘图区域中单击鼠标右键，从弹出的快捷菜单中选择“重复”命令。

2. 命令的撤消

在命令执行的任何时刻都可以取消或中止命令的执行。

【执行方式】

命令行：UNDO。

菜单：“编辑”→“放弃”。

快捷键：【Esc】。

3. 命令的重做

在绘图过程中，经常重复使用某个刚使用过的命令。

【执行方式】

命令行：REDO。

菜单：“编辑”→“重做”。

快捷键：【Enter】。

1.6.3 透明命令

在 AutoCAD 中，透明命令是指在执行其他命令的过程中可以执行的命令。输入的透明命令前要输入单引号，或单击工具栏命令图标。完成透明命令后，将继续执行原来的命令。

许多命令和系统变量都可以穿插使用透明命令，这对编辑和修改大图形特别方便。常使用的透明命令多为修改图形设置的命令和绘图辅助工具命令，例如 PAN、SNAP、GRID、ZOOM 等。命令行中透明命令的提示前有“>>”作为标记。

【例 1】　命令：c CIRCLE 指定圆的圆心或[三点(3P)/两点(2P)/相切、相切、半径(T)]:

指定圆的半径或[直径(D)] <77.6247>: 'zoom　　//透明使用显示缩放命令 ZOOM。

>>　//执行 ZOOM 命令。

正在恢复执行 CIRCLE 命令　　//继续执行原命令。

1.6.4 坐标系统与数据的输入方法

1. 坐标系

AutoCAD 采用两种坐标系，世界坐标系(WCS)和用户坐标系(UCS)。

1) 世界坐标系

用户刚进入 AutoCAD 时的坐标系就是世界坐标系，即 WCS，如图 1-33 所示。WCS 是固定的坐标系统，也是坐标系统中的基准，多数情况下绘制图形都是在这个坐标系统下进行的。在世界坐标系中，所有的位移都是相对于坐标原点计算的，并且沿 X 轴正向及 Y 轴正向的位移被规定为正方向，Z 轴由屏幕向外为其正方向。

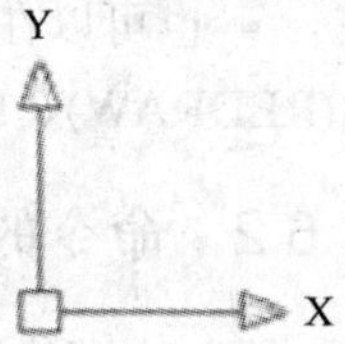

图 1-33 WCS

2) 用户坐标系

在 AutoCAD 中，为了能够更好地辅助绘图，用户经常需要修改坐标系的原点和方向，这时世界坐标系将变为用户坐标系，即 UCS。UCS 的原点以及 X、Y、Z 轴方向都可以移动及旋转，甚至可以依赖于图形中某个特定的对象。尽管用户坐标系中三个轴之间仍然互相垂直，但是在方向及位置上却有更大的灵活性。图 1-34 为表示 UCS 的坐标，它与 WCS 坐标的不同在于坐标原点处没有方框。

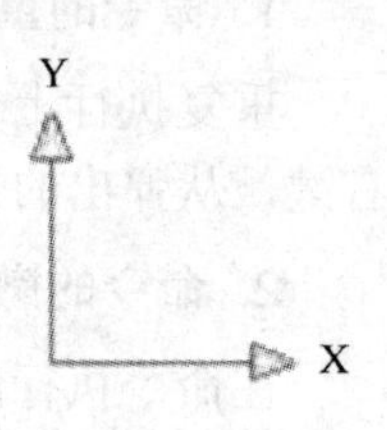

图 1-34 UCS

2. 坐标的表示方法

在 AutoCAD 2006 中，点的坐标可以使用笛卡儿坐标、极坐标、相对坐标和相对极坐标四种方法表示。

1) 笛卡儿坐标

笛卡儿坐标是从坐标原点开始定位所有的点。可以使用分数、小数或科学计数等形式表示点的 X、Y、Z 坐标值，坐标间用逗号隔开，如图 1-35 中 A(2，2)点所示。

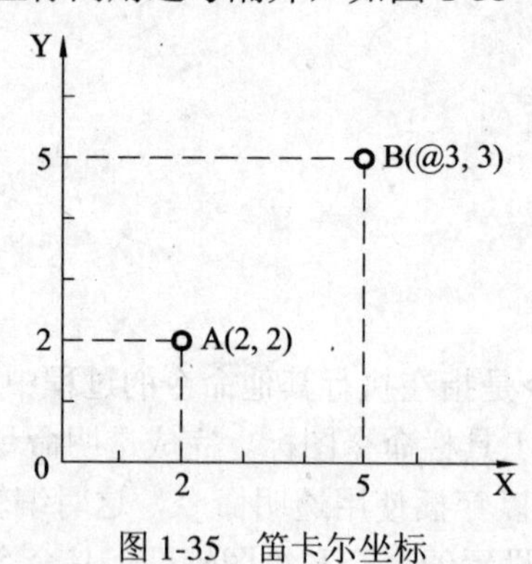

图 1-35 笛卡尔坐标

2) 极坐标

极坐标是用距离和角度来定位点。按逆时针方向定义角度，规定 X 轴的正向为 0°，逆时针方向为正，顺时针方向为负。表示方法为输入距离和角度用“<”分开，如图 1-36 中所示的 C(60<40)点。

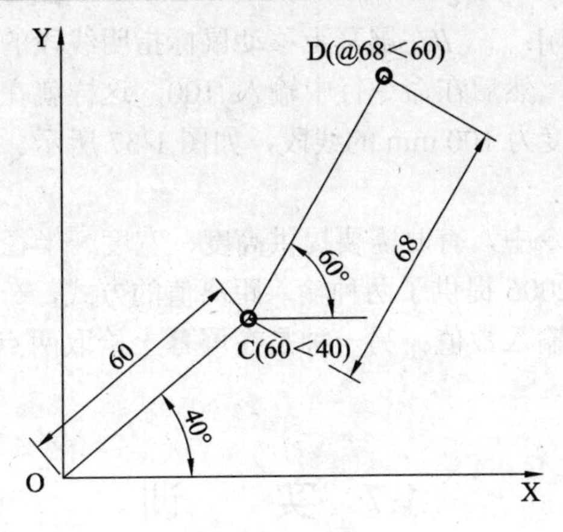

图 1-36　极坐标

3) 相对坐标

相对坐标用于确定某点相对于前一点(而不是原点)的位置，它的表示方法是在笛卡儿坐标表达方式前加上“@”。例如，如果上一点的笛卡儿坐标是(10,10)，则输入@5,8 后，所得到的点的笛卡儿坐标为(15,18)。图 1-35 中 B 点相对于 A 点的坐标为(@3,3)。

4) 相对极坐标

相对极坐标是指相对于某一点的距离和角度，它的表示方法是在极坐标表达方式前加上“@”。例如(@12<45)、(@70<-105)，其中的角度是新点和上一点连线与 X 轴的夹角。图 1-36 中 D 点相对于 C 点的坐标为(@68<60)。

3．动态数据输入

动态数据输入是 AutoCAD 2006 新增的功能。按下状态栏上的 DYN 按钮，系统打开动态输入功能，可以在屏幕上动态地输入某些参数。下面分别讲述点与距离值的输入方法。

1) 点的输入

绘图过程中，常需要输入点的位置，AutoCAD 2006 提供了以下 4 种输入点的方式。

(1) 用键盘直接在命令行中输入点的坐标。

笛卡尔坐标：X,Y(点的绝对坐标值，例如：100,50)

相对坐标：@ X,Y(相对于上一点的坐标值，例如：@90,-20)

极坐标：长度<角度(其中，长度为点到坐标原点的距离，角度为原点至该点连线与 X 轴的正向夹角，例如：20<45)

相对极坐标：@长度<角度(相对于上一点的极坐标，例如@50<-30)

(2) 用鼠标等定标设备移动光标，单击左键在绘图区中直接拾取点。

(3) 用目标捕捉方式捕捉屏幕上已有图形的特殊点(如端点、中点、中心点、插入点、交点、切点、垂足点等，详见第 3 章)。

(4) 直接距离输入。先用光标拖拉出橡皮筋线确定方向，然后用键盘输入距离。这样有利于准确控制对象的长度等参数。

【例 2】　绘制一条 100 mm 长的线段。

操作步骤如下：

命令：_line 指定第一点：　　//在屏幕上指定一点。

指定下一点或[放弃(U)]： //在屏幕上移动鼠标指明线段的方向，但不要单击鼠标左键，然后在命令行中输入 100，这样就在指定方向上准确地绘制了长度为 100 mm 的线段，如图 1-37 所示。

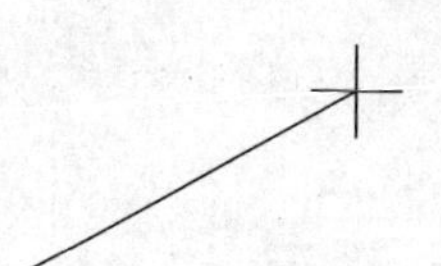
图 1-37 绘制线段

2) 距离值的输入

在 AutoCAD 2006 命令中，有时需要提供高度、宽度、半径、长度等距离值。AutoCAD2006 提供了两种输入距离值的方式，一种是用键盘在命令行中直接输入数值；另一种是在屏幕上拾取两点，以两点的距离值定出所需数值。

1.7 实 训

实训 1 设置绘图环境

1. 目的要求

通过设置绘图环境，促进对图形总体环境的认识。

2. 操作提示

(1) 执行“文件”→“新建”命令，系统打开一个新的绘图窗口，同时打开“创建新图形”对话框。

(2) 选择其中的“高级设置”向导选项。

(3) 单击“确定”按钮，系统打开“高级设置”对话框。

(4) 分别逐项选择：单位为“小数”，精度为“0.00”；角度为“度/分/秒”，精度为“0d00'00"”；角度测量为“其他”，数值为“135”；角度方向为“顺时针”；区域为“297×210”；然后单击“完成”按钮。

(5) 执行“格式”→“单位”命令，系统打开“图形单位”对话框，进行相关设置。

实训 2 熟悉操作界面

1. 目的要求

操作界面是用户绘制图形的平台，操作界面的各个部分都有其独特的功能，熟悉操作界面有助于用户方便快速地进行绘图。本实训要求了解操作界面各部分功能，掌握改变绘图窗口颜色和光标大小的方法，能够熟练地打开、移动、关闭工具栏。

2. 操作提示

(1) 启动 AutoCAD 2006，进入绘图界面。

(2) 调整操作界面大小。

(3) 设置绘图窗口颜色与光标大小。

(4) 打开、移动、关闭工具栏。

(5) 尝试同时利用命令行、下拉菜单和工具栏绘制一条线段。

实训 3 管理图形文件

1. 目的要求

图形文件管理包括文件的新建、打开、保存、加密、退出等。本实训要求熟练掌握 .dwg 文件的保存、自动保存、加密以及打开的方法。

2. 操作提示

(1) 启动 AutoCAD 2006，进入绘图界面。

(2) 打开一幅已经保存过的图形。

(3) 进行自动保存设置。

(4) 进行加密设置。

(5) 将图形以新的名字保存。

(6) 尝试在图形上绘制任意图形。

(7) 退出该图形文件。

(8) 尝试重新打开以新的名字保存的原图形文件。

实训 4 数据输入

1. 目的要求

AutoCAD 2006 人机交互的最基本内容就是数据输入。本实训要求灵活熟练地掌握各种数据的输入方法。

2. 操作提示

(1) 在命令行输入 LINE 命令。

(2) 输入起点的笛卡尔坐标方式下的绝对坐标值。

(3) 输入下一点的笛卡尔坐标方式下的相对坐标值。

(4) 输入下一点的极坐标方式下的绝对坐标值。

(5) 输入下一点的极坐标方式下的相对坐标值。

(6) 用鼠标直接指定下一点的位置。

(7) 按下状态栏上的“正交”按钮，用鼠标拉出下一点的方向，在命令行输入一个数值。

(8) 按回车键以结束绘制线段的操作。

1.8 思考与练习

一、选择题

1．AutoCAD 2006 默认打开的工具栏有(　　)。

A.“标准”工具栏　　B.“绘图”工具栏　　C.“修改”工具栏

D.“对象特性”工具栏　　E. 以上全部

2．打开未显示工具栏的方法是(　　)。

A. 选择“视图”→“工具栏”命令，在弹出的“工具栏”对话框中选中欲显示工具栏项前面的复选框

B. 用鼠标右击任一工具栏，在弹出的“工具栏”快捷菜单中单击该工具栏名称，选中欲显示的工具栏

C. 在命令行输入 TOOLBAR 命令

D. 以上均可

3. 调用 AutoCAD 2006 命令的方法有(　　)。

A. 在命令行输入命令名　　B. 在命令行输入命令缩写字

C. 选择下拉菜单中的菜单选项　　D. 单击工具栏中的对应图标

E. 以上均可

4. 正常退出 AutoCAD 2006 的方法有(　　)。

A. QUIT 命令

B. EXIT 命令

C. 屏幕右上角的“关闭”按钮

D. 直接关机

二、简答题

1. 请指出 AutoCAD 2006 操作界面中标题栏、菜单栏、命令行、状态栏、工具栏的位置及作用。

2. 请用选择题 3 中的 4 种方法调用 AutoCAD 的画圆 (CIRCLE)命令。

3. 用资源管理器打开一个已经存在的 AutoCAD 文件。

4. 将第 3 题中打开的文件另存为“D：\draw2.dwg”，并加密码 123，退出系统后重新打开。

三、连线题

1. 请将下面左侧所列功能键与右侧相应功能用连线连接。

(1) ESC　　(a) 剪切

(2) UNDO(在“命令：”提示下)　　(b) 弹出帮助对话框

(3) F2　　(c) 取消和终止当前命令

(4) F1　　(d) 图形窗口/文本窗口切换

(5) Ctrl + X　　(e) 撤消上次命令

2. 请将下面左侧所列文件操作命令与右侧相应命令功能用连线连接。

(1) OPEN　　(a) 打开旧的图形文件

(2) QSAVE　　(b) 将当前图形另名存盘

(3) SAVEAS　　(c) 退出

(4) QUIT　　(d) 将当前图形存盘

第 2 章　绘制平面图形

本章学习目标：

- ✧ 掌握直线、射线、构造线的绘制方法。
- ✧ 掌握圆、圆弧、圆环、椭圆与椭圆弧的绘制方法。
- ✧ 掌握矩形、正多边形的绘制方法。
- ✧ 掌握点的绘制以及对象的定数等分和定距等分方法。
- ✧ 掌握多段线、样条曲线、多线的绘制和编辑方法。
- ✧ 掌握图案填充的基本操作和编辑方法。
- ✧ 掌握绘制徒手线和修订云线的方法。

2.1　直线类绘图命令

本节任务：

- ✧ 掌握直线段、射线、构造线的绘制方法。

2.1.1　直线段

直线段是各种绘图中最常用、最简单的一类图形对象，只要指定了起点和终点即可绘制出一条直线段。

【执行方式】

命令行：LINE。

菜　单："绘图"→"直线"。

工具栏："绘图"→"直线"⁄。

【功能及说明】

执行上述命令后，命令行显示如下提示信息：

命令：_LINE 指定第一点：　　//指定直线段的起点。注意：此时橡皮筋线将从起点处延伸到光标位置，并且随着光标的移动改变直线段的尺寸和位置。

指定下一点或[放弃(U)]：　　//指定直线段的端点。指定了直线段的端点位置后，AutoCAD 将绘制该直线段，并重复提示上一个提示，然后可以绘制另外的直线段。

指定下一点或[闭合(C)/放弃(U)]：　　//如果要结束直线段的绘制，按回车键结束命令。在直线命令处于激活状态时，可以通过键入 U(代表"放弃"选项)来放弃上一个绘制的直线段。绘制了两条以上的直线段后，可以键入 C(代表"封闭"选项)，创建一条与起点相连的直线段并结束直线命令。

【例 1】 绘制图 2-1 所示的三角形。

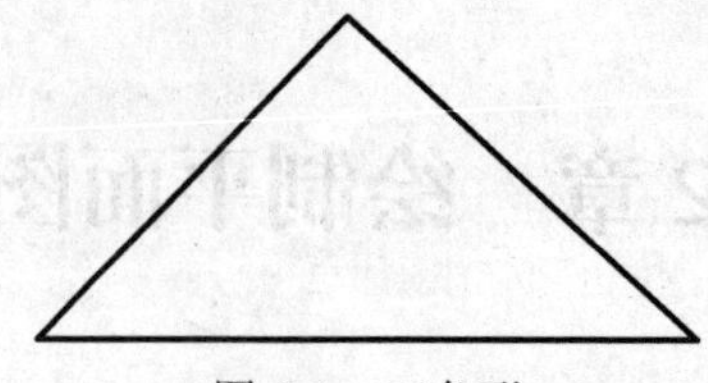

图 2-1 三角形

命令：_LINE 指定第一点： //执行直线命令，点取第一点。

指定下一点或[放弃(U)]： //点取第二点。

指定下一点或[放弃(U)]： //点取第三点。

指定下一点或[闭合(C)/放弃(U)]： C↵ //键入 C 后按回车键，以闭合图形并结束直线命令。

2.1.2 射线

射线为一端固定、另一端无限延伸的直线。在 AutoCAD 中，射线主要用于绘制辅助线。

【执行方式】

命令行：RAY。

菜单："绘图"→"射线"。

【功能及说明】

执行上述命令后，命令行显示如下提示信息：

命令：_RAY 指定起点： //指定射线的起点。此时，一旦指定了一点，AutoCAD 将显示一条由该点作为起点并延伸到光标处的无限长的射线。移动光标时，对应的射线将随之改变。

指定通过点： //指定射线将要通过的点，该点确定了射线的方向。一旦指定了射线的通过点，AutoCAD 将绘制该射线，并重复前面的提示，以便创建其他的射线。随后绘制的每条射线都从同一个起点开始。

欲结束该命令时，按回车键或【Esc】键。

2.1.3 构造线

构造线为两端可以无限延伸的直线，它没有起点和终点，可以放置在三维空间的任何地方，主要用于绘制辅助线。

【执行方式】

命令行：XLINE。

菜单："绘图"→"构造线"。

工具栏："绘图"→"构造线"⁄。

【功能及说明】

执行上述命令后，命令行显示如下提示信息：

命令：_XLINE 指定点或[水平(H)/垂直(V)/角度(A)/二等分(B)/偏移(O)]： //指定一个构造线将通过的点。注意：此时一旦指定了一点，AutoCAD 将显示一条无限长的直线，该直线通过指定点。移动光标，对应的直线将会随之变化。

指定通过点：　　//通过指定另一个点来确定构造线的方向。一旦指定了构造线的方向，AutoCAD 将绘制构造线并重复前面的命令提示，还可以绘制其他通过指定第一点的构造线。

欲结束该命令时，按回车键或【Esc】键。

该命令各选项具体说明如下：

水平(H)：指定构造线经过的一点来绘制水平构造线。

垂直(V)：指定构造线经过的一点来绘制垂直构造线。

角度(A)：先确定构造线和水平方向或另一对象之间的角度，再指定构造线经过的一点来绘制与 X 轴成指定角度的构造线。

二等分(B)：先确定某一角度的顶点、起点和端点，然后在其角平分线方向上绘制构造线。

偏移(O)：先选择某一对象，然后指定构造线与该对象之间的距离或构造线经过的一点来绘制构造线。

2.2　圆类绘图命令

本节任务：

✧　掌握圆、圆弧、圆环、椭圆与椭圆弧的绘制方法。

在 AutoCAD 2006 中，圆、圆弧、圆环、椭圆和椭圆弧都属于曲线对象，其绘制方法相对线性对象要复杂一些，但方法也比较多。

2.2.1　圆

【执行方式】

命令行：CIRCLE。

菜单："绘图"→"圆"。

工具栏："绘图"→"圆"。

【功能及说明】

在 AutoCAD 2006 中，可以使用 6 种方法绘制圆。可通过选择"绘图"菜单中"圆"命令的子命令来选择绘制圆的方式，如图 2-2 所示。

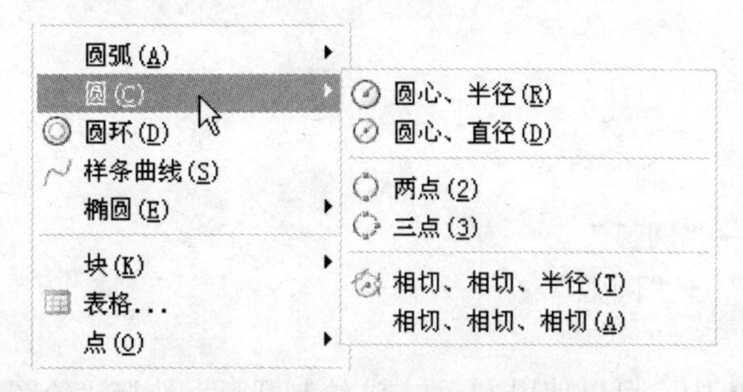

图 2-2　"圆"命令的子命令

6 种方法所对应的画圆示例如图 2-3 所示。

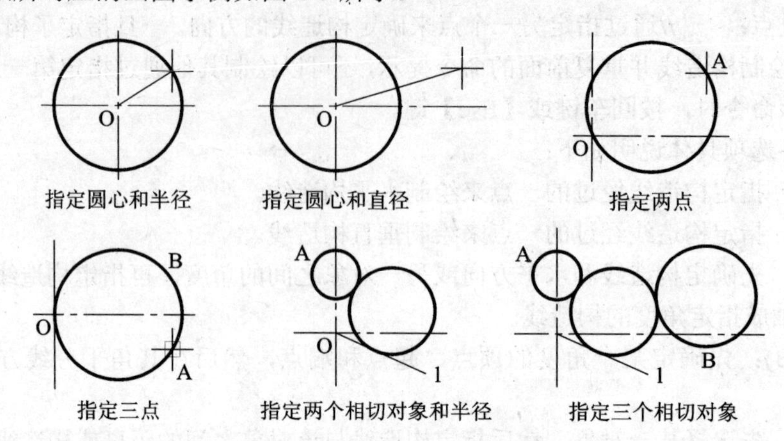

图 2-3 圆的 6 种绘制方法

当用户使用命令行或者工具栏按钮绘制圆时，绘制圆的默认方式是指定圆心和半径。各子命令的功能如下：

“圆心、半径(R)”：给定圆的圆心及半径绘制圆。

“圆心、直径(D)”：给定圆的圆心及直径绘制圆。

“两点(2)”：给定圆的直径上两端点绘制圆。

“三点(3)”：给定圆的任意三点绘制圆。

“相切、相切、半径(T)”：给定与圆相切的两个对象和圆的半径绘制圆。

“相切、相切、相切(A)”：给定与圆相切的三个对象绘制圆。

以“圆心、半径(R)”子命令为例，执行该命令后，命令行显示如下提示信息：

命令：_CIRCLE 指定圆的圆心或[三点(3P)/两点(2P)/相切、相切、半径(T)]: //用鼠标左键点取或者用键盘输入圆心的坐标，指定圆心位置。注意：此时橡皮筋线将从圆心延伸到光标位置，屏幕上将会显示一个圆。随着光标的移动，圆的尺寸相应地改变。

指定圆的半径或[直径(D)]: //通过用鼠标左键点取指定半径的端点或输入半径值，并按回车键确定圆的半径。一旦确定了圆的半径，AutoCAD 2006 将会绘制一个圆并结束“圆”命令。

其他子命令操作步骤与上述步骤类似，用户按照命令行的提示去做即可。需要注意的是，用户在绘图时应根据具体情况进行分析，采用最为便捷、适宜的方法来绘制。

2.2.2 圆弧

【执行方式】

命令行：ARC。

菜单：“绘图”→“圆弧”。

工具栏：“绘图”→“圆弧”。

【功能及说明】

在 AutoCAD 2006 中，可以使用 11 种方法绘制圆弧。选择“绘图”菜单中“圆弧”命令的子命令，如图 2-4 所示。

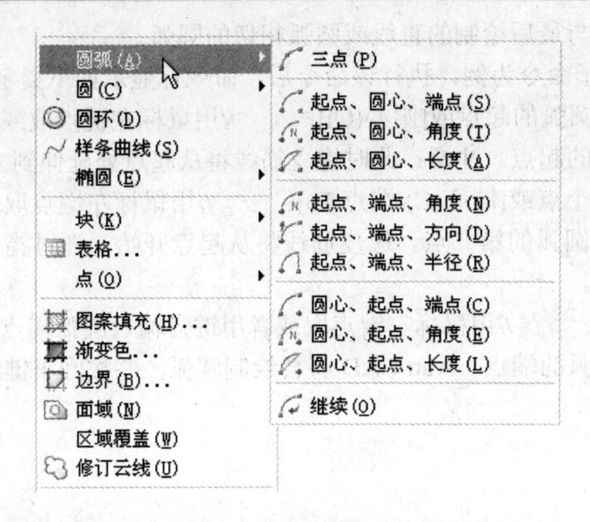

图 2-4 圆弧的绘制方法

在介绍这 11 种绘制方法之前，首先来了解一下圆弧的几何构成。如图 2-5 所示，圆弧的几何元素除了起点、端点和圆心外，还可由这三点得到半径、角度和弦长。

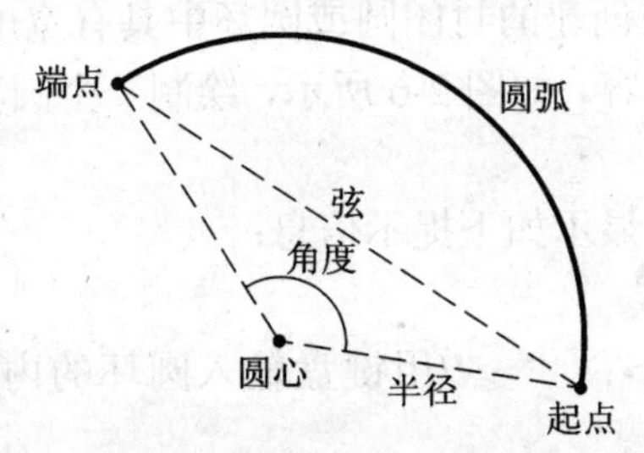

图 2-5 圆弧的几何构成

当用户掌握了其中某些几何元素的数据后，就可用来创建圆弧对象，具体方法如下：

三点：依次指定起点、圆弧上一点和端点来绘制圆弧。

起点、圆心、端点：依次指定起点、圆心和端点来绘制圆弧。

起点、圆心、角度：依次指定起点、圆心角和端点来绘制圆弧，其中圆心角逆时针方向为正。

起点、圆心、长度：依次指定起点、圆心和弦长来绘制圆弧。

起点、端点、角度：依次指定起点、端点和圆心角来绘制圆弧，其中圆心角逆时针方向为正。

起点、端点、方向：依次指定起点、端点和切线方向来绘制圆弧。向起点和端点的上方移动光标将绘制上凸的圆弧，向下方移动光标将绘制下凸的圆弧。

起点、端点、半径：依次指定起点、端点和圆弧半径来绘制圆弧。

圆心、起点、端点：依次指定起点、圆心和端点来绘制圆弧。

圆心、起点、角度：依次指定起点、圆心角和端点来绘制圆弧，其中圆心角逆时针方向为正。

圆心、起点、长度：依次指定起点、圆心和弦长来绘制圆弧。

继续：AutoCAD 将把最后绘制的直线或圆弧的端点作为起点，并要求用户指定圆弧的端点，由此创建一条与最后绘制的直线或圆弧相切的圆弧。

以“三点(P)” 子命令为例，执行该命令后，命令行显示如下提示信息：

命令：_arc 指定圆弧的起点或[圆心(C)]: //用鼠标左键点取或者用键盘输入圆弧起点的坐标，指定圆弧的起点。注意：此时橡皮筋线将从起点处延伸到光标所在的位置处。

指定圆弧的第二个点或[圆心(C)/端点(E)]: //用鼠标左键点取或者用键盘输入圆弧第二点的坐标，指定圆弧的第二点。橡皮筋线将从起点开始，通过指定的第二点，并延伸到光标所在的位置处。

指定圆弧的端点： //用鼠标左键点取或者用键盘输入圆弧端点的坐标，指定圆弧的端点。一旦指定了圆弧的端点，AutoCAD 将会绘制圆弧，并按回车键结束命令。

2.2.3 圆环

【执行方式】

命令行：DONUT。

菜单：“绘图”→“圆环”。

【功能及说明】

圆环是实心填充的，是在创建的封闭圆或圆环中具有宽度的多段线。圆环经常用于创建实心点或在电路图中表示电容。如图 2-6 所示，绘制一个圆环时，首先指定圆环的内径和外径，然后指定其中心。

执行上述命令后，命令行显示如下提示信息：

命令: _DONUT

指定圆环的内径<0.5000>: //用键盘输入圆环的内径，例如“200”，然后按回车键。

指定圆环的外径<1.0000>: //用键盘输入圆环的外径，例如“300”，然后按回车键。一旦指定了圆环的外径，将会出现一个以光标所在位置为中心的圆环的虚像。

指定圆环的中心点或<退出>: //用鼠标左键点取或者用键盘输入圆弧中心点的坐标，指定圆弧的中心点。AutoCAD 将绘制一个圆环，并重复该提示。继续指定中心点，可以绘制另一个圆环，或是按回车键或【Esc】键，结束命令。

提示：在绘制圆环时，如果将圆环的内径设为零，即在执行 DONUT 命令时，提示“指定圆环的内径:”时输入 0，则可绘出实心圆，如图 2-7 所示。

图 2-6 圆环

图 2-7 实心圆

2.2.4 椭圆与椭圆弧

1. 绘制椭圆

【执行方式】

命令行：ELLIPSE。

菜单：“绘图”→“椭圆”。

工具栏："绘图"→"椭圆"。

【功能及说明】

椭圆的几何元素包括中心点、长轴和短轴，但在AutoCAD中绘制椭圆时并不区分长轴和短轴的次序。在AutoCAD 2006中，可以使用两种方法绘制椭圆，即选择"绘图"菜单中"椭圆"命令的子命令，如图2-8所示。

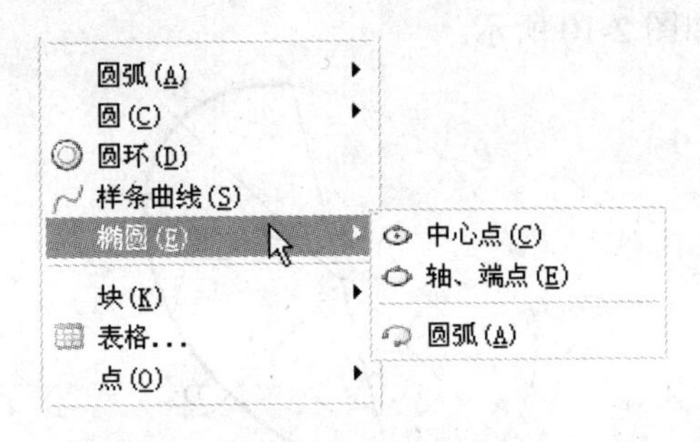

图2-8　绘制椭圆的方法

"绘图"→"椭圆"命令中各子命令的功能如下：

中心点：分别指定椭圆的中心点、第一条轴的一个端点和第二条轴的一个端点来绘制椭圆。

轴、端点：先指定两个点来确定椭圆的一条轴，再指定另一条轴的端点(或半径)来绘制椭圆，如图2-9所示。

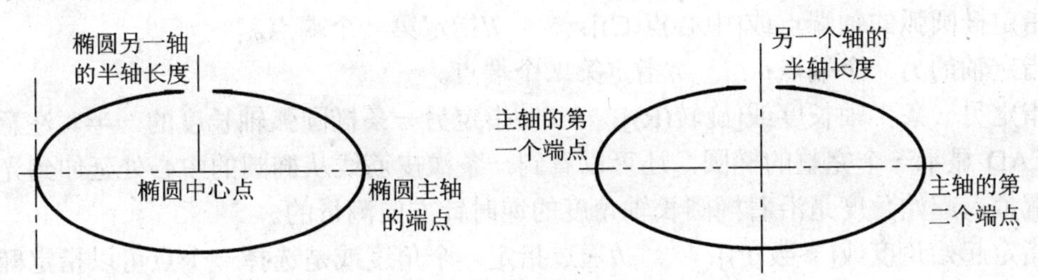

图2-9　椭圆的两种绘制方法

以图2-8中"轴、端点"子命令为例，执行该命令后，命令行显示如下提示信息：

命令：_ELLIPSE

指定椭圆的轴端点或[圆弧(A)/中心点(C)]:　　//指定椭圆轴的第一个端点。此时，橡皮筋线将从端点处延伸到光标所在的位置处。

指定轴的另一个端点：　　//指定椭圆轴的另一个端点。此时，橡皮筋线将从刚定义的椭圆轴的中点处延伸，随着光标的移动可以观察椭圆的变化。

指定另一条半轴长度或[旋转(R)]:　　//通过在图形中指定一点，或键入一个长度并按回车键来确定另一条椭圆轴长度的一半。一旦指定了该长度，AutoCAD将绘制一个椭圆并结束命令。

2．绘制椭圆弧

【执行方式】

命令行：ELLIPSE。

菜单："绘图"→"椭圆"→"圆弧"。

工具栏："绘图"→"椭圆弧"。

【功能及说明】

在 AutoCAD 中还可以绘制椭圆弧。其绘制方法是在绘制椭圆的基础上再分别指定圆弧的起点角度和端点角度(或起点角度和包含角度)。注意：指定角度时长轴角度定义为 0°，并以逆时针方向为正，如图 2-10 所示。

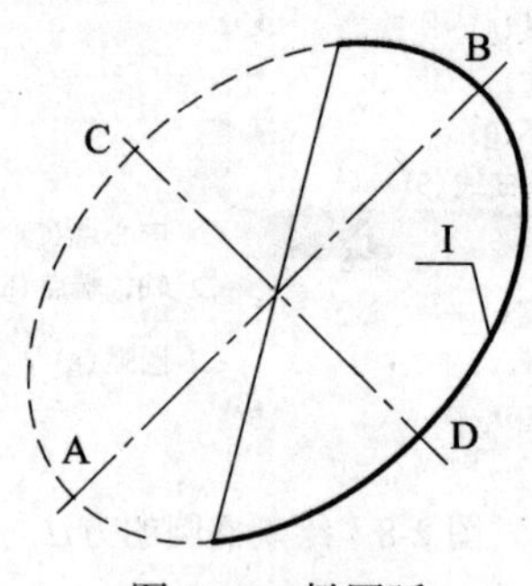

图 2-10　椭圆弧

以图 2-8 中"圆弧"子命令为例，执行该命令后，命令行显示的提示信息和相关操作说明如下：

命令：_ELLIPSE

指定椭圆的轴端点或[圆弧(A)/中心点(C)]:　_A

指定椭圆弧的轴端点或[中心点(C)]:　　//指定第一个端点。

指定轴的另一个端点:　　//指定第二个端点。

指定另一条半轴长度或[旋转(R)]:　　//指定另一条椭圆弧轴长度的一半。注意，此时 AutoCAD 显示一个完整的椭圆，还可以看到一条橡皮筋线从椭圆的中心处延伸到光标所在的位置处。起始角度是沿着椭圆长轴角度的逆时针方向测量的。

指定起始角度或[参数(P)]:　　//通过指定一个角度或是选择一个点可以指定椭圆弧的起始角度。注意，此时橡皮筋线将从椭圆的中心处延伸到光标所在的位置处，还可以看到一个从起始角度的定义点处延伸到橡皮筋处的椭圆弧。

指定终止角度或[参数(P)/包含角度(I)]:　　//指定终止角度。AutoCAD 再次沿着椭圆长轴角度的逆时针方向测量该角度。一旦指定了终止角度，AutoCAD 将会绘制一个椭圆弧并结束命令。

2.3　平面图形命令

本节任务：

✧　掌握矩形、正多边形的绘制方法。

2.3.1　矩形

【执行方式】

命令行：RECTANG。

菜单："绘图"→"矩形"。

工具栏："绘图"→"矩形"□。

【功能及说明】

在 AutoCAD 2006 中，矩形是一种封闭的多段线对象。绘制矩形的操作十分简单，只要指定两个对角点就可以了。用户在绘制矩形时可以指定其宽度，还可以在矩形的边与边之间绘制圆角和倒角见图 2-11。

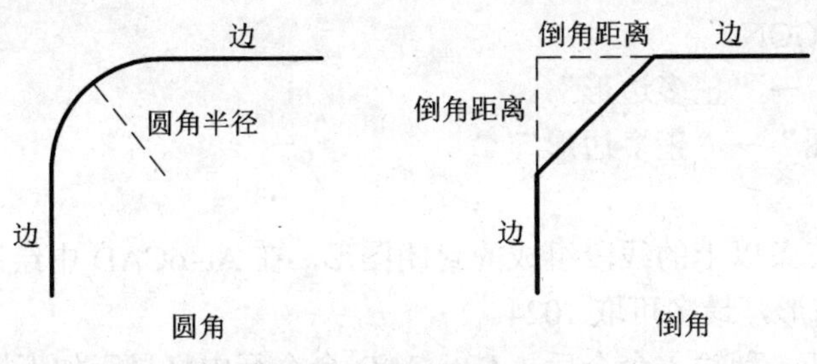

图 2-11　圆角和倒角

用上述方法中任一种输入命令后，AutoCAD 命令行中将相继显示如下提示信息：

指定第一个角点或[倒角(C)/标高(E)/圆角(F)/厚度(T)/宽度(W)]:

指定另一个角点或[面积(A)/尺寸(D)/旋转(R)]:

该命令执行过程中各选项的功能如下：

倒角(C)：用于设置倒角距离，如图 2-11 所示。

标高(E)：用于设置三维图形的高度位置。

圆角(F)：用于设置矩形四个圆角的半径大小，如图 2-11 所示。

厚度(T)：用于设置实体的厚度，即实体在高度方向延伸的距离。

宽度(W)：用于设置矩形的线宽。

以上每个选项设置完成后，都会回到原有的提示行形式，即

指定第一个角点或[倒角(C)/标高(E)/圆角(F)/厚度(T)/宽度(W)]:

指定第一个角点：该选项为缺省选项。输入矩形第一角点坐标值或者用鼠标左键在屏幕上直接点取，命令行继续提示：

指定另一个角点或[面积(A)/尺寸(D)/旋转(R)]：输入矩形另一个对角点坐标值或者用鼠标左键在屏幕上直接点取，AutoCAD 将绘制该矩形并结束命令。

【例 2】　绘制图 2-12 所示的倒角矩形和圆角矩形。

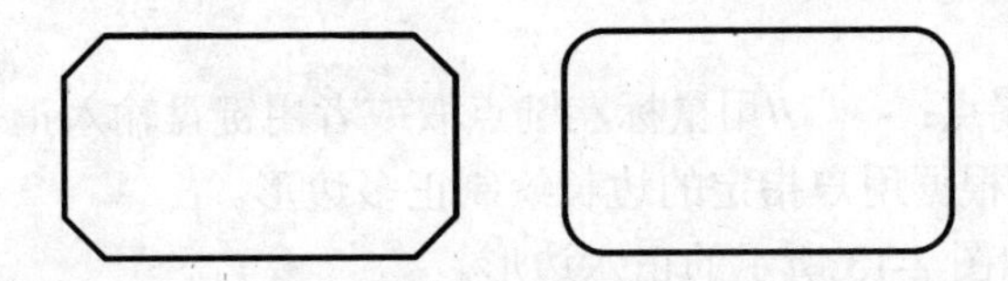

图 2-12　倒角矩形和圆角矩形

命令：_RECTANG

指定第一个角点或[倒角(C)/标高(E)/圆角(F)/厚度(T)/宽度(W)]: F↵

指定矩形的圆角半径<6.0000>: 15↵

指定第一个角点或[倒角(C)/标高(E)/圆角(F)/厚度(T)/宽度(W)]: //点取矩形左上角点。

指定另一个角点或[面积(A)/尺寸(D)/旋转(R)]: //点取矩形右下角点。

2.3.2 正多边形

【执行方式】

命令行：POLYGON。

菜单："绘图"→"正多边形"。

工具栏："绘图"→"正多边形" ⬠。

【功能及说明】

多边形是指由三条以上的线段组成的封闭图形。在 AutoCAD 中绘制正多边形，其边数最小为 3，即正三角形，最多可取 1024。

用上述方法中任一种输入命令后，AutoCAD 命令行中将显示如下提示信息：

输入边的数目<4>: //输入正多边形的边数。

指定正多边形的中心点或[边(E)]: //在该提示下，用户有两种选择：一是直接输入一点作为正多边形的中心；另一种是输入 E，即利用输入正多边形的边长确定多边形。

1．直接输入正多边形的中心

执行该选项时，AutoCAD 命令行中将提示：

输入选项[内接于圆(I)/外切于圆(C)] <I>:

在该提示行中，用户有 I、C 两种选择。

(1) 内接于圆。用户若在提示下直接回车，即默认 I，AutoCAD 命令行中将提示：

指定圆的半径: //此时用键盘输入半径值，于是 AutoCAD 在指定半径的圆内(此圆一般不画出来)内接正多边形。

(2) 外切于圆。用户若在提示下输入 C，则 AutoCAD 命令行中将提示：

指定圆的半径: //此时用键盘输入半径值，于是 AutoCAD 在指定半径的圆外构造出正多边形。

2．输入 E

执行该选项时，AutoCAD 命令行中将提示：

指定边的第一个端点: //用鼠标左键点取或者用键盘输入正多边形一边的一个端点。

指定边的第二个端点: //用鼠标左键点取或者用键盘输入正多边形一边的另外一个端点，于是 AutoCAD 根据用户指定的边长绘制正多边形。

【例 3】 绘制如图 2-13 所示的正六边形。

命令: _POLYGON 输入边的数目<4>: 6↵ //输入正六边形的边数 6。

指定正多边形的中心点或[边(E)]: //用鼠标点取正六边形的中心点。

输入选项[内接于圆(I)/外切于圆(C)] <I>: I↵ //键入 I，选择内接于圆方式。

指定圆的半径: 60↵ //键入该正六边形内接圆的半径 60，按回车键。

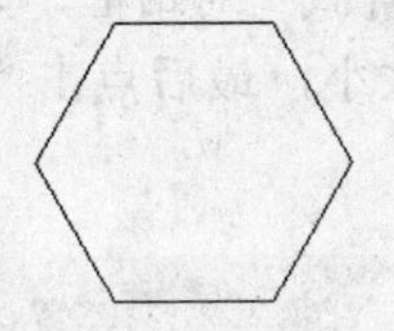

图 2-13　正六边形

2.4 点命令

本节任务：

✧　掌握点的绘制方法。
✧　掌握对象的定数等分和定距等分。

在 AutoCAD 2006 中，“点”对象有“单点”、“多点”、“定数等分”和“定距等分”四种形式。其中“单(多)点”主要用于绘制一系列的点；“定数等分”是将某一对象进行一定数量的等分；“定距等分”是将某一对象进行等距离分割。

2.4.1　点

1．点的绘制

【执行方式】

命令行：POINT。

菜单：“绘图”→“点”→“单点”/“多点”。

工具栏：“绘图”→“点”。

【功能及说明】

点不仅表示一个小的实体，而且具有构造的目的。

用上述执行方式中任一种输入命令，AutoCAD 命令行中将显示如下提示信息：

当前点模式：　PDMODE=0　PDSIZE=0.0000

指定点：　　//可以在命令行输入点的坐标，也可以通过光标在绘图屏幕上直接用鼠标左键点取确定一点。

2．点的样式设置

点在几何中是没有形状和大小的，只有坐标位置。为了看清楚点的位置，可以人为地设置它的大小和形状，这就是点的样式设置。

【执行方式】

命令行：DDPTYPE。

菜单：“格式”→“点样式”。

【功能及说明】

本命令用于修改 AutoCAD 中点对象的大小及外观。

执行上述命令后，系统打开“点样式”对话框，如图 2-14 所示。在该对话框中可以任选一种可见式样的点，并设置点的大小，最后点击“确定”按钮，完成点的可见形式的设置。

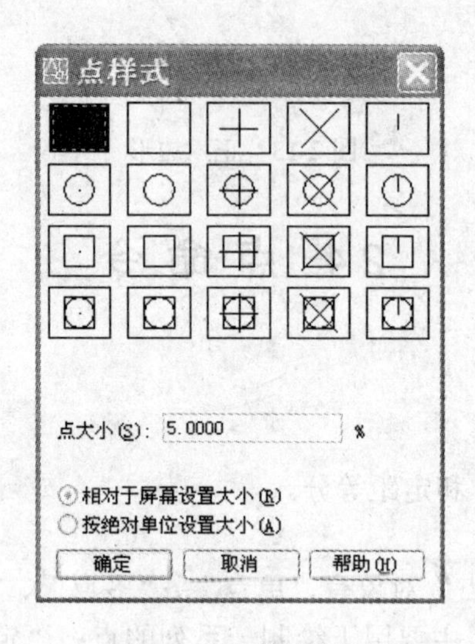

图 2-14　点样式设置

“点样式”对话框的相关设置说明如下：

- 相对于屏幕设置大小：按屏幕尺寸的百分比设置点的显示大小。当执行显示缩放时，显示出的点的大小不改变。
- 按绝对单位设置大小：按实际单位设置点的显示大小。当执行显示缩放时，显示出的点的大小随之改变。

提示：改变点对象的大小及外观，将会影响所有在图形中已经绘制的点对象，以及所有将绘制的点对象。

2.4.2　等分点

【执行方式】

命令行：DIVIDE。

菜单：“绘图”→“点”→“定数等分”。

【功能及说明】

用户可以利用“定数等分”命令，沿着直线或圆周方向均匀间隔一段距离排列点的实体或块。用户可以利用该命令等分圆弧、圆、椭圆、椭圆弧、多义线以及样条曲线等实体。该命令要求用户提供分段数，然后根据对象总长度自动计算每段的长度。

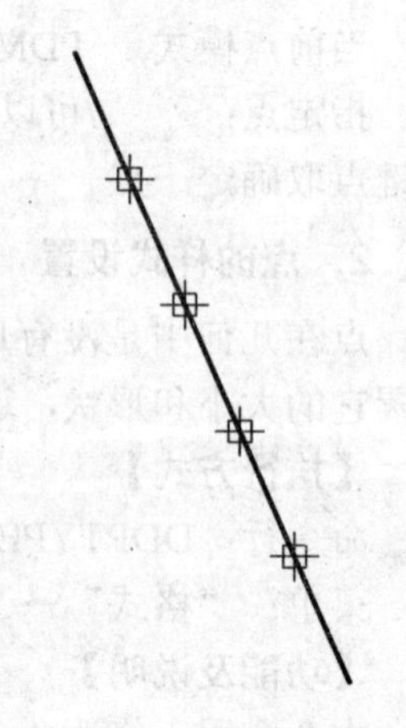

图 2-15　定数等分线段

【例 4】　将图 2-15 中的直线段五等分，执行上述命令后，具体的操作过程如下：

选择要定数等分的对象：　　//用鼠标左键单击该线段。

输入线段数目或[块(B)]: 5　　//输入要等分的线段数目。

2.4.3　测量点

【执行方式】

命令行：MEASURE。

菜单："绘图"→"点"→"定距等分"。

【功能及说明】

用户可以利用AutoCAD提供的"定距等分"命令在实体上按测量的间距排列点实体或块。本命令将指定的对象按指定的距离等分，并用点进行标记。该命令要求用户提供每段的长度，然后根据对象总长度自动计算分段数。

【例 5】　将图 2-16 中的直线段每隔 50 mm 插入一等分点，执行上述命令后，具体的操作过程如下：

选择要定距等分的对象：　　//用鼠标左键单击该线段。

指定线段长度或[块(B)]: 50 ↵　　//输入要等分的线段长度，然后按回车键。

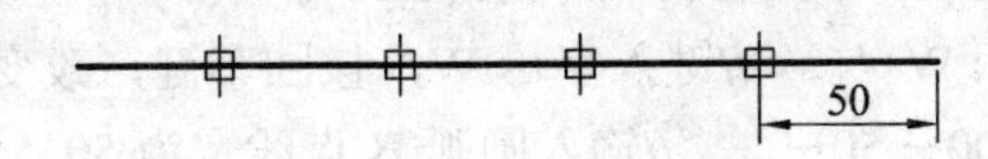

图 2-16　定距等分线段

2.5　多 段 线

本节任务：

✧　掌握多段线的绘制方法。

✧　掌握多段线的编辑方法。

多段线是 AutoCAD 中较为重要的一种图形对象。多段线由彼此首尾相连的、具有不同宽度的直线段或弧线组成，并作为单一对象使用。

2.5.1　绘制多段线

【执行方式】

命令行：PLINE。

菜单："绘图"→"多段线"。

工具栏："绘图"→"多段线"。

【功能及说明】

用上述执行方式中任一种输入命令，即可开始绘制多段线。下面以图 2-17 为例，来说明多段线的绘制方法。

【例 6】　绘制图 2-17 所示的多段线，操作过程如下：

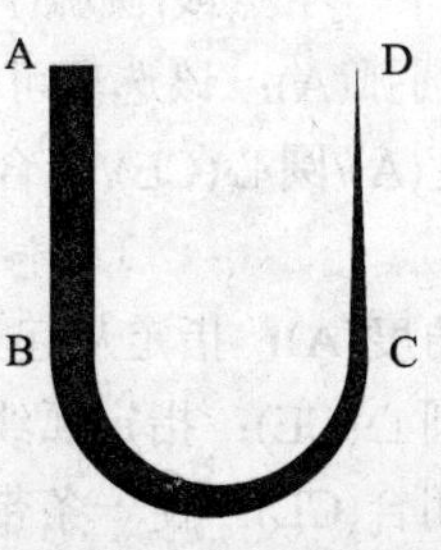

图 2-17　绘制多段线

执行菜单命令："绘图"→"多段线"。

此时 AutoCAD 命令行中显示如下提示信息：

指定起点：　　//用鼠标左键点取 A 点，指定多段线的起点。

当前线宽为 0.0000　　//提示当前线宽。

指定下一个点或[圆弧(A)/半宽(H)/长度(L)/放弃(U)/宽度(W)]: W↵　　//键入字母 W，按回车键，改变当前线宽。

指定起点宽度<0.0000>: 50↵　　//输入 A 点线宽为 50，然后按回车键。

指定端点宽度<50.0000>: 50↵　　//输入 B 点线宽为 50，然后按回车键。

指定下一个点或[圆弧(A)/半宽(H)/长度(L)/放弃(U)/宽度(W)]:　　//用鼠标左键点取 B 点。

指定下一个点或[圆弧(A)/闭合(C)/半宽(H)/长度(L)/放弃(U)/宽度(W)]: A ↵　　//键入字母 A，按回车键，转化为绘制圆弧方式。

指定圆弧的端点或[角度(A)/圆心(CE)/闭合(CL)/方向(D)/半宽(H)/直线(L)/半径(R)/第二个点(S)/放弃(U)/宽度(W)]: W↵　　//键入字母 W，按回车键，改变当前圆弧宽度。

指定起点宽度<50.0000>: 50↵　　//输入圆弧 B 点线宽为 50，然后按回车键。

指定端点宽度<50.0000>: 20↵　　//输入圆弧 C 点线宽为 20，然后按回车键。

指定圆弧的端点或[角度(A)/圆心(CE)/闭合(CL)/方向(D)/半宽(H)/直线(L)/半径(R)/第二个点(S)/放弃(U)/宽度(W)]:　　//用鼠标左键点取 C 点，指定圆弧的端点。

指定圆弧的端点或[角度(A)/圆心(CE)/闭合(CL)/方向(D)/半宽(H)/直线(L)/半径(R)/第二个点(S)/放弃(U)/宽度(W)]: L↵　　//键入字母 L，按回车键，转化为绘制直线方式。

指定下一个点或[圆弧(A)/闭合(C)/半宽(H)/长度(L)/放弃(U)/宽度(W)]: W↵　　//键入字母 W，按回车键，改变当前线宽。

指定起点宽度<20.0000>: 20↵　　//输入 C 点线宽为 20，然后按回车键。

指定端点宽度<20.0000>: 0↵　　//输入 D 点线宽为 0，然后按回车键。

指定下一个点或[圆弧(A)/闭合(C)/半宽(H)/长度(L)/放弃(U)/宽度(W)]: ↵　　//按回车键以结束图形的绘制。

下面介绍在多段线绘制过程中，具体的操作步骤和命令提示中各个选项的功能。

调用绘制多段线的命令后，系统提示：

指定起点：　　//指定多段线的起点。

当前线宽为 0.0000

指定下一个点或[圆弧(A)/半宽(H)/长度(L)/放弃(U)/宽度(W)]:

(1) 圆弧(A)：该选项可以用来绘制多段线的圆弧段，系统进一步提示：

[角度(A)/圆心(CE)/闭合(CL)/方向(D)/半宽(H)/直线(L)/半径(R)/第二个点(S)/放弃(U)/宽度(W)]:

① 角度(A)：指定从起点开始的弧线段的包含角。

② 圆心(CE)：指定弧线段的圆心。

③ 闭合(CL)：使一条带弧线段的多段线闭合。

④ 方向(D)：指定弧线段的起点方向。

⑤ 半宽(H)：指定弧线段的半宽值。

⑥ 直线(L)：退出“arc”选项并返回上一级提示。

⑦ 半径(R)：指定弧线段的半径。

⑧ 第二个点(S)：指定三点圆弧的第二点和端点。

⑨ 放弃(U)：删除最近一次添加到多段线上的弧线段。

⑩ 宽度(W)：指定弧线的宽度值。

(2) 半宽(H)：该选项可分别指定多段线每一段起点的半宽和端点的半宽值。所谓半宽，是指多段线的中心到其一边的宽度，即宽度的一半。改变后的取值将成为后续线段的缺省宽度。

(3) 长度(L)：以前一线段相同的角度并按指定长度绘制直线段。如果前一线段为圆弧，AutoCAD 将绘制一条直线段与弧线段相切。

(4) 放弃(U)：删除最近一次添加到多段线上的直线段。

(5) 宽度(W)：该选项可分别指定多段线每一段起点的宽度和端点的宽度值。改变后的取值将成为后续线段的缺省宽度。

在指定多段线的第二点之后，还将增加一个“闭合(C)”选项，用于在当前位置到多段线起点之间绘制一条直线段以闭合多段线，并结束多段线命令。

2.5.2　编辑多段线

【执行方式】

命令行：PEDIT。

菜单：“修改”→“对象”→“多段线”。

工具栏：“修改Ⅱ”工具栏中单击“编辑多段线”按钮。

【功能及说明】

在 AutoCAD 中，可以一次编辑一条或多条多段线。用上述执行方式中任一种输入命令，命令行首先提示用户选择多段线：

选择多段线或[多条(M)]:

用户可键入 M 选择“多条”选项来选择多个多段线对象，否则只能选择一个多段线对象。当用户选择了一个多段线对象后，命令行提示如下：

输入选项[闭合(C)/合并(J)/宽度(W)/编辑顶点(E)/拟合(F)/样条曲线(S)/非曲线化(D)/线型生成(L)/放弃(U)]:

当用户选择了多个多段线对象后，命令行提示如下：

输入选项[闭合(C)/打开(O)/合并(J)/宽度(W)/拟合(F)/样条曲线(S)/非曲线化(D)/线型生成(L)/放弃(U)]:

各项具体作用如下：

• 闭合(C)：闭合开放的多段线。注意：即使多段线的起点和终点均位于同一点上，AutoCAD 仍认为它是打开的，而必须使用该选项才能进行闭合。对于已闭合的多段线，则该项被“打开(O)”所代替，其作用相反。

• 合并(J)：将直线、圆弧或多段线对象和与其端点重合的其他多段线对象合并成一个多段线。对于曲线拟合多段线，在合并后将删除曲线拟合。

• 宽度(W)：指定多段线的宽度，该宽度值对于多段线的各个线段均有效。

• 编辑顶点(E)：用于对组成多段线的各个顶点进行编辑。用户选择该项后，多段线的第一个顶点以“×”为标记，如果该顶点具有切线，则还将在切线方向上绘有箭头。

• 拟合(F)：在每两个相邻顶点之间增加两个顶点，由此来生成一条光滑的曲线，该曲线由连接各对顶点的弧线段组成。曲线通过多段线的所有顶点并使用指定的切线方向。

• 如果原多段线包含弧线段，在生成样条曲线时等同于直线段。如果原多段线有宽度，则生成的样条曲线将由第一个顶点的宽度平滑过渡到最后一个顶点的宽度，所有中间的宽度信息都将被忽略。

• 样条曲线(S)：使用多段线的顶点作控制点来生成样条曲线，该曲线将通过第一个和最后一个控制点，但并不一定通过其他控制点。这类曲线称为样条曲线。AutoCAD 可以生成二次或三次样条拟合多段线。

• 非曲线化(D)：删除拟合曲线和样条曲线插入的多余顶点，并将多段线的所有线段恢复为直线，但保留指定给多段线顶点的切线信息。

• 线型生成(L)：如果该项设置为“ON”状态，则将多段线对象作为一个整体来生成线型；如果设置为“OFF”，则将在每个顶点处以点划线开始和结束生成线型。注意：该项不适用于带变宽线段的多段线。

• 放弃(U)：取消上一编辑操作而不退出命令。

2.6 样条曲线

本节任务：

✧ 掌握样条曲线的绘制方法。
✧ 了解样条曲线的编辑方法。

样条曲线是一种通过或接近指定点的拟合曲线。在 AutoCAD 中，其类型是非均匀有理 B 样条(Non-Uniform Rational Basis Spline, NURBS)曲线，适于表达具有不规则变化曲率半径的曲线。例如，机械图形的断切面及地形外貌轮廓线等。

2.6.1 绘制样条曲线

【执行方式】

命令行：SPLINE。

菜单：“绘图”→“样条曲线”。

工具栏：“绘图”→“样条曲线”~。

【功能及说明】

用上述执行方式中任一种输入命令，即可激活样条曲线命令，命令行中显示如下提示信息：

指定第一个点或[对象(O)]:

如果用户选择“对象(O)”选项，可将二维或三维的二次或三次样条拟合多段线转换成等价的样条曲线并删除多段线。

如果用户指定样条曲线的起点，系统则进一步提示用户指定下一点，并从第三点开始可选择如下选项：

指定下一点:

指定下一点或[闭合(C)/拟合公差(F)] <起点切向>:

各项具体作用如下：

(1) 闭合(C)：自动将最后一点定义为与第一点相同，并且在连接处相切，以此使样条曲线闭合。

(2) 拟合公差(F)：修改当前样条曲线的拟合公差。重定义样条曲线，以使其按照新的公差拟合现有的点。注意：修改后所有控制点的公差都会相应地发生变化。

(3) 起点切向：定义样条曲线的第一点和最后一点的切向，并结束命令。

2.6.2　编辑样条曲线

【执行方式】

命令行：SPLINEDIT。

菜单：“修改”→“对象”→“样条曲线”。

工具栏：“修改Ⅱ”→“编辑样条曲线”。

【功能及说明】

样条曲线编辑命令是一个单对象编辑命令，一次只能编辑一个样条曲线对象。执行该命令并选择需要编辑的样条曲线后，在曲线周围将显示控制点，如图 2-18 所示。同时命令行提示如下：

选择样条曲线:

输入选项[拟合数据(F)/闭合(C)/移动顶点(M)/精度(R)/反转(E)/放弃(U)]:

各项具体作用如下：

(1) 拟合数据(F)：拟合数据由所有的拟合点、拟合公差和与样条曲线相关联的切线组成。用户选择该项来编辑拟合数据时，系统将进一步提示选择如下拟合数据选项：

输入拟合数据选项[添加(A)/闭合(C)/删除(D)/移动(M)/清理(P)/相切(T)/公差(L)/退出(X)] <退出>:

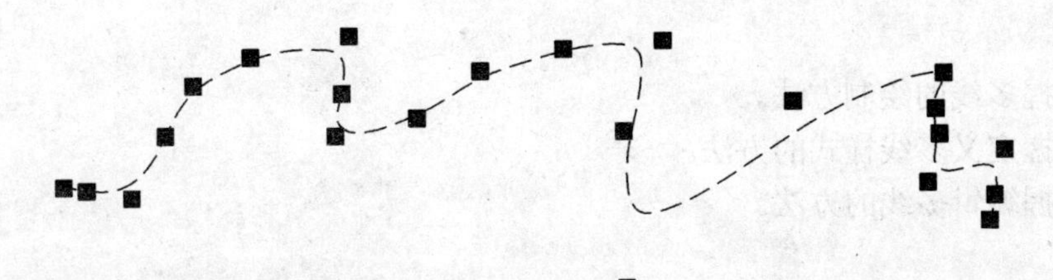

图 2-18　样条曲线的控制点

此提示中各项具体作用如下：

① 添加(A)：在样条曲线中增加拟合点。AutoCAD 将通过新设置的点重新拟合样条曲线。

② 闭合(C)：将开放的样条曲线闭合，并使其切线在端点处连续；对于已闭合的样条曲线，则该项被“打开(O)”所代替。

③ 删除(D)：从样条曲线中删除指定的拟合点并且用其余点重新拟合样条曲线。

④ 移动(M)：把拟合点移动到新位置。

⑤ 清理(P)：删除拟合曲线的拟合数据。

⑥ 相切(T)：编辑样条曲线的起点和端点切向。

⑦ 公差(L)：修改拟合当前样条曲线的公差，系统将根据新公差重新定义样条曲线。

⑧ 退出(X)：退出“拟合数据(F)”选项，返回主选项。

(2) 闭合(C)：闭合开放的样条曲线，使其在端点处切向连续。如果样条曲线的起点和端点相同，“闭合”选项使其在两点处都切向连续。对于已闭合的样条曲线，则该项被“打开(O)”所代替，其作用相反。

(3) 移动顶点(M)：重新定位样条曲线的控制顶点并且清理拟合点。

(4) 精度(R)：精密调整样条曲线定义。用户选择该项后，系统将进一步提示选择如下拟合数据选项：

输入精度选项[添加控制点(A)/提高阶数(E)/权值(W)/退出(X)] <退出>:

此提示中各项具体作用如下：

① 添加控制点(A)：在保持样条曲线精度不变的情况下，将指定的控制点由一个增加到两个。

② 提高阶数(E)：提高样条曲线的阶数。阶数越高则整个样条曲线的控制点数越多，使控制更为严格。阶数的最大值为 26。

③ 权值(W)：修改控制点的权值。权值越大则样条曲线距离该控制点越近。

④ 退出(X)：退出“精度(R)”选项，返回主选项。

(5) 反转(E)：反转样条曲线的方向。该选项主要由应用程序使用。

(6) 放弃(U)：取消上一编辑操作而不退出命令。

2.7 多 线

本节任务：

- ✧ 掌握多线的绘制方法。
- ✧ 掌握定义多线样式的方法。
- ✧ 掌握编辑多线的方法。

多线是一种复合型的对象，它由 1～16 条平行线(称为元素)构成，因此也叫多重平行线。多线可具有不同的样式，在创建新图形时，AutoCAD 自动创建一个“标准(Standard)”多线样式作为缺省值。用户也可定义新的多线样式。

2.7.1　绘制多线

【执行方式】

命令行：MLINE。

菜单："绘图"→"多线"。

【功能及说明】

用上述执行方式中任一种输入命令，即可激活绘制多线命令，AutoCAD 命令行中显示当前的多线设置，并显示如下提示信息：

当前设置：对正=上，比例= 20.00，样式= STANDARD

指定起点或[对正(J)/比例(S)/样式(ST)]:

指定下一点：

用户可直接指定多线的起点或选择如下选项：

(1) 对正(J)：指定绘制多线的方式，系统进一步提示：

输入对正类型 [上(T)/无(Z)/下(B)] <上>:

此提示中各项具体作用如下：

① 上(T)：以多线中具有最大的正偏移值的元素为准绘制多线。

② 无(Z)：以多线的中心(偏移值为 0)为准绘制多线。

③ 下(B)：以多线中具有绝对值最大的负偏移值的元素为准绘制多线。

(2) 比例(S)：指定多线的全局宽度比例因子。这个比例只改变多线的宽度，而不影响多线的线型比例。

(3) 样式(ST)：指定多线的样式。

多线示意如图 2-19 所示。

图 2-19　多线

2.7.2　定义多线样式

【执行方式】

命令行：MLSTYLE。

菜单："格式"→"多线样式"。

【功能及说明】

调用该命令后，系统会打开"多线样式"对话框，如图 2-20 所示。用户可以根据需要创建多线样式，设置其线条数目和线的拐角方式。

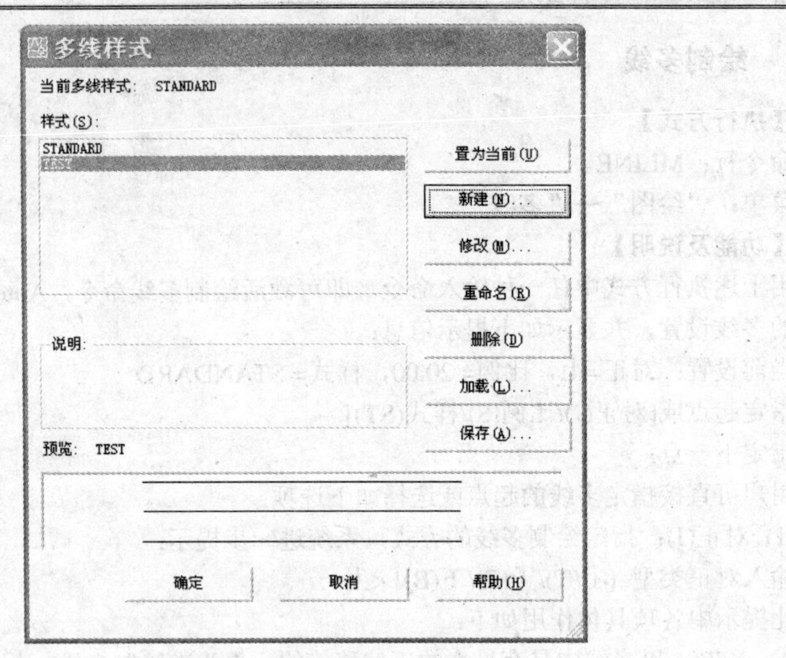

图 2-20 “多线样式”对话框

该对话框中各选项功能如下：

(1) 置为当前：在“样式”列表中选择需要使用的多线样式后，单击该按钮，可以将其设置为当前样式。

(2) 新建：单击该按钮，打开“创建新的多线样式”对话框，如图 2-21 所示，可以创建新的多线样式。

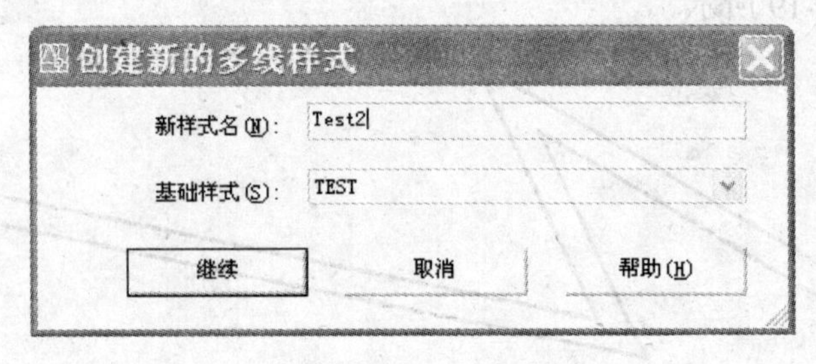

图 2-21 “创建新的多线样式”对话框

(3) 修改：单击该按钮，打开“修改多线样式”对话框，可以修改创建的多线样式。

(4) 重命名：修改选中的多线样式的名称。

(5) 删除：删除“样式”列表中选中的多线样式。

(6) 说明：此区域用于说明当前所定义的多线样式的特性等描述。

(7) 加载：打开“加载多线样式”对话框。用户可以从中选取多线样式将其加载到当前图形中。

(8) 保存：打开“保存多线样式”对话框，可将当前多线样式以文件的形式(扩展名为“.mln”)保存在磁盘中。

在图 2-21 所示的“创建新的多线样式”对话框中，单击“继续”按钮，将打开“新建多线样式”对话框，可以创建新多线样式的封口、填充、元素特性等内容，如图 2-22 所示。

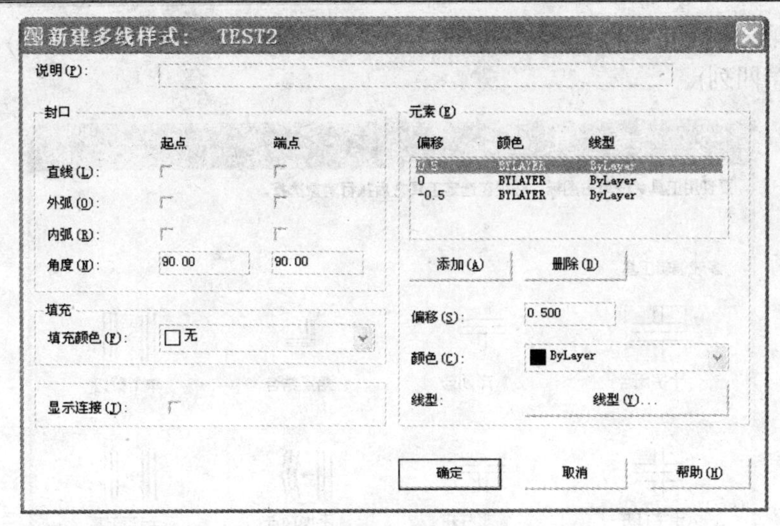

图 2-22　“新建多线样式”对话框

该对话框中各选项功能如下：

(1) 说明：用户可在“新建多线样式”对话框的“说明”文本框中输入多线样式的说明信息，当用户在“多线样式”列表中选中多线时，说明信息将显示在“说明”区域中。

(2) 封口：“新建多线样式”对话框的“封口”选项组用于设置多线起点和端点的封口形式。可以为多线的每个端点选择一条直线或弧线，并输入角度。其中，“直线”穿过整个多线的端点；“外弧”连接最外层元素的端点；“内弧”连接成对元素，如果有奇数个元素，则中心线不相连。

如果选中“新建多线样式”对话框中的“显示连接”复选框，可以在多线的拐角处显示连接线，否则不显示。

(3) 填充颜色：可以设置是否填充多线的背景以及背景的颜色。

(4) 元素区：

① 添加：单击此按钮，可以在多线中增加一条平行线。

② 删除：删除“元素”列表框中选中的线条。

③ 偏移：设置线条偏移距离，正数表示向上偏移，负数表示向下偏移。

④ 颜色：可以设置当前线条的颜色。

⑤ 线型：单击此按钮，可以打开“线型”对话框，设置线元素的线型。

以上各项全部设置好之后，单击“确定”按钮，即可完成多线样式设置。

2.7.3　编辑多线

【执行方式】

命令行：MLEDIT。

菜单：“修改”→“对象”→“多线”。

【功能及说明】

用上述执行方式中任一种输入命令，即可激活编辑多线命令，AutoCAD 会打开“多线编辑工具”对话框，如图 2-23 所示。该对话框提供了 12 种修改工具，可分别用于处理十字交叉的多线(第一列)、T 形相交的多线(第二列)、处理角点结合和顶点(第三列)、处理多线的剪切或接合(第四列)。

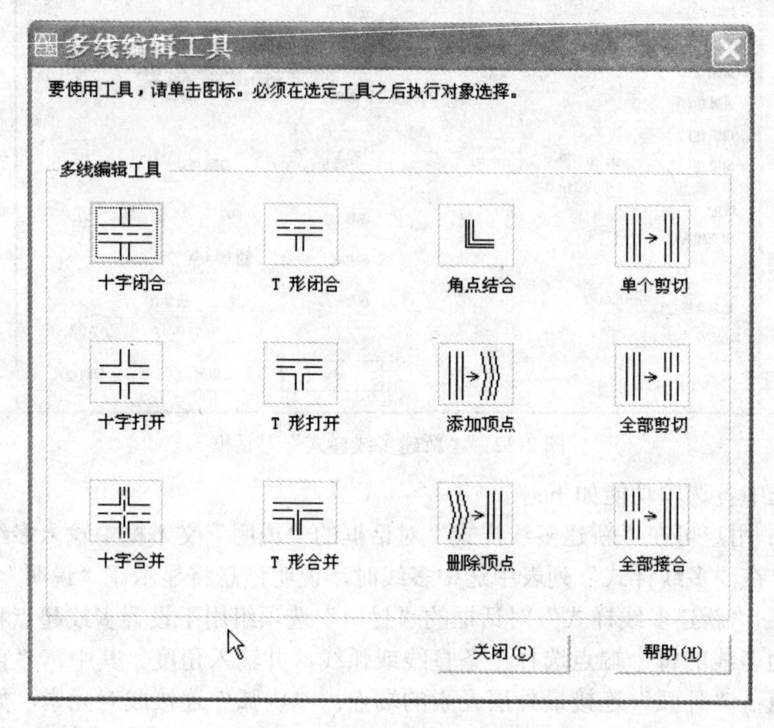

图 2-23 “多线编辑工具”对话框

下面分别介绍如下：

十字闭合：在两条多线之间创建闭合的十字交叉。

十字打开：在两条多线之间创建开放的十字交叉。AutoCAD 打断第一条多线的所有元素以及第二条多线的外部元素。

十字合并：在两条多线之间创建合并的十字交叉，操作结果与多线的选择次序无关。

T 形闭合：在两条多线之间创建闭合的 T 形交叉。AutoCAD 修剪第一条多线或将它延伸到与第二条多线的交点处。

T 形打开：在两条多线之间创建开放的 T 形交叉。AutoCAD 修剪第一条多线或将它延伸到与第二条多线的交点处。

T 形合并：在两条多线之间创建合并的 T 形交叉。AutoCAD 修剪第一条多线或将它延伸到与第二条多线的交点处。

角点结合：在两条多线之间创建角点结合。AutoCAD 修剪第一条多线或将它延伸到与第二条多线的交点处。

添加顶点：向多线上添加一个顶点。

删除顶点：从多线上删除一个顶点。

单个剪切：剪切多线上的选定元素。

全部剪切：剪切多线上的所有元素并将其分为两个部分。

全部接合：将已被剪切的多线线段重新接合起来。

2.8 图案填充

本节任务：

- ✧ 了解图案填充的基本概念。
- ✧ 掌握图案填充的基本操作。
- ✧ 掌握编辑填充的图案的基本方法。

2.8.1 图案填充的概念

在绘制图形(例如绘制物体的剖面或断面)时经常需要使用某一种图案来充满某个指定区域，这个过程就叫做图案填充。图案填充经常用于在剖视图中表达对象的材料类型，从而增加了图形的可读性，如图 2-24 所示。

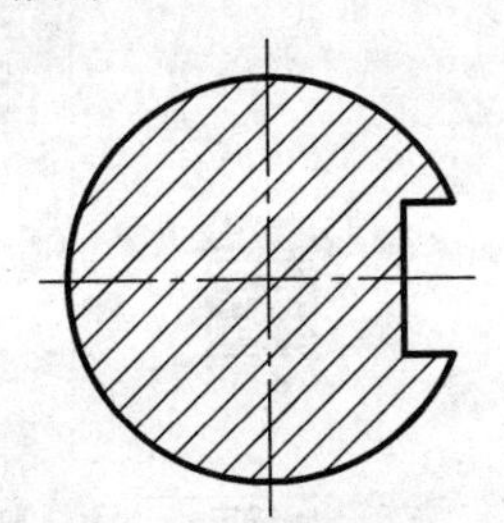

图 2-24 图案填充

在 AutoCAD 中，无论一个图案填充是多么复杂，系统都将其认为是一个独立的图形对象，可作为一个整体进行各种操作。在 AutoCAD 中绘制的填充图案可以与边界具有关联性。一个具有关联性的填充图案是和其边界联系在一起的，当其边界发生改变时会自动更新以适合新的边界；而非关联性的填充图案则独立于它们的边界。

提示：如果对一个具有关联性的填充图案进行移动、旋转、缩放和分解等操作，该填充图案与原边界对象将不再具有关联性。如果对其进行复制或带有复制的镜像、阵列等操作，则该填充图案本身仍具有关联性，而其拷贝则不具有关联性。

2.8.2 图案填充的操作

【执行方式】

命令行：BHATCH。

菜单："绘图"→"图案填充"。

工具栏："绘图"→"图案填充"。

【功能及说明】

使用上述执行方式中任一种输入命令，即可激活图案填充命令，AutoCAD 会打开"图案填充和渐变色"对话框，如图 2-25 所示。在该对话框的"图案填充"选项卡中，可以设置图案填充时的类型和图案、角度和比例等特性。

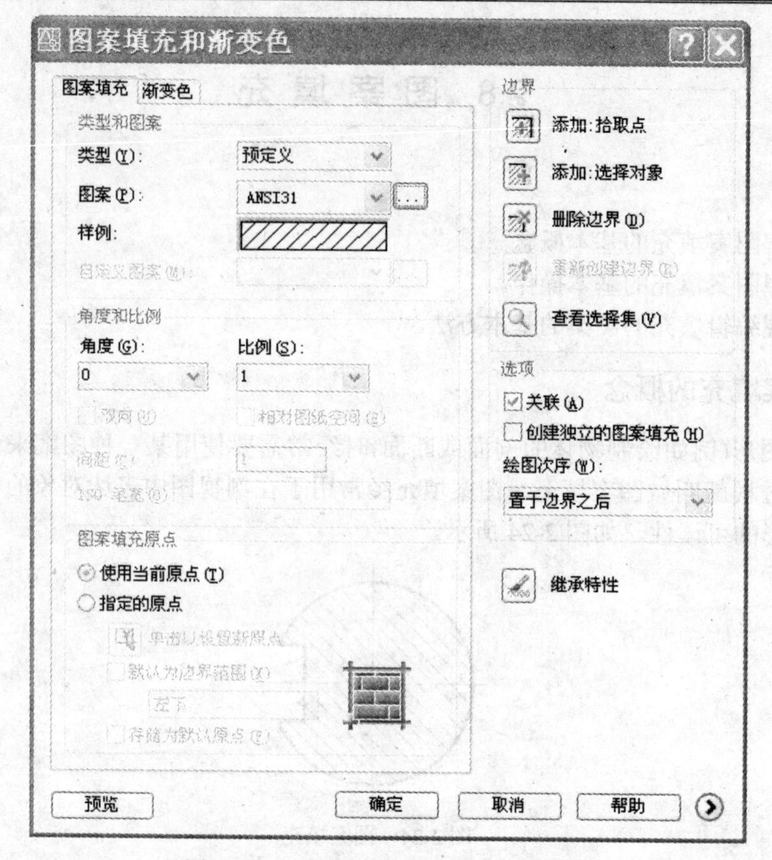

图 2-25 “图案填充和渐变色”对话框

该对话框中各选项功能如下：

(1) “类型和图案”选项组：可以设置图案填充的类型和图案。

① “类型”下拉列表框：设置填充的图案类型，包括“预定义”、“用户定义”和“自定义”三个选项。其中，选择“预定义”选项，可以使用 AutoCAD 提供的图案；选择“用户定义”选项，则需要临时定义图案，该图案由一组平行线或者相互垂直的两组平行线组成；选择“自定义”选项，可以使用事先定义好的图案。

② “图案”下拉列表框：设置填充的图案，当在“类型”下拉列表框中选择“预定义”时该选项可用。在该下拉列表框中可以根据图案名选择图案，也可以单击其后的按钮，在打开的“填充图案选项板”对话框中进行选择。

③ “样例”预览窗口：显示当前选中的图案样例，单击所选的样例图案，也可打开“填充图案选项板”对话框选择图案。

④ “自定义图案”下拉列表框：选择自定义图案，在“类型”下拉列表框中选择“自定义”类型时该选项可用。

(2) “角度和比例”选项组：可以设置用户定义类型的图案填充的角度和比例等参数。

① “角度”下拉列表框：设置填充图案的旋转角度，每种图案在定义时的旋转角度都为零。

② “比例”下拉列表框：设置图案填充时的比例值。每种图案在定义时的初始比例为

1，可以根据需要放大或缩小。在“类型”下拉列表框中选择“用户自定义”时该选项不可用。

③ “双向”复选框：当在“图案填充”选项卡中的“类型”下拉列表框中选择“用户定义”选项时，选中该复选框，可以使用相互垂直的两组平行线填充图形；否则为一组平行线。

④ “相对图纸空间”复选框：设置比例因子是否为相对于图纸空间的比例。

⑤ “间距”文本框：设置填充平行线之间的距离，当在“类型”下拉列表框中选择“用户自定义”时，该选项才可用。

⑥ “ISO 笔宽”下拉列表框：设置笔的宽度，当填充图案采用 ISO 图案时，该选项才可用。

(3) “图案填充原点”选项组：可以设置图案填充原点的位置，因为许多图案填充需要对齐填充边界上的某一个点。

① “使用当前原点”单选按钮：可以使用当前 UCS 的原点(0,0)作为图案填充原点。

② “指定的原点”单选按钮：可以通过指定点作为图案填充原点。其中，单击“单击以设置新原点”按钮，可以从绘图窗口中选择某一点作为图案填充原点；选择“默认为边界范围”复选框，可以以填充边界的左下角、右下角、右上角、左上角或圆心作为图案填充原点；选择“存储为默认原点”复选框，可以将指定的点存储为默认的图案填充原点。

(4) “边界”选项组：包括“拾取点”、“选择对象”等按钮。

① “添加:拾取点”按钮：以拾取点的形式来指定填充区域的边界。单击该按钮切换到绘图窗口，可在需要填充的区域内任意指定一点，系统会自动计算出包围该点的封闭填充边界，同时亮显该边界。如果在拾取点后系统不能形成封闭的填充边界，则会显示错误提示信息。

② “添加:选择对象”按钮：单击该按钮将切换到绘图窗口，可以通过选择对象的方式来定义填充区域的边界。

③ “删除边界”按钮：单击该按钮可以取消系统自动计算或用户指定的边界。

④ “重新创建边界”按钮：重新创建图案填充边界。

⑤ “查看选择集”按钮：查看已定义的填充边界。单击该按钮，切换到绘图窗口，已定义的填充边界将亮显。

(5) “选项”选项组：“关联”复选框用于创建边界时随之更新的图案和填充；“创建独立的图案填充”复选框用于创建独立的图案填充；“绘图次序”下拉列表框用于指定图案填充的绘图顺序，图案填充可以放在图案填充边界及所有其他对象之后或之前。

① “继承特性”按钮：可以将现有图案填充或填充对象的特性应用到其他图案填充或填充对象。

② “预览”按钮：可以使用当前图案填充设置显示当前定义的边界，单击图形或按【Esc】键返回对话框，单击、右击或按【Enter】键接受图案填充。

提示：填充边界可以是圆、椭圆、多边形等封闭的图形，也可以是由直线、曲线、多段线等围成的封闭区域。

在选择对象时，一般应用“拾取点”来选择边界。这种方法既快又准确，“选择对象”只是作为补充手段。

边界图形必须封闭，若不封闭，系统会给出提示“未找到有效的图案填充边界”。边界不能重复选择，若重复选择，系统会给出提示“和已有边界重复”。

2.8.3 编辑填充的图案

【执行方式】

命令行：HATCHEDIT。

菜单：“修改”→“对象”→“图案填充”。

工具栏：“修改Ⅱ”工具栏中单击“编辑图案填充”按钮。

【功能及说明】

创建了图案填充后，如果需要修改填充图案或修改图案区域的边界，可以用上述执行方式中任一种输入命令，即可激活编辑图案填充命令，命令行中显示如下提示信息：

选择图案填充对象：

此时在绘图窗口中单击需要编辑的图案填充，这时将打开“图案填充编辑”对话框，如图2-26所示。

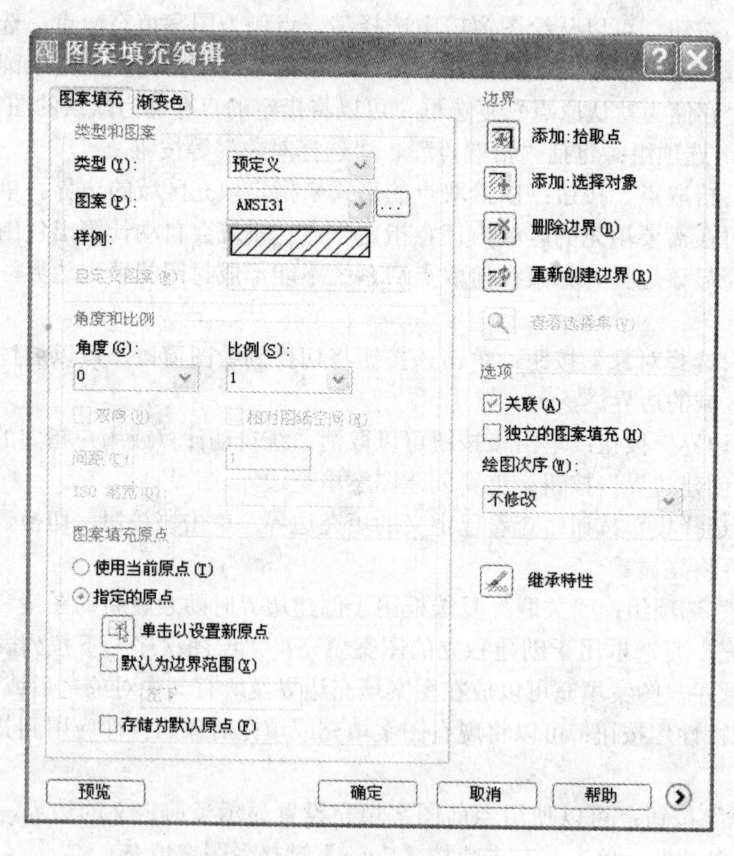

图2-26 “图案填充编辑”对话框

用户可以看到，“图案填充编辑”对话框与“图案填充和渐变色”对话框的内容完全相同，用户可以按照上一节的方法进行设置，之后单击对话框下方的“确定”按钮，完成图案填充的编辑。

2.9　徒手线和修订云线

本节任务：

✧　掌握绘制徒手线的方法。

✧　掌握绘制修订云线的方法。

2.9.1　绘制徒手线

【执行方式】

命令行：SKETCH。

【功能及说明】

在绘制图形过程中，有时需要绘制一些不规则的线条，AutoCAD 根据用户的这一需要提供了 SKETCH(徒手线)命令满足用户的要求。用户可以通过徒手线命令，移动光标在屏幕上绘制出任意形状的线条或图形，就像用户自己在图纸上直接用笔画一样。

在 AutoCAD 中，通常使用徒手线绘制图形、轮廓线及签名等。一个徒手线段由许多条直线段组成，这些直线段既可以是独立的直线对象，也可以是多段线对象。在开始创建徒手线段前，必须设置每一个线段的长度或增量。线段越小，徒手线段越精确。但是，如果线段设置得太小，将使图形文件的体积成倍地增大。

徒手线对于创建不光滑形状的对象是十分有益的。例如，不光滑的边界线或是地形等高线。徒手线在其他方面则通常是不切合实际的绘图方式。正如上面提到的，太小的直线段会使图形文件的体积迅速增大。在需要修改徒手线时，修改徒手线也是非常困难的。但是，少量而恰当地使用徒手线，也是 AutoCAD 中十分有用的工具。

SKETCH 命令没有对应的菜单或工具按钮，因此要使用该命令，必须在命令行中输入 SKETCH，这时命令行中显示如下提示信息：

记录增量<1.0000>：　//要求用户指定“记录增量”。所谓记录增量，是指徒手画线段中最小线段的长度，每当光标移动的距离达到该长度，系统将临时记录这一段线段。

徒手画．　画笔(P)/退出(X)/结束(Q)/记录(R)/删除(E)/连接(C)。

各选项具体说明如下：

(1) 画笔(P)：该选项用于控制提笔和落笔状态。用户在绘制徒手画时必须先落笔，此时鼠标被当作画笔来使用，其常规功能无效。如果用户需要暂停或结束绘制，则需要提笔。注意：抬笔并不能退出 SKETCH 命令，它也不能永久记录当前绘制的徒手线。

用户也可以通过单击左键在提笔和落笔状态之间转换。

(2) 退出(X)：该选项可记录所有临时线并退出 SKETCH 命令。用户也可按【Enter】键或空格键完成同样的功能。

(3) 结束(Q)：该选项不记录任何临时线并退出 SKETCH 命令，相当于用户按【Esc】键。

(4) 记录(R)：该选项记录最后绘制的徒手线，但不退出 SKETCH 命令。被记录的徒手线以白颜色显示，而临时的徒手线以绿颜色显示。

(5) 删除(E)：该选项可以在临时线段未被记录之前将其删除。选择该选项后，可以用光标从最后绘制的线段开始向前逐步删除任何一段线段。在选择该选项时如果画笔处于落笔状态，则自动提起画笔。

(6) 连接(C)：当用户抬笔或删除线段后会出现断点，这时使用该选项可以从最后的断点处继续绘制徒手线。选择该选项后，当光标移至断点附近并且光标点与断点间距离小于增量长度时，AutoCAD 将自动从断点开始绘制徒手线。

2.9.2 绘制修订云线

【执行方式】

命令行：REVCLOUD。

菜单："绘图"→"修订云线"。

工具栏："绘图"→"修订云线"。

【功能及说明】

在 AutoCAD 中，检查或用红线圈阅图形时可以使用修订云线功能标记，以提高工作效率。

用上述执行方式中任一种输入命令，即可激活修订云线命令，命令行中显示如下提示信息：

最小弧长：15　　最大弧长：15　　样式：普通

指定起点或[弧长(A)/对象(O)/样式(S)] <对象>:　　//用鼠标点取修订云线的起点，沿着云线路径移动十字光标，即可绘制出修订云线。要闭合修订云线，可返回到它的起点。

各选项具体说明如下：

(1) 弧长(A)：该选项用于设置修订云线中圆弧的最大长度和最小长度。更改弧长时，可以创建具有手绘外观的修订云线。

(2) 对象(O)：该选项用于将闭合对象(圆、椭圆、闭合的多段线或样条曲线)转换为修订云线。甚至可以创建外观一致的修订云线。

(3) 样式(S)：该选项用于设置修订云线的样式。

提示：按【Enter】键可以在绘制修订云线的过程中终止执行 REVCLOUD 命令。这将生成开放的修订云线。

绘制修订云线时，可以使用拾取点选择较短的弧线段来更改圆弧的大小，也可以通过调整拾取点来编辑修订云线的单个弧长和弦长。默认的弧长最小值设置为 0.5000 个单位。弧长的最大值不能超过最小值的 3 倍。

在执行修订云线命令之前，要确保能够看见所使用 REVCLOUD 添加轮廓的整个区域。REVCLOUD 不支持透明以及实时平移和缩放命令。

2.10 实　训

实训 1　直线命令和坐标的使用

按照图中的坐标和尺寸，绘制出图 2-27 所示图形(只绘制图形，不用标注其尺寸)。

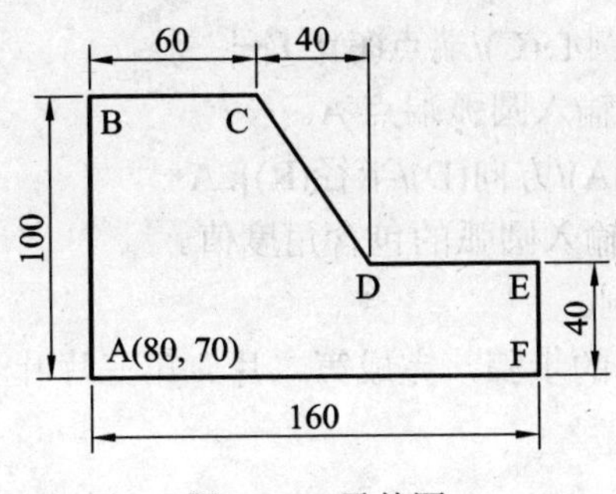

图 2-27　零件图

1. 目的要求

(1) 掌握直线段的绘制方法和绘制技巧。

(2) 掌握在绘制图形过程中绝对坐标和相对坐标的使用。

2. 操作提示

命令：LINE↵ (或者通过菜单命令：“绘图”→“直线”)

指定第一点：80,70↵　　//指定 A 点坐标。

指定下一点或[放弃(U)：@0,100 ↵　　//指定 B 点坐标。

指定下一点或[放弃(U)] ：@60,0 ↵　　//指定 C 点坐标。

指定下一点或[闭合(C)/放弃(U)]：@40, -60↵　　//指定 D 点坐标。

指定下一点或[闭合(C)/放弃(U)]：@60, 0↵　　//指定 E 点坐标。

指定下一点或[闭合(C)/放弃(U)]：@0, -40↵　　//指定 F 点坐标。

指定下一点或[闭合(C)/放弃(U)]：C↵　　//闭合图形。

实训 2　圆弧命令的使用

绘制图 2-28 所示的三叶草图形。

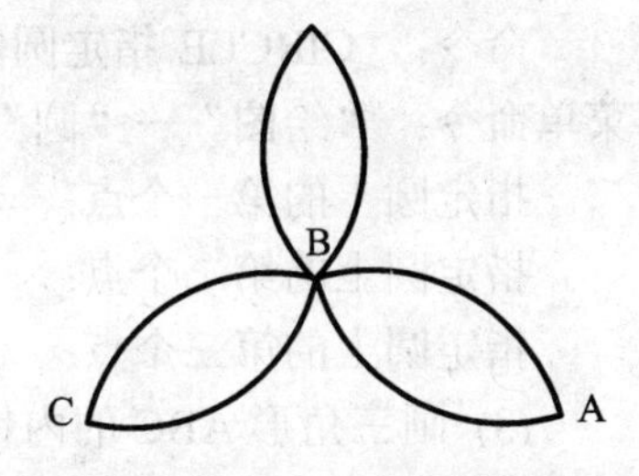

图 2-28　三叶草图形

1. 目的要求

(1) 掌握圆弧命令的使用。

(2) 掌握命令参数的使用。

2. 操作提示

(1) 选用“起点、端点、角度”画圆弧方式。

命令：ARC

指定圆弧的起点或[圆心(C)]：　//选取圆弧起点 A。

指定圆弧的第二个点或[圆心(C)/端点(E)]: E↵

指定圆弧的端点：　　//选取圆弧端点 B。

指定圆弧的圆心或 [角度(A)/方向(D)/半径(R)]: A↵

指定包含角：90↵　　//输入圆弧的包含角度值。

(2) 按回车键重复选择圆弧命令。

命令: ARC

指定圆弧的起点或[圆心(C)]:　　//输入圆弧起点 B。

指定圆弧的第二个点或[圆心(C)/端点(E)]: E↵

指定圆弧的端点： //输入圆弧端点 A。

指定圆弧的圆心或[角度(A)/方向(D)/半径(R)]: A↵

指定包含角：90↵ //输入圆弧的包含角度值。

此时完成一片叶子的绘制。

(3) 依此类推，使用相同的步骤，完成第二片、第三片叶子的绘制。

实训 3 圆命令的使用

已知三角形顶点的坐标分别为 A(100,150)、B(180,150)、C(140,210)，求三角形的外接圆和内切圆，如图 2-29 所示。

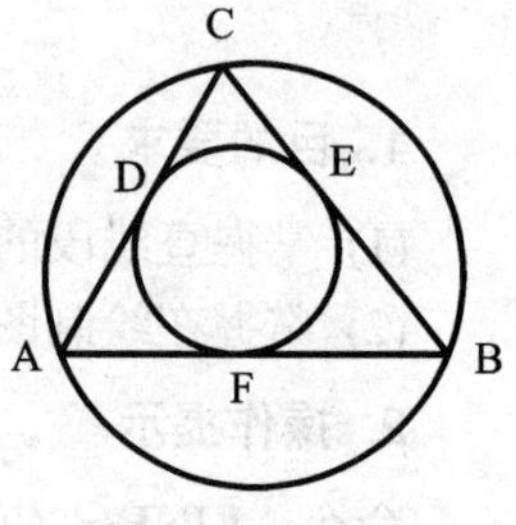

图 2-29 实例

1. 目的要求

(1) 掌握圆命令的使用。

(2) 了解在绘图过程中对象捕捉的基本使用方法。

2. 操作提示

命令：LINE↵ (或者通过菜单命令："绘图" → "直线")

(1) 画三角形 ABC。

命令：_LINE 指定第一点：100,150↵ //输入点 A 的坐标。

指定下一点或[放弃(U)]：180,150↵ //输入点 B 的坐标。

指定下一点或[放弃(U)：140,210↵ //输入点 C 的坐标。

指定下一点或[闭合(C)/放弃(U)]：C↵ //选择闭合，得到三角形 ABC。

(2) 画三角形 ABC 的外接圆。

命令：_CIRCLE 指定圆的圆心或[三点(3P)/两点(2P)/相切、相切、半径(T)]：_3P //菜单命令："绘图" → "圆" → "三点"。

指定圆上的第一个点： //捕捉交点 A。

指定圆上的第二个点： //捕捉交点 B。

指定圆上的第三个点： //捕捉交点 C。

(3) 画三角形 ABC 的内切圆。

命令：_CIRCLE 指定圆的圆心或 [三点(3P)/两点(2P)/相切、相切、半径(T)]：_3P //菜单命令："绘图" → "圆" → "相切、相切、相切"。

指定圆上的第一个点：_tan //捕捉 AC 线段上的切点 D。

指定圆上的第二个点：_tan //捕捉 AB 线段上的切点 F。

指定圆上的第三个点：_tan //捕捉 BC 线段上的切点 E。

实训 4 多段线命令的使用

绘制出图 2-30 所示向左转弯的箭头。

图 2-30 向左转弯的箭头

1. 目的要求

(1) 掌握多段线命令的使用。

(2) 掌握命令参数的使用。

2. 操作提示

命令：_PLINE　　//使用菜单命令："绘图"→"直线"。

指定起点：　　//用鼠标在屏幕上点取。

当前线宽为 0.0000

指定下一个点或[圆弧(A)/半宽(H)/长度(L)/放弃(U)/宽度(W)]: W↵

指定起点宽度<0.0000>: 0↵

指定端点宽度<0.0000>: 18↵

指定下一个点或[圆弧(A)/半宽(H)/长度(L)/放弃(U)/宽度(W)]: @18,0↵

指定下一个点或[圆弧(A)/闭合(C)/半宽(H)/长度(L)/放弃(U)/宽度(W)]: W↵

指定起点宽度<18.0000>: 8↵

指定端点宽度<8.0000>: 8↵

指定下一个点或[圆弧(A)/闭合(C)/半宽(H)/长度(L)/放弃(U)/宽度(W)]: L↵

指定直线的长度：12↵

指定下一个点或[圆弧(A)/闭合(C)/半宽(H)/长度(L)/放弃(U)/宽度(W)]: A↵

指定圆弧的端点或[角度(A)/圆心(CE)/闭合(CL)/方向(D)/半宽(H)/直线(L)/半径(R)/第二个点(S)/放弃(U)/宽度(W)]: A↵

指定包含角: −90↵

指定圆弧的端点或 [圆心(CE)/半径(R)]: R↵

指定圆弧的半径: 12↵

指定圆弧的弦方向 <0>: −45↵

指定圆弧的端点或[角度(A)/圆心(CE)/闭合(CL)/方向(D)/半宽(H)/直线(L)/半径(R)/第二个点(S)/放弃(U)/宽度(W)]: L↵

指定下一个点或[圆弧(A)/闭合(C)/半宽(H)/长度(L)/放弃(U)/宽度(W)]: L↵

指定直线的长度: 12↵

指定下一个点或[圆弧(A)/闭合(C)/半宽(H)/长度(L)/放弃(U)/宽度(W)]: ↵

2.11　思考与练习

一、填空题

1. 在 AutoCAD 2006 中，可以使用 6 种方法绘制圆，这 6 种方法分别是_______、_______、_______、_______、_______和_______。

2. 在 AutoCAD 2006 中，绘制圆弧有_______种方法。

3. 在绘制圆环时，如果将圆环的内径设为______，则可绘出实心圆。

4. 在 AutoCAD 2006 中绘制椭圆弧，指定角度时长轴角度定义为 0°，并以______方向为正。

5. 在 AutoCAD 2006 中绘制正多边形，其边数最小为______条边，最多可取______条边。

6. ________是一种复合型的对象，它由 1～16 条平行线(称为元素)构成，因此也叫多重平行线。

二、选择题

1. 绘制直线时，选择第二点后，会出现(　　)。

A. 屏幕上什么也没有出现　　B. 提示输入直线宽度

C. 绘制出直线段并终止命令　　D. 绘制出直线段并提示输入下一点

2. 执行直线命令，当绘制了两条以上的直线段后，在命令行提示下选择C选项，将会(　　)。

A. 从上一次所绘制的直线处继续绘制直线　　B. 放弃上一个绘制的直线段

C. 创建一条与起点相连的直线段并结束直线命令　　D. 显示错误信息

3. 绘制徒手线的命令是(　　)。

A．SKETCH　　B. DRAW　　C. PLINE　　D. FREE

4. 绘制圆有几种不同方法？(　　)

A. 3　　B. 5　　C. 6　　D. 7

5. 用“两点”选项绘制圆时，两点之间的距离等于(　　)。

A. 圆周　　B. 周长　　C. 直径　　D. 半径

三、判断题

1. 徒手线实际上是由无数条短小直线组成的。

2. 构造线是无限长的直线。

3. 为了绘制多个连接线段，必须多次调用LINE命令。

4. 从不同的起点绘制两条射线，必须调用两次射线命令。

5. 多线中的元素，可以有不同的颜色。

6. 多线段的每一段的宽度可以单独指定。

7. 使用矩形命令创建的矩形，其边总是水平或竖直的。

四、简答题

1. 射线和构造线有何区别？

2. 使用SKETCH命令绘制了一些线，若想在新位置继续绘制，如何将笔移动到新的位置而在移动过程中不进行绘制？

3. 多段线命令中的“半宽”和“宽度”选项有何区别？

4. 对于多线元素线的偏移值来说，5和−5的区别是什么？

5. 请使用本章所学知识，绘制图2-31所示的图形(只绘制图形，不用标注其尺寸)。

6. 请使用本章所学知识，绘制图2-32所示的图形(只绘制图形，不用标注其尺寸)。

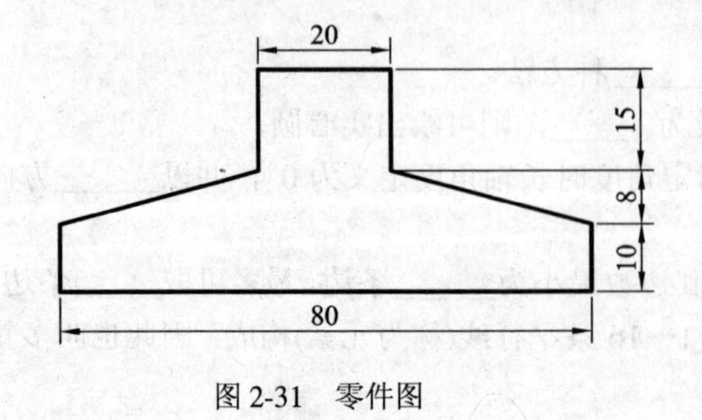

图2-31　零件图

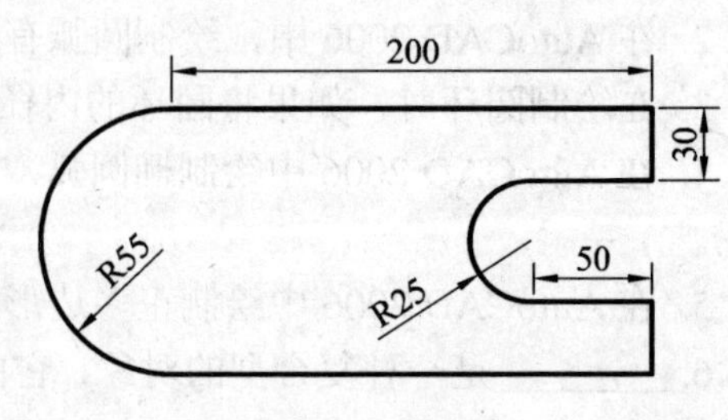

图2-32　零件图

第 3 章　基本绘图工具

本章学习目标：

- ✧ 掌握图层设置的方法。
- ✧ 掌握精确定位工具和对象捕捉工具的使用方法。
- ✧ 使用对象追踪功能。
- ✧ 了解动态输入。

3.1 图层设置

本节任务：

- ✧ 创建新图层。
- ✧ 学会设置图层线型、颜色。

图层是 AutoCAD 提供的一个管理图形对象的工具。在手工制图时用透明纸作图的情况下，当一幅图过于复杂或图形中各部分干扰较大时，可以按一定的原则将一幅图分解为几个部分，然后分别将每一部分按着相同的坐标系和比例画在透明纸上，完成后将所有透明纸按同样的坐标重叠在一起，最终得到一幅完整的图形。当需要修改其中某一部分时，可以将要修改的透明纸抽取出来单独进行修改，而不会影响到其他部分。

AutoCAD 中的图层就相当于完全重合在一起的透明纸，用户可以任意选择其中的一个图层绘制图形，而不会受到其他层上图形的影响。如图 3-1 所示，在建筑图中，可以将基础、楼层、水管、电气和冷暖系统等放在不同的图层进行绘制；而在印刷电路板的设计中，多层电路的每一层都在不同的图层中分别进行设计。用图层来管理，不仅能使图形的各种信息清晰有序，便于观察，而且也会给图形的编辑、修改和输出带来方便。在 AutoCAD 中每个图层都以一个名称作为标识，并具有颜色、线型、线宽等各种特性和开、关、冻结等不同的状态。

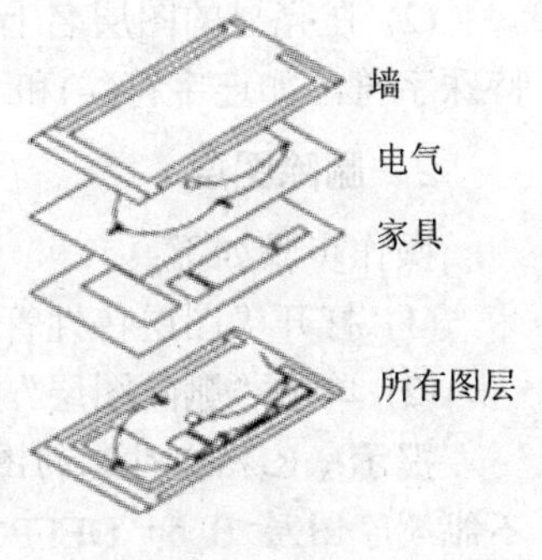

图 3-1　图层示例

3.1.1　设置图层

设置图层是绘图的基础工具，灵活地运用它可以大大提高工作效率。

【执行方式】

命令行：LAYER。

菜单：“格式”→“图层”。

工具栏：“图层”→“图层特性管理器” 。

【功能及说明】

执行上述命令后，打开“图层特性管理器”对话框，如图 3-2 所示。用户可以通过该对话框中的各选项及其二级对话框的设置，实现建立新图层、设置图层线型及颜色等各种操作。

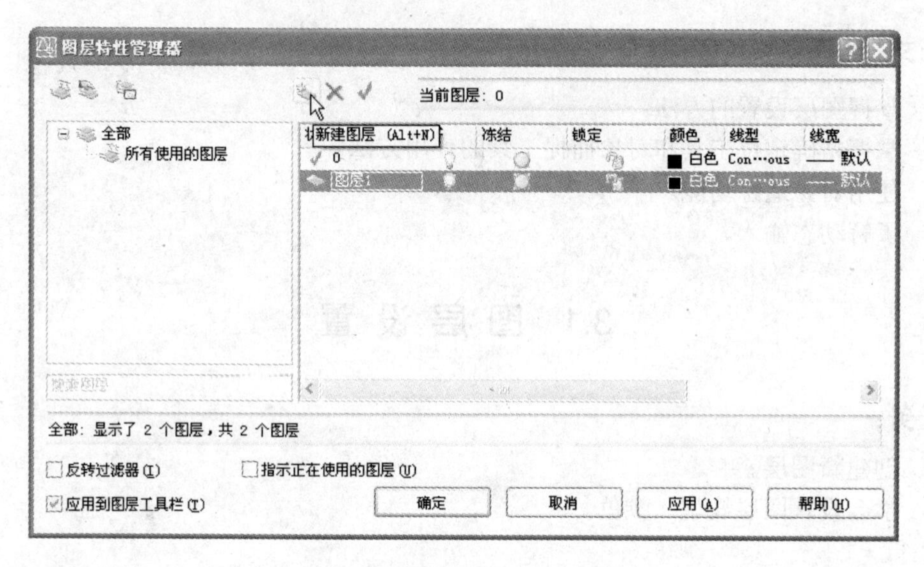

图 3-2 “图层特性管理器”对话框

1．创建新图层

操作步骤如下：

(1) 单击“新建图层”按钮 ，如图 3-2 所示，图层名(例如图层 1)将自动添加到图层列表中。

(2) 在亮显的图层名上输入新图层名。图层名最多可以包括 255 个字符：字母、数字和特殊字符，如连字符(–)和下划线(_)。图层名不能包含空格。

2．删除图层

操作步骤如下：

(1) 打开“图层特性管理器”，在图层列表中选中某一图层。

(2) 单击“删除图层”按钮 ✕。

提示：已指定对象的图层不能删除，除非那些对象被重新指定给其他图层或者被删除。不能删除图层 0 和 DEFPOINTS 以及当前图层。

3．设置当前层

在屏幕上绘制的任何图形对象都会被指定画在当前层上，并且拥有当前层的颜色和线型。因此，对于包含多个图层的图形，在绘制或编辑图形前必须先将图层设置为当前层。

操作步骤如下：

(1) 打开“图层特性管理器”，在图层列表中选中某一图层。

(2) 单击“置为当前”按钮 ✓(双击该图层名也可以把该图层设为当前层)。

4．控制图层状态

图层状态主要包括打开与关闭、冻结与解冻、锁定与解锁等，AutoCAD 用不同形式的图标表示这些状态，如图 3-3 所示。

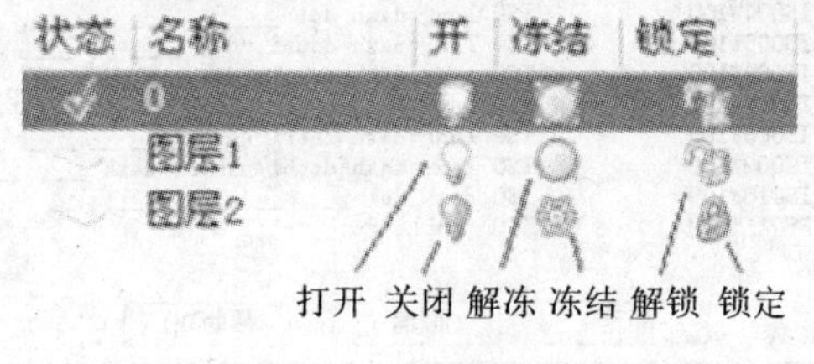

图 3-3　图层状态

下面详细介绍图层状态。

：控制图层的关闭或打开。如果需要频繁切换图层的可见性，就用此选项而不是冻结图层。

：控制图层的冻结或解冻。解冻冻结图层将导致自动重生成图形，比打开图层的速度要慢。

：控制图层的锁定或解锁，可以防止该对象被修改。

提示：当前层可以被关闭和锁定，但不能被冻结。

3.1.2　图层的线型

图层的线型控制着该图层上所有图形对象的默认线型。在绘制不同对象的时候，需要使用不同的线型来区分。

1．改变图层线型

操作步骤如下：

(1) 打开“图层特性管理器”，单击该层“线型”属性项，弹出“选择线型”对话框，如图 3-4 所示。默认情况下只有“Continuous”线型，即连续的实线。

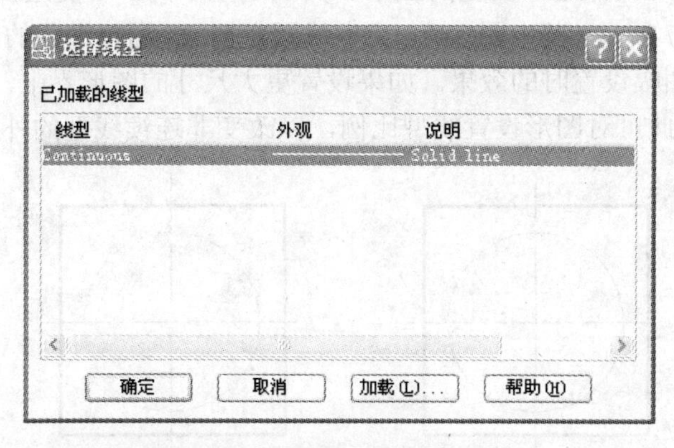

图 3-4　“选择线型”对话框

(2) 单击 加载(L)... 按钮进入“加载或重载线型”对话框，如图 3-5 所示。

(3) 选择一种线型，单击“确定”按钮进行装载。

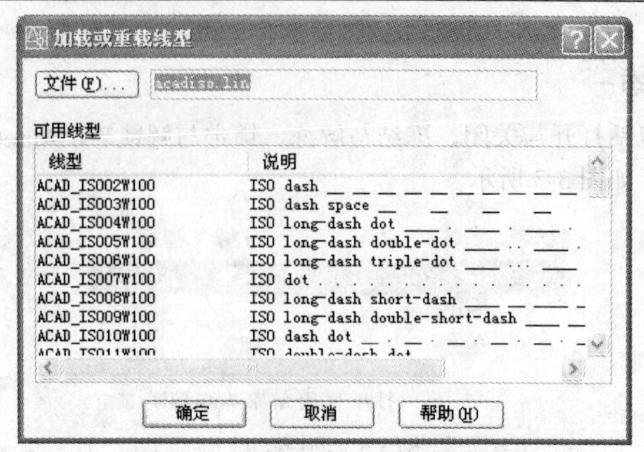

图 3-5 “加载或重载线型”对话框

(4) 新线型在列表中出现后，再选择该线型，如图 3-6 所示。

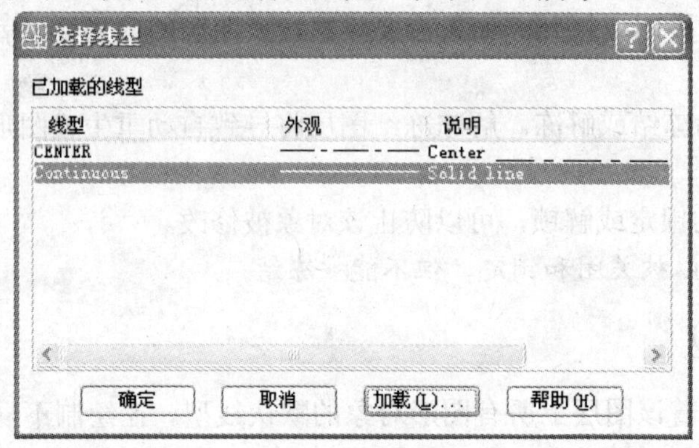

图 3-6 选择线型

(5) 单击“确定”按钮，该图层便具有了这种线型。

2．设置线型比例

用户在利用 AutoCAD 绘制非连续线时，经常会出现显示连续线的情况，这是因为线型的比例因子设置不合理。非连续线型的显示和实线线型不同，要受绘图时所设置图形界限尺寸的影响，如图 3-7 所示。其中图 3-7(a)为虚线圆在按 A4 图幅设置的图形界限时的效果；图 3-7(b)则是按 A2 图幅设置时的效果。如果设置更大尺寸的图形界限，则会由于间距太小而变成了连续线。为此可对图形设置线型比例，以改变非连续线型的外观。

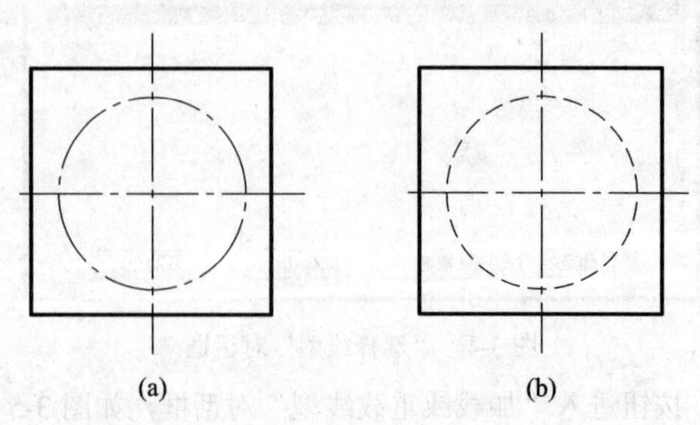

图 3-7 非连续线型受图形界限尺寸的影响

操作步骤如下：

(1) 单击“格式”菜单→“线型”，打开“线型管理器”对话框，如图 3-8 所示。

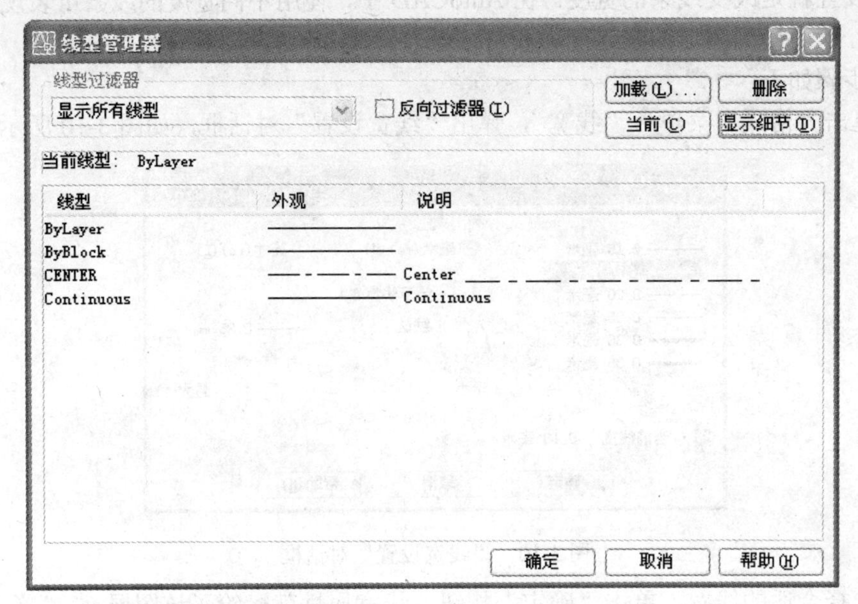

图 3-8　“线型管理器”对话框

(2) 单击 显示细节 (D) 按钮，出现所选线型的详细信息，如图 3-9 所示。

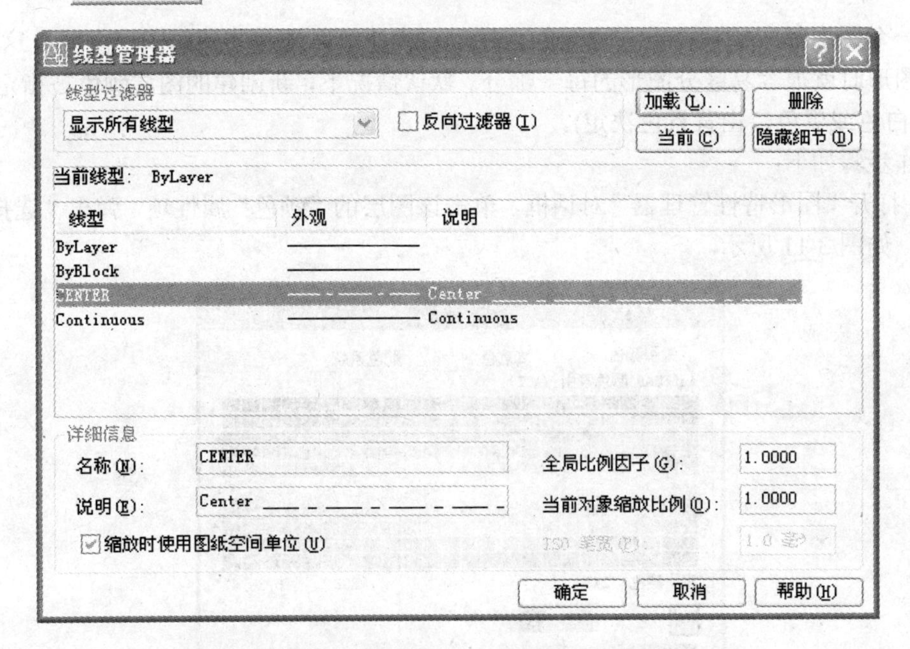

图 3-9　显示详细信息的“线型管理器”对话框

(3) 输入所需调整的比例，点击“确定”完成修改。

- “全局比例因子”用于设置图形中可设置图形中所有非连续线型的外观比例。
- “当前对象缩放比例”用于设置当前选中的非连续线型外观比例。

3. 设置图层线宽

线宽设置就是改变线条的宽度。在 AutoCAD 中，使用不同宽度的线条可表现对象的大小或类型，从而提高图形的表达能力和可读性。

操作步骤如下：

(1) 单击“格式”菜单→“线宽”，弹出“线宽设置”对话框，如图 3-10 所示。

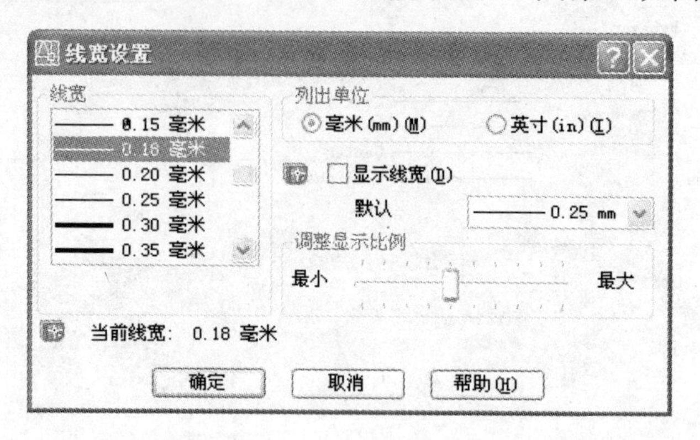

图 3-10　“线宽设置”对话框

(2) 选择合适的线宽，单击“确定”按钮，线宽属性就赋给了该图层。

3.1.3　图层的颜色

每一个图层都应该被指定一种颜色、线型和线宽，以便与其他的图层区分，这样绘制复杂的图形时就很容易区分图形的每一部分。默认情况下，新创建的图层颜色被指定使用 7 号颜色(白色或黑色，由背景色决定)。

操作步骤如下：

(1) 打开“图形特性管理器”对话框，单击该图层的“颜色”属性项，弹出“选择颜色”对话框，如图 3-11 所示。

图 3-11　“选择颜色”对话框

(2) 为图层选择一种颜色后，单击“确定”按钮退出“选择颜色”对话框。

• ByLayer(随层)：单击该按钮可以确定颜色为随层方式，即所绘制图形的颜色总是与所在图层的颜色一致。

• ByBlock(随块)：单击该按钮可以确定颜色为随块方式，即所绘制图形的颜色总是与所在块的颜色一致。

提示：在“图层”工具栏的右侧还有三个下拉列表框，分别是“颜色控制”列表框 ByLayer ，“线型控制”列表框 ByLayer ，“线宽控制”列表框 ByLayer 。这三个列表框的缺省设置均为 Bylayer(随层)，也就是默认设置图层时所选择的颜色、线型和线宽。尽管单击下拉列表也可以重新选择颜色、线型和线宽，但在这里选择后就不随层了，可能会给后面的绘图和编辑工作带来麻烦。所以，建议不要随意改动这些下拉列表中的特性，若要改动，应在“图层特性管理器”中修改。

3.2 精确定位工具

本节任务：

✧ 掌握捕捉工具。
✧ 掌握栅格工具。
✧ 了解正交模式。

在使用 AutoCAD 2006 进行绘图的过程中，一般都需要准确地输入点的位置，以使绘出的图形精确合理。前面讲述了用坐标输入点的方法，但在很多情况下计算点的坐标值会浪费很多时间。为提高作图效率和准确度，AutoCAD 2006 提供了多种精确定位点的工具。下面主要介绍常用的栅格与捕捉、对象捕捉和自动追踪等功能，使用户可以精确地设计并绘制图形。

3.2.1 捕捉工具

当鼠标移动时，有时候很难精确定位到绘图区的一个点，“捕捉”是在绘图区设有一定间距、规律分布的一些点，光标只能在这些点上移动。捕捉间距就是鼠标移动时每次移动的最小增量。捕捉的意义是保证快速准确地输入点。

1. 打开和关闭捕捉

• 方法一：在屏幕底部的状态栏中，按下 捕捉 按钮，将打开“捕捉”模式；弹起“捕捉”按钮，将关闭“捕捉”模式。要修改“捕捉”设置，只需把光标放在“捕捉”按钮上并单击右键，从快捷菜单中选择“设置”选项即可修改“捕捉”的设置。

• 方法二：

① 单击“工具”菜单→“草图设置”→“捕捉和栅格”选项卡。

② 在“捕捉和栅格”选项卡中选择“启用捕捉(F9)”，将“捕捉”模式设置为“开”，如图 3-12 所示。

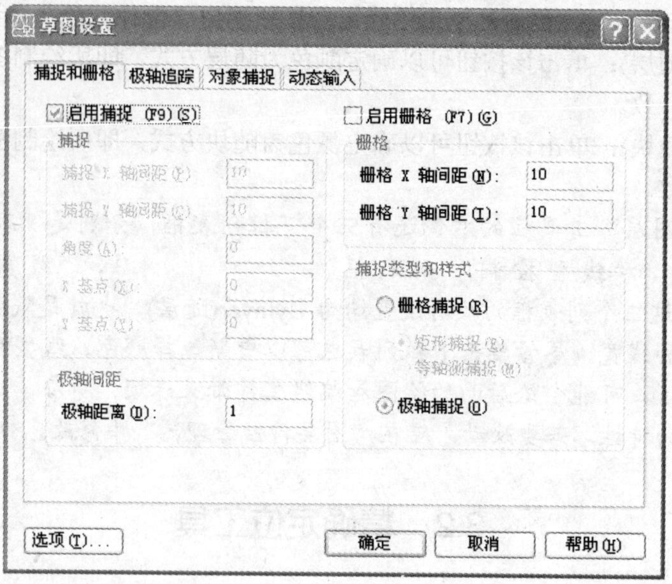

图 3-12 “草图设置”对话框

• 方法三：在“命令:”提示下输入 SNAP 命令，以控制“捕捉”模式的开与关。

命令行：SNAP

指定捕捉间距或[开(ON)/关(OFF)/纵横向间距(A)/旋转(R)/样式(S)/类型(T)] <10.0000>: //输入 ON 打开“捕捉”模式，输入 OFF 关闭“捕捉”模式。

2. 修改捕捉间距

操作步骤如下：

(1) 在屏幕底部状态栏的“捕捉”按钮上单击右键，从快捷菜单中选择“设置”选项，出现“草图设置”对话框(如图 3-12 所示)。

(2) 在“捕捉和栅格”选项卡的“捕捉和栅格”选项区中，设置沿 X 轴方向的捕捉间距和沿 Y 轴方向的捕捉间距。

3. 修改纵横向间距

通过“纵横向间距”选项可以使 X 向的捕捉间距与 Y 向的捕捉间距不同。选择“纵横向间距”选项时，AutoCAD 分别提示输入 X 向、Y 向的捕捉间距值。在绘制某些特殊的图形时，如果设置的 X 向和 Y 向捕捉间距不相等，可能会比较方便。

操作步骤如下：

(1) 单击“工具”菜单→“草图设置”→“捕捉和栅格”选项卡。

(2) 设置沿 Y 轴方向的间距不同于沿 X 轴方向的间距。

(3) 在“捕捉 Y 轴间距”文本框中输入一个不同于在“捕捉 X 轴间距”文本框中的值，即可实现沿 X 轴、Y 轴方向的间距值不同。

提示： 在这之后，对于 X 轴间距的任何改变都将使 Y 轴间距默认等于新的 X 轴间距。

命令行：SNAP

指定捕捉间距或[开(ON)/关(OFF)/纵横向间距(A)/旋转(R)/样式(S)/类型(T)] <10.0000>:

//输入 a。

指定水平间距<10.0000>：　　//指定水平捕捉间距。

指定垂直间距<10.0000>：　　//指定垂直捕捉间距。

3.2.2　栅格工具

栅格显示在图形界限内，是由点构成的用来精确定位的网格，与手工绘图用的坐标纸很相似，如图 3-13 所示。用户可以控制栅格的可见性，但不能打印输出。栅格可以提供直观的距离和位置参照。利用栅格捕捉，可以有效捕捉位于某一栅格点上的光标，以指定对象的精确位置。

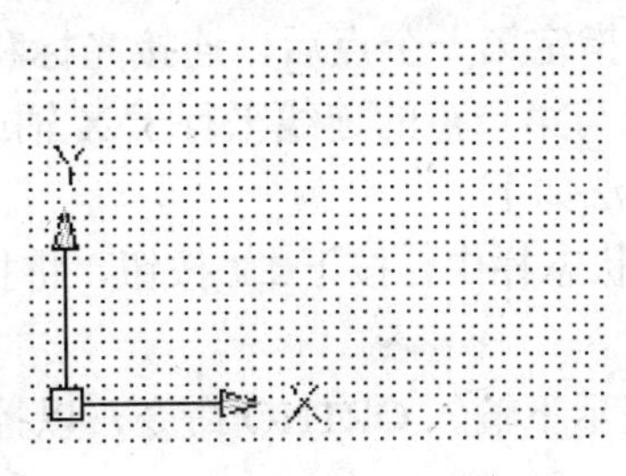

图 3-13　栅格

显示和关闭栅格的方法如下：

- 方法一：在屏幕底部的状态栏中，按下栅格按钮，将打开“栅格”模式；弹起“栅格”按钮，将关闭“栅格”模式。栅格点将覆盖有限的区域，即栅格界限。
- 方法二：

① 单击“工具”菜单→“草图设置”→“捕捉和栅格”选项卡。

② 在“捕捉和栅格”选项卡中，选择“启用栅格(F7)”，将“栅格”模式设置为“开”，如图 3-14 所示。

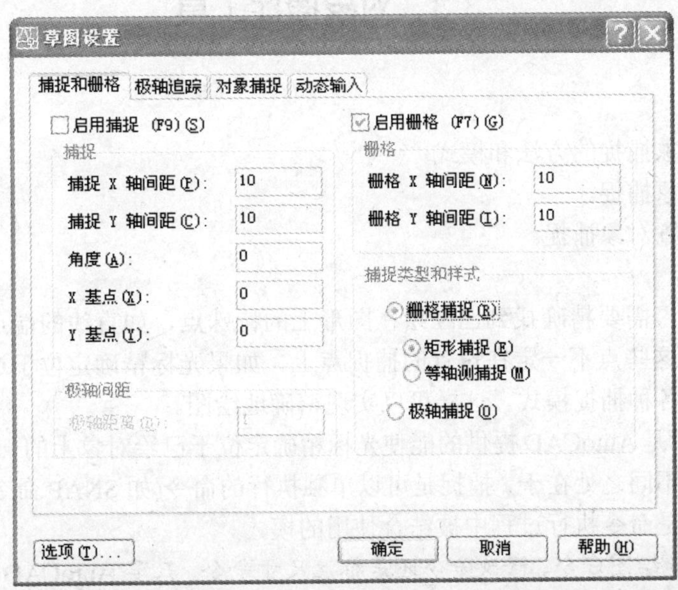

图 3-14　“启用栅格”选项

• 方法三：在“命令:”提示下输入 GRID 命令，以控制“捕捉”模式的开与关。

命令行：GRID

指定栅格间距(X)或[开(ON)/关(OFF)/捕捉(S)/纵横向间距(A)] <10.0000>:

提示：设置栅格时，要注意间距不要设置太小，否则会因栅格点太密而无法显示，或导致图像模糊。

一般情况下，栅格和捕捉是配合使用的，捕捉和栅格的间距应分别相对应，以保证鼠标能够捕捉到精确的位置。

3.2.3 正交模式

正交模式下，在绘图时，指定第一个点后，连接光标和起点的橡皮筋线总是平行于 X 轴或 Y 轴的，从而迫使第二点与第一点的连线平行于 X 轴或 Y 轴。

打开和关闭正交模式的方法如下：

• 方法一：在屏幕底部的状态栏中，按下正交按钮，将打开“正交”模式；弹起“正交”按钮，将关闭“正交”模式。

• 方法二：在“命令:”提示下输入 ORTHO 命令，以控制“正交”模式的开与关。

命令行：ORTHO

输入模式[开(ON)/关(OFF)] <关>:

打开正交模式后，只能在垂直或水平方向画线或指定距离，而不管光标在屏幕上的位置。线的方向取决于光标在 X 轴或 Y 轴移动距离的变化。如果 X 方向移动距离大于 Y 方向移动距离，则画水平线；相反，如果 Y 方向移动距离大于 X 方向移动距离，则画垂直线。

提示：正交是透明命令，绘图时可随时打开或关闭正交，当画水平线或垂直线时一般要打开正交。

3.3 对象捕捉工具

本节任务：

✧ 掌握对象捕捉的方法和模式。

✧ 掌握对象捕捉。

✧ 熟悉设置对象捕捉。

实际绘图时，需要精确找到已经绘在图形上的特殊点，如直线的端点和中点、圆的圆心、切线等，而这些点不一定在设置的捕捉点上。如果光标精确定位于这些点，就要利用“对象捕捉”的各种捕捉模式。这样可以实现精确地绘图。

“对象捕捉”是 AutoCAD 提供的能使光标精确定位于已绘对象上的一个几何点的工具。对象捕捉与捕捉不同之处在于，捕捉是可以单独执行的命令(如 SNAP 命令)；而对象捕捉并不是独立命令，是命令执行过程中被结合使用的模式。

提示：不论是绘图命令、修改命令还是标注尺寸命令，只要 AutoCAD 要求输入一个点，就可以使用对象捕捉模式。

3.3.1　对象捕捉的方法与模式

1. 调用“对象捕捉”模式

● 方法一：在屏幕底部的状态栏中，按下对象捕捉按钮，将打开“对象捕捉”模式；弹起“对象捕捉”按钮，将关闭“对象捕捉”模式。

● 方法二：

① 单击“工具”菜单→“草图设置”→“对象捕捉”选项卡。

② 在“对象捕捉”选项卡中选择“启用对象捕捉(F3)”，将“对象捕捉”模式设置为“开”，如图 3-15 所示。

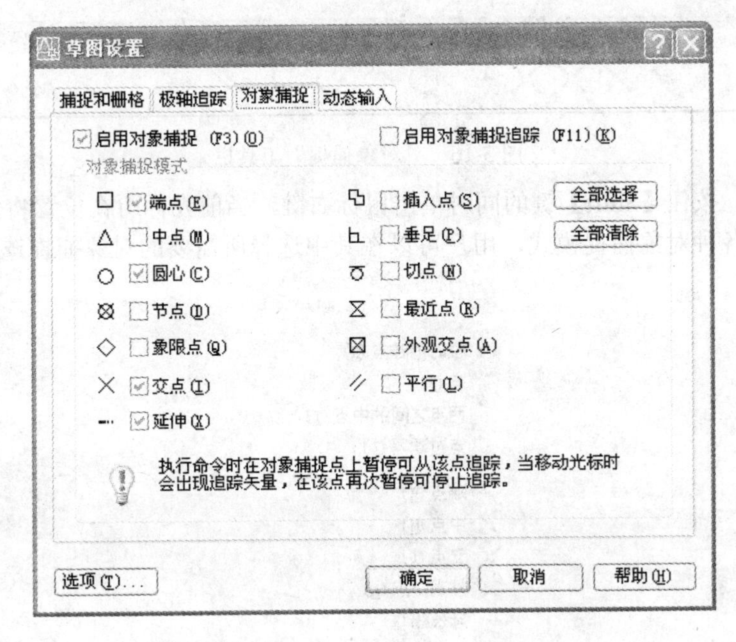

图 3-15　“草图设置”对话框中的“对象捕捉”选项卡

2. 自动对象捕捉方式

在绘图过程中，对象捕捉的使用频率非常高，所以 AutoCAD 提供了一种自动对象捕捉模式。自动捕捉就是当把光标放在一个对象上时，系统会自动捕捉到对象上所有符合条件的几何特征点，并显示相应的标记。如果把光标放在捕捉点上多停留一会，系统还会显示捕捉提示，并显示相应标记。这样就能在选点之前预览和确认捕捉点。

自动捕捉的对象捕捉模式一旦设置，则在用户关闭系统、改变设置前一直有效。用户还可以同时设置多种对象捕捉模式，比如可以同时设置端点、中点、切点等多种模式。在多种对象捕捉模式下，AutoCAD 将捕捉离用户指定点最近的模式点。当对象上有多个符合条件的捕捉目标时，可以用【Tab】键来循环选择对象上的捕捉目标。

例如在设置了圆心、象限点和切点后，当绘制一条直线时，在命令执行过程中，如果光标靠近圆附近，就会依次出现圆心、象限点或切点的捕捉标记，如果直线要跟圆心点相连，就待出现圆心捕捉标记后，单击，这时所绘直线就会精确地连在圆心点上。

3. 临时对象捕捉方式

在绘图时，系统要求指定一个点时，可以用所需要的对象捕捉模式来响应，则此时的对象捕捉模式为临时对象捕捉方式。临时对象捕捉方式是最优先的方式，它将中断任何当前运行的对象捕捉模式，而执行临时对象捕捉方式所设定的捕捉模式。

临时对象捕捉方式是临时打开了相应的对象捕捉模式，而捕捉到一个点后，该对象捕捉模式则自动关闭。因此这种方式是一次性的、临时的。

设置临时方式的对象捕捉模式，对于在命令运行过程中选择单个点极为有用。

• 方法一：在现有任意工具栏上单击鼠标右键，打开“对象捕捉”工具栏。工具栏中含有各种用于设置对象捕捉模式的命令，供用户选择，如图 3-16 所示。

图 3-16 “对象捕捉”工具栏

• 方法二：按住【Shift】键的同时单击鼠标右键，当前光标所在位置将弹出快捷菜单。快捷菜单包含各种对象捕捉模式，用户可以在其中选择所需要的对象捕捉选项，如图 3-17 所示。

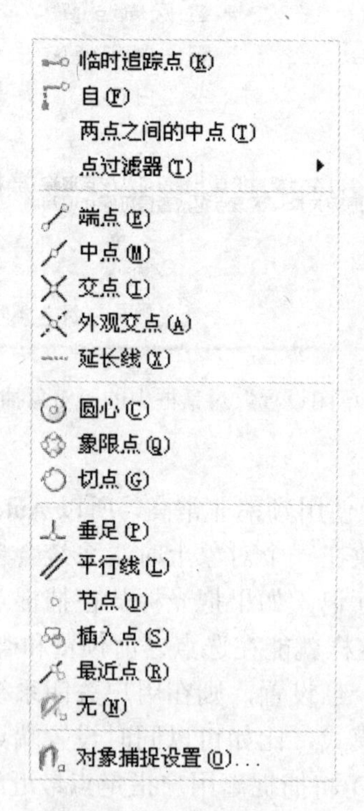

图 3-17 “对象捕捉”快捷菜单

• 方法三：通过键盘在命令行键入每一种对象捕捉模式名字的前 3～4 个字母。例如 end 表示端点，cen 表示圆心。

☺ 任务：绘制图 3-18 所示的三角形。

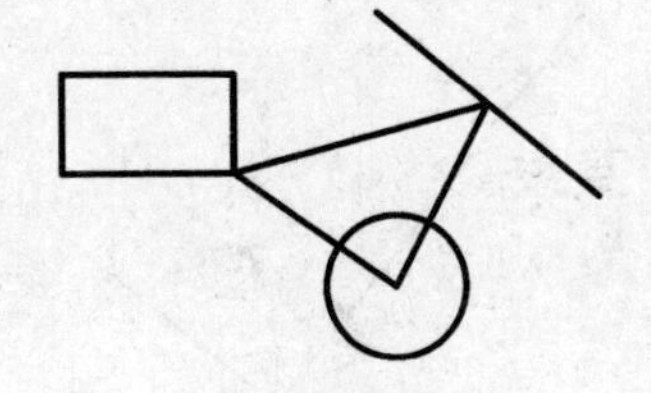

图 3-18　绘制三角形

要求：绘制的三角形的三个角点需分别通过原有的三个图形对象的圆心、端点和中点。

操作步骤如下：

单击绘制“直线”图标按钮。

命令：_line 指定第一点：cen ↵　　//捕捉圆心点。

指定下一点或[放弃(U)]：end ↵　　//捕捉矩形端点。

指定下一点或[放弃(U)]: mid ↵　　//捕捉直线中点。

指定下一点或[闭合(C)/放弃(U)]：C ↵　　//闭合直线。

在图 3-16 的“对象捕捉”工具栏中，还有两个非常有用的对象捕捉工具，即“临时追踪点”和“捕捉自”工具。在图 3-17 的“对象捕捉”快捷菜单中也可执行这两个命令。

- “临时追踪点”工具：可在一次操作中创建多条追踪线，然后根据这些追踪线确定要定位的点。
- “捕捉自”工具：在命令提示指定下一个点时，“捕捉自”工具可以提示用户捕捉一个临时参照点，并将该点作为参考基点，用户可再以相对坐标的方式输入 X 轴和 Y 轴的偏移距离才能得到捕捉点。

3.3.2　对象捕捉

下面将通过实例介绍各种对象捕捉模式。

1. 端点捕捉

“端点”模式用于捕捉直线、圆弧、椭圆弧、多线、多段线线段、射线的最近端点，或者捕捉宽线、实体或三维面域的最近角点。

【执行方式】

命令行：在 AutoCAD 提示指定一点时，输入“end”并按回车键即可调用“端点”捕捉模式。

工具栏：在“对象捕捉”工具栏中选择“捕捉到端点”模式图标(如图 3-19 所示)。

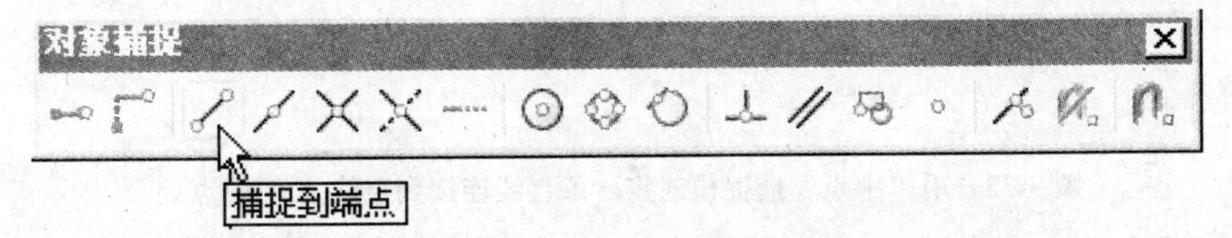

图 3-19　从“对象捕捉”工具栏中调用“捕捉到端点”模式

☺ 任务：用“端点”捕捉模式将一条直线连接到已有直线 A 的端点处(见图 3-20)。

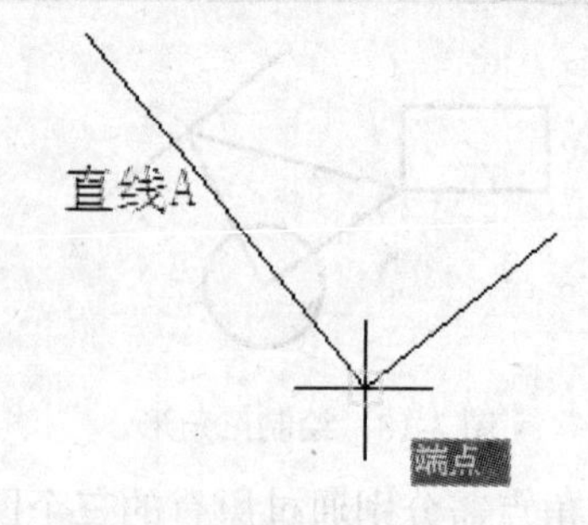

图 3-20 用“端点”捕捉模式将一条直线连接到直线 A 的端点处

操作步骤如下：

命令：LINE ↵

指定第一点：end(输入对象捕捉“端点”模式“endpoint”的前三个字母) //将光标靶框移动到接近直线 A 的端点处并指定该端点。

指定下一点或[放弃(U)]： //指定直线的另一个端点。

指定下一点或[放弃(U)]：↵ //按【Enter】键结束命令。

2. 中点捕捉

“中点”模式用于捕捉直线、圆弧、椭圆弧、多线、多段线线段、参照线、实体或样条曲线的中点。

【执行方式】

工具栏：在“对象捕捉”工具栏中选择“捕捉到中点”模式图标(如图 3-21 所示)。

命令行：在提示指定一点时，输入“mid”并按回车键即可调用“中点”捕捉模式。

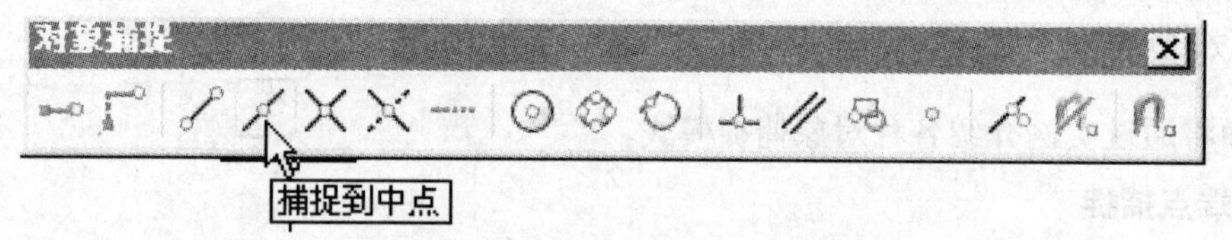

图 3-21 从“对象捕捉”工具栏中调用“捕捉到中点”模式

☺ 任务：用“中点”捕捉模式将一条直线连接到已有直线 A 的中点处(见图 3-22)。

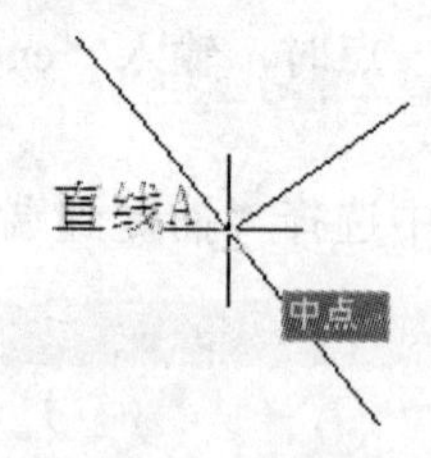

图 3-22 用“中点”捕捉模式将一条直线连接到直线 A 的中点处

操作步骤如下：

命令行：LINE ↵

指定第一点：mid(输入对象捕捉“中点”模式“midpoint”的前三个字母) //将光标靶框移动到接近直线 A 的中点处并指定该中点。

指定下一点或[放弃(U)]: //指定直线的另一个端点。

指定下一点或[放弃(U)]: ↵ //按【Enter】键结束命令。

3. 圆心捕捉

“圆心”模式用于捕捉圆弧、圆、椭圆或椭圆弧的圆心。

【执行方式】

命令行：在提示指定一点时，输入“cen”并按回车键即可调用“圆心”捕捉模式。

工具栏：在“对象捕捉”工具栏中选择“捕捉到圆心”模式图标(如图3-23所示)。

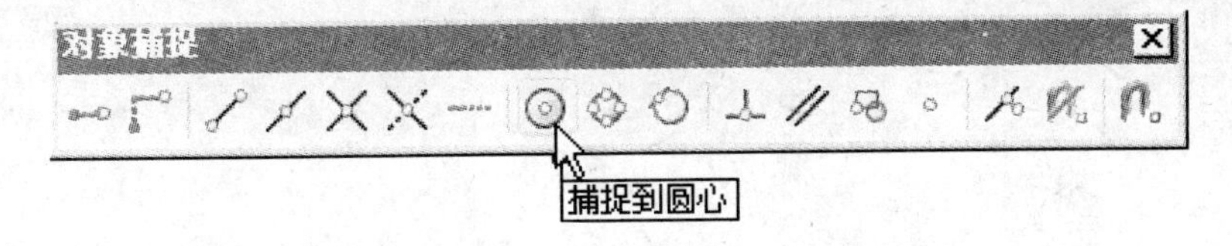

图3-23 从“对象捕捉”工具栏中调用“捕捉到圆心”模式

☺ 任务：将一直线连接到已有圆的圆心处(见图3-24)。

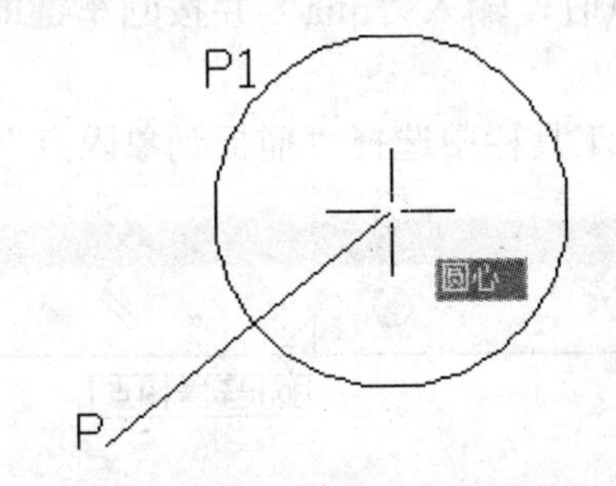

图3-24 用“圆心”捕捉模式指定一点

操作步骤如下：

命令行：LINE ↵

指定第一点： //指定点P。

指定下一点或[放弃(U)]：cen(输入对象捕捉“圆心”模式“center”的前三个字母) ↵
//将光标靶框移动到圆上P1点处并指定圆心。

指定下一点或[放弃(U)]： ↵ //按【Enter】键结束命令。

4. 节点捕捉

“节点”模式用于捕捉点对象。

【执行方式】

命令行：在提示指定一点时，输入“nod”并按回车键即可调用“节点”捕捉模式。

工具栏：在“对象捕捉”工具栏中选择“捕捉到节点”模式图标(如图3-25所示)。

图3-25 从“对象捕捉”工具栏中调用“捕捉到节点”模式

5．象限点捕捉

“象限点”模式用于捕捉圆、圆弧、椭圆或椭圆弧的象限点。象限点分别位于从圆或圆弧的圆心到0°、90°、180°、270°的圆上，如图3-26所示。象限点由当前坐标系的0°方向确定。

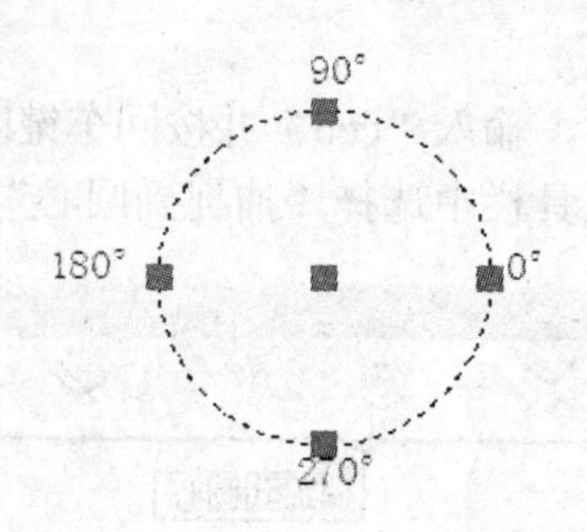

图3-26 用“象限点”捕捉模式指定一点

【执行方式】

命令行：在提示指定一点时，输入“qua”并按回车键即可实现调用“象限点”捕捉模式。

工具栏：在“对象捕捉”工具栏中选择“捕捉到象限点”模式图标(如图3-27所示)。

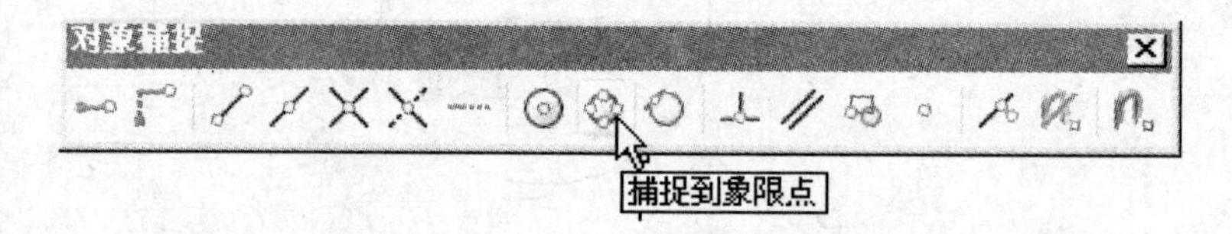

图3-27 从“对象捕捉”工具栏中调用“捕捉到象限点”模式

☺ 任务：将一直线连接到已有圆的象限点处(如图3-28所示)。

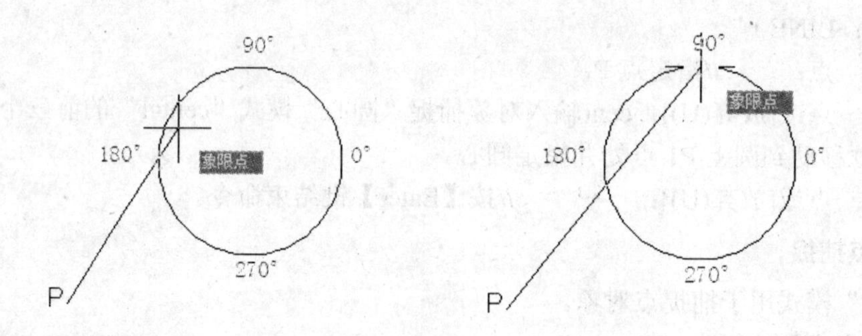

图3-28 绘制连接圆上象限点的直线

操作步骤如下：

命令：LINE ↵

指定第一点： //指定点P。

指定下一点或[放弃(U)]：qua(输入对象捕捉“象限点”模式“quadrant”的前三个字母) //将光标靶框移动到圆上并指定象限点。

指定下一点或[放弃(U)]： ↵ //按【Enter】键结束命令。

提示：如果选择块中的圆或圆弧，或旋转角度不是 90°倍数的椭圆时，应特别注意。当旋转块中的圆或圆弧时，“象限点”捕捉模式的点也随之旋转；但是，当旋转不在块中的圆或圆弧时，“象限点”捕捉模式的点仍保持在 0°、90°、180°、270°的方向上。

6. 交点捕捉

“交点”模式用于捕捉两个对象的交点，包括圆弧、圆、椭圆、椭圆弧、直线、多线、多段线、射线、样条曲线或参照线。图 3-29 所示为有效的交点。

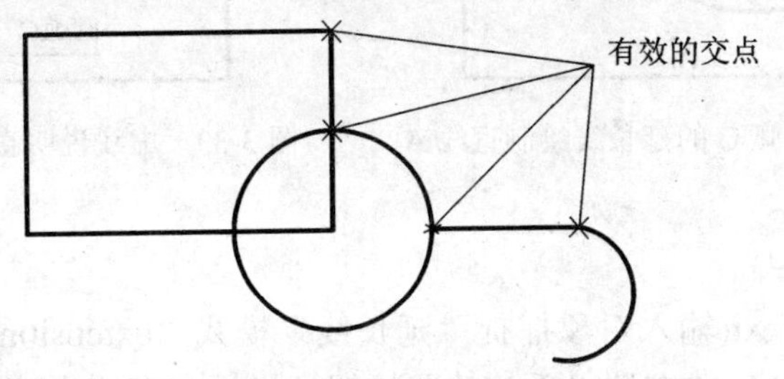

图 3-29　使用“交点”捕捉模式时的有效交点

【执行方式】

命令行：在提示指定一点时，输入“int”并按回车键即可调用“交点”捕捉模式。

工具栏：在“对象捕捉”工具栏中选择“捕捉到交点”模式图标(如图 3-30 所示)，AutoCAD 将提示选择两个对象的交点。

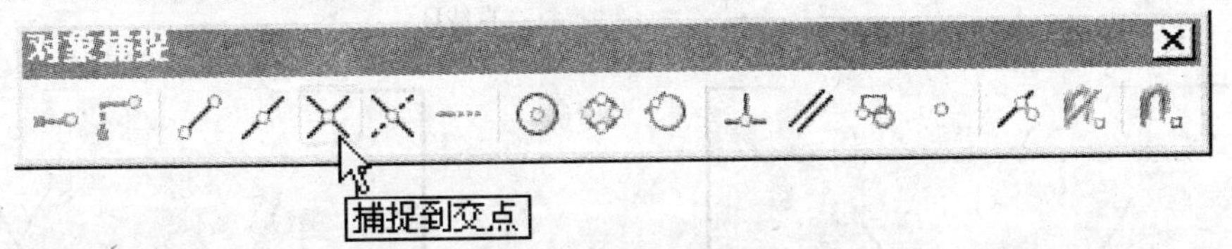

图 3-30　从“对象捕捉”工具栏中调用“捕捉到交点”模式

7. 延长线捕捉

“延长线”模式用于捕捉直线或圆弧的延伸点。

【执行方式】

命令行：在提示指定一点时，输入“ext”并按回车键即可调用“延长线”捕捉模式。

工具栏：在“对象捕捉”工具栏中选择“捕捉到延长线”模式图标(如图 3-31 所示)。

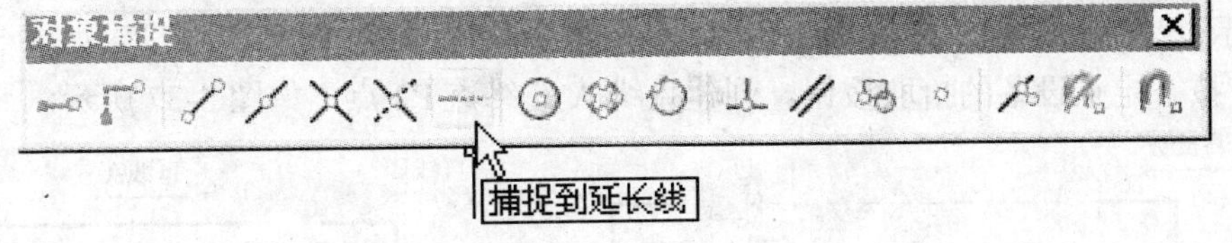

图 3-31　从“对象捕捉”工具栏中调用“捕捉到延长线”模式

☺ 任务：用“延长线”捕捉模式绘制图 3-32 所示的直线 A。

直线 A 是直线 B 的延长线上两点 P1 和 P2 之间的线，如图 3-33 所示。同时，点 P1 和点 P2 是直线 B 与圆弧 C 所属圆的两个交点。

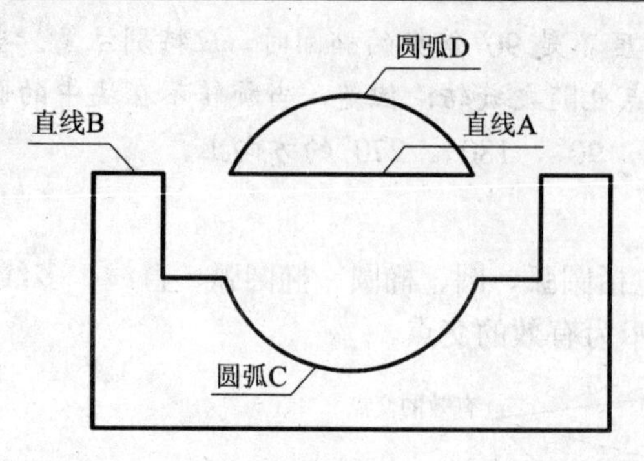

图 3-32　从直线 B 和圆弧 C 的延长线绘制直线 A

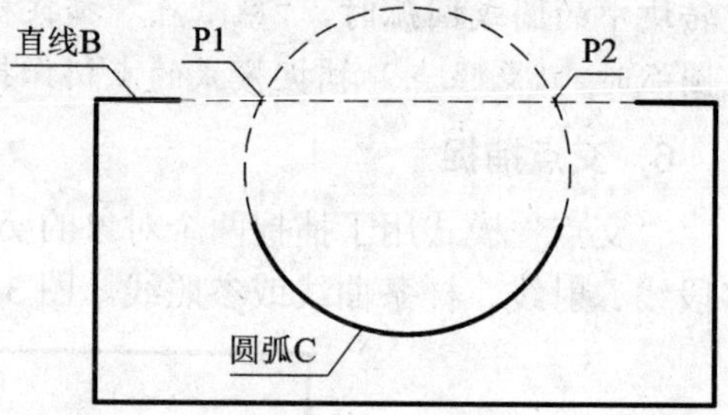

图 3-33　虚线说明直线 B 和圆弧 C 的延长线

操作步骤如下：

(1) 命令：LINE ↵

(2) 指定第一点：ext(输入对象捕捉“延长线”模式“extension”的前三个字母)　// 将光标靶框移动到直线 B 的右端，不按拾取按钮把光标向右移出直线。当从直线 B 上移走光标时，一条虚线随后出现，并与直线 B 的延长线附近的光标一样长，如图 3-34 所示。

(3) 移动光标到圆弧 C 的左端，然后从此向上，随后出现另一条虚线圆弧，直到光标位于直线 B 延长线的附近，如图 3-35 所示。此时，可按下定点设备的拾取按钮，这样就创建了 P1 点作为直线 A 的起点。

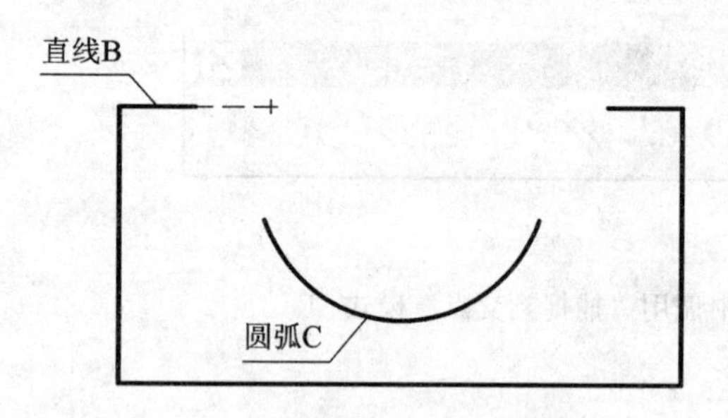

图 3-34　随光标出现的虚线表示直线 B 的延长线

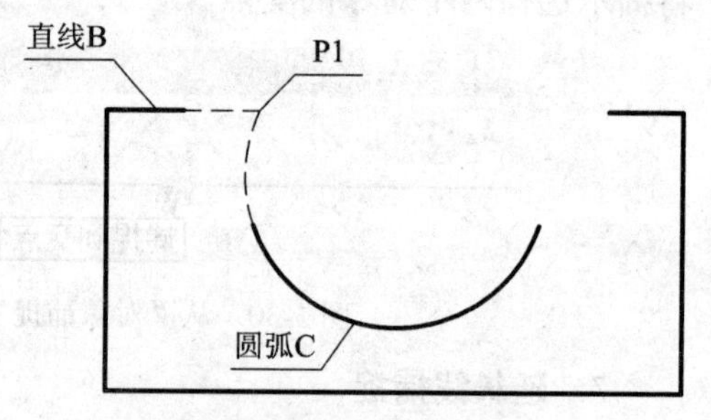

图 3-35　虚线弧表示圆弧 C 延长到直线 B 的延长虚线上，并指定 P1 点

(4) 按拾取按钮指定 P1 点之后，再次移动光标到直线 B，然后移动坐标到圆弧 C 的右端并由此向上移开。随后出现另一条虚线圆弧，直到光标位于直线 B 延长线的附近，如图 3-36 所示。

(5) 按下定点设备的拾取按钮，创建直线 A 的终点 P2 点，如图 3-37 所示。

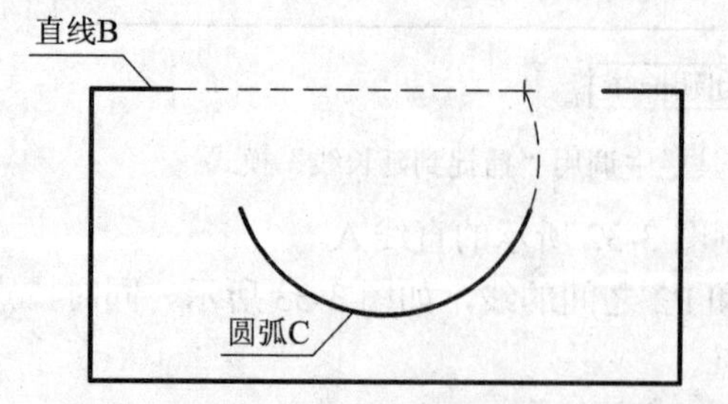

图 3-36　虚线圆弧表明圆弧 C 延长到直线 B 的延长虚线上

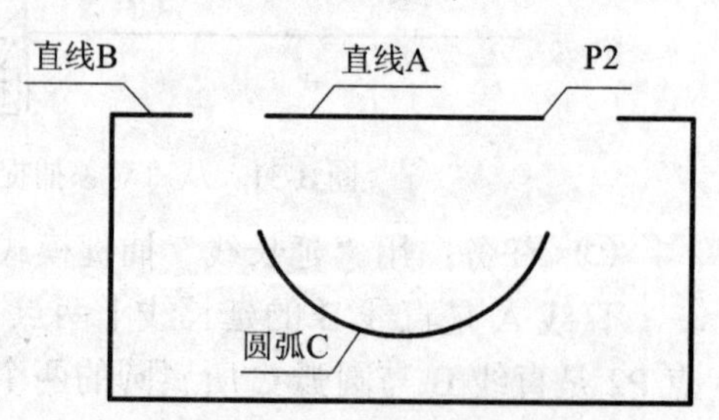

图 3-37　绘制完成的直线 A

(6) 使用“起点、圆心和端点(SCE)”方式绘制圆弧 D。使用“端点”对象捕捉模式选择直线 A 的端点，从而确定圆弧的起点为 P2、终点为 P1。

(7) 使用“圆心”对象捕捉模式选择圆弧 C，指定圆弧 D 的圆心与圆弧 C 的圆心相同。

8．插入点捕捉

“插入点”模式用于捕捉块、文本、属性及图形的插入点。

【执行方式】

命令行：在提示指定一点时，输入“ins”并按回车键即可调用“插入点”捕捉模式。

工具栏：在“对象捕捉”工具栏中选择“捕捉到插入点”模式图标(如图 3-38 所示)。

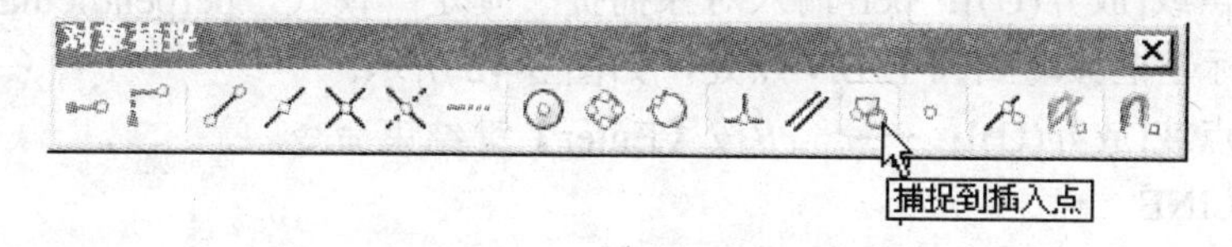

图 3-38　从“对象捕捉”工具栏中调用“捕捉到插入点”模式

9．垂足捕捉

“垂足”模式用于捕捉与直线、圆弧、圆、椭圆弧、多线、多段线、射线、实体、样条曲线或参照线相垂直的点。

【执行方式】

命令行：在提示指定一点时，输入“per”并按回车键即可调用“垂足”捕捉模式。

工具栏：在“对象捕捉”工具栏中选择“捕捉到垂足”模式图标(如图 3-39 所示)。

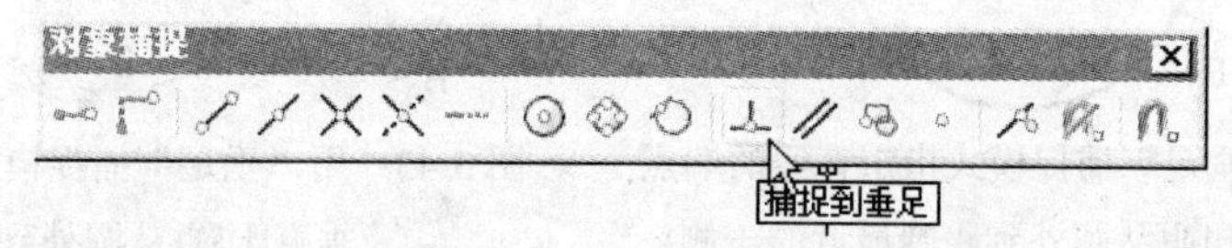

图 3-39　从“对象捕捉”工具栏中调用“捕捉到垂足”模式

☺ 任务：调用“垂足”捕捉模式绘制直线(如图 3-40 和图 3-41 所示)。

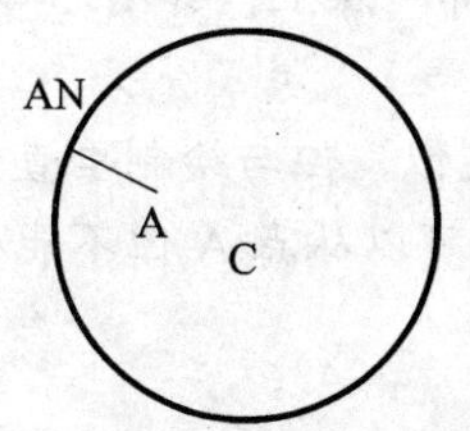

图 3-40　用“垂足”捕捉模式指定直线的端点垂直于圆(从圆内到距圆最近的一侧)

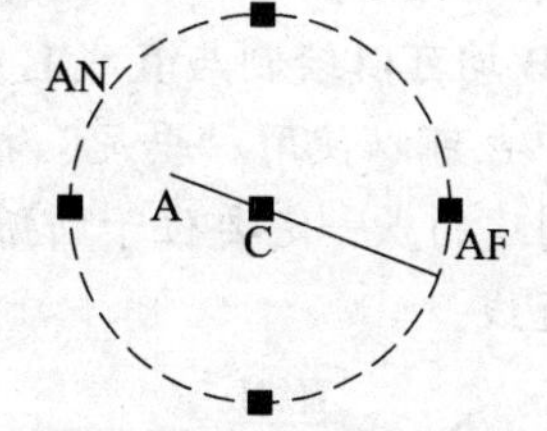

图 3-41　用“垂足”捕捉模式指定直线的端点垂直于圆(从圆内到距圆最远的一侧)

绘制图 3-40 中的直线，操作步骤如下：

命令行：LINE ↵

指定第一点：　　//指定点 A。

指定下一点或[放弃(U)]：per(输入对象捕捉“垂足”模式“perpendicular”的前三个字母)　//将光标靶框移动到圆上 AN 点处，如图 3-40 所示。

指定下一点或[放弃(U)]：　↵　　//按【Enter】键结束命令。

命令行：LINE ↵

指定第一点：　　//指定点 A。

指定下一点或[放弃(U)]：per(输入对象捕捉“垂足”模式“perpendicular”的前三个字母)　//将光标靶框移动到圆上 AF 点处，如图 3-41 所示。

指定下一点或[放弃(U)]：　↵　　//按【Enter】键结束命令。

绘制图 3-41 中的直线，操作步骤如下：

命令行：LINE ↵

指定第一点：　//指定点 B。

指定下一点或[放弃(U)]：per(输入对象捕捉“垂足”模式“perpendicular”的前三个字母)　//将光标靶框移动到圆上 BN 点处，如图 3-42 所示。

指定下一点或[放弃(U)]：↵　　//按【Enter】键结束命令。

命令行：LINE　↵

指定第一点：　//指定点 B。

指定下一点或[放弃(U)]：per(输入对象捕捉“垂足”模式“perpendicular”的前三个字母)　//将光标靶框移动到圆上 BF 点处，如图 3-43 所示。

指定下一点或[放弃(U)]：↵　//按【Enter】键结束命令。

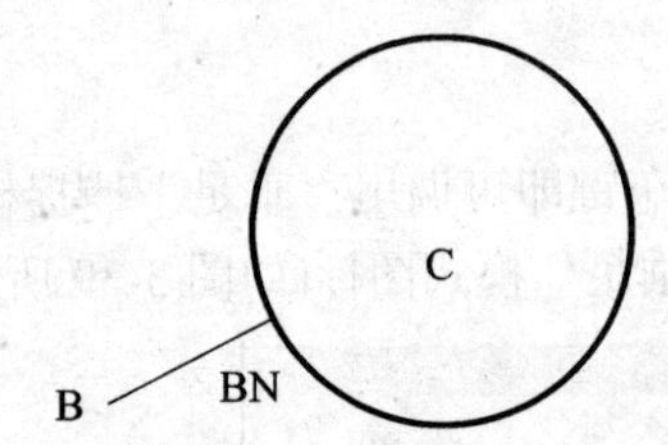

图 3-42　用“垂足”捕捉模式指定直线的端点垂直于圆(从圆外到距圆最近的一侧)

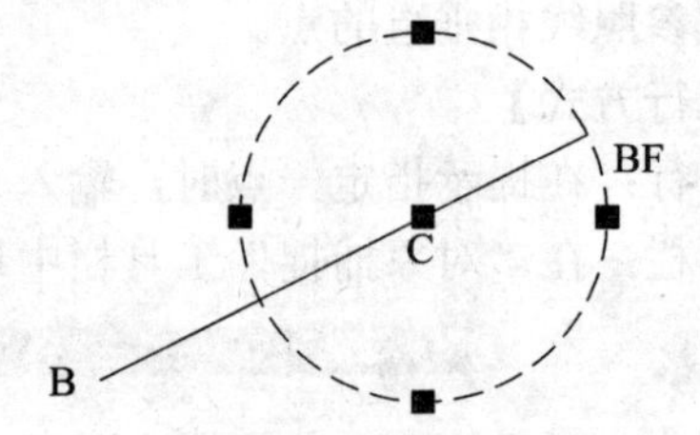

图 3-43　用“垂足”捕捉模式指定直线的端点垂直于圆(从圆外到距圆最远的一侧)

提示：绘制与已知直线垂直的直线时，AutoCAD 所指定的点可以不在所选择的直线上(响应“垂直于”提示)，并且所绘制的直线仍可以绘制到那一点上。如图 3-44 所示，无论从点 A 或点 B 均可以绘制与直线 L 垂直的直线。

在圆弧中也可以使用“垂足”捕捉模式，方式与圆类似。但与绘制垂直于直线的垂线不同，它所创建的点一定要位于圆弧上，如图 3-45 所示，可以从点 A 但不能从点 B 绘制垂直于圆弧的直线。

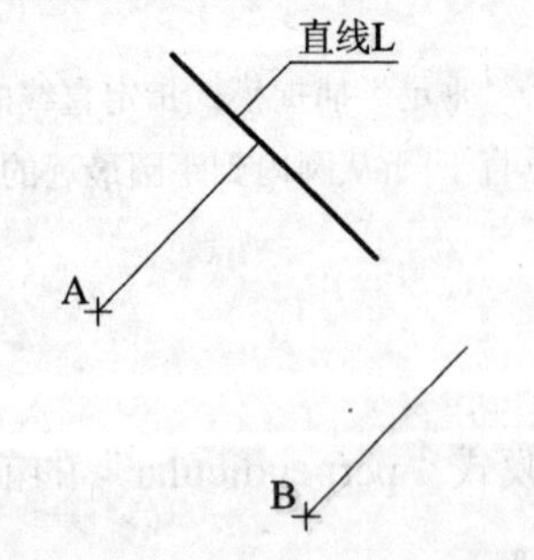

图 3-44　用“垂足”捕捉模式绘制与已知直线垂直的直线

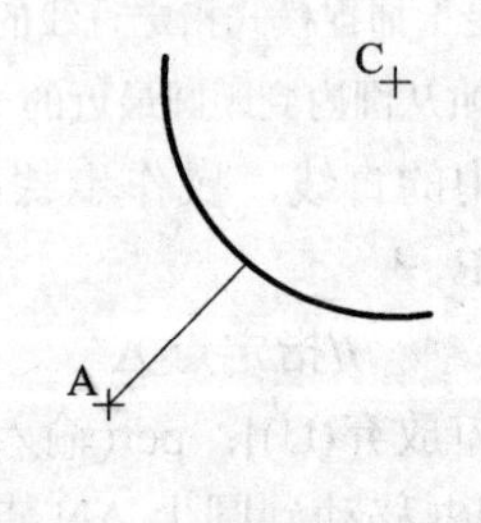

图 3-45　调用“垂足”捕捉模式绘制垂直于圆弧的直线

10. 切点捕捉

“切点”模式用于捕捉圆弧、圆、椭圆或椭圆弧的切点。

【执行方式】

命令行：在提示指定一点时，输入“tan”并按回车键即可调用“切点”捕捉模式。

工具栏：在“对象捕捉”工具栏中选择“捕捉到切点”模式图标(如图 3-46 所示)。

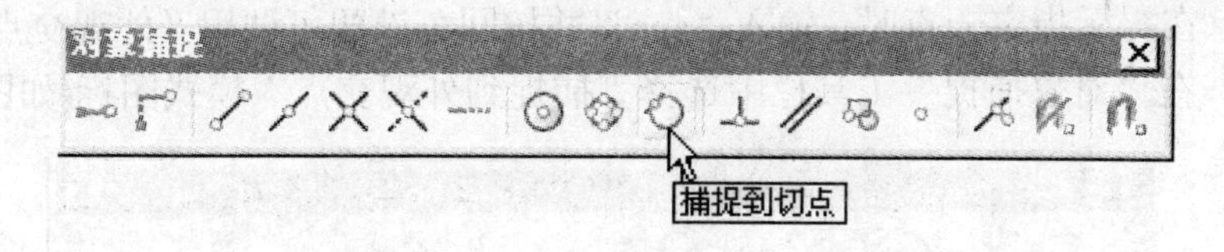

图 3-46　从“对象捕捉”工具栏中调用“捕捉到切点”模式

☺ 任务：调用“切点”捕捉模式绘制经过点 A 的圆的切线(如图 3-47 所示)。

操作步骤如下：

命令行：LINE ↵

指定第一点：　　//指定点 A。

指定下一点或[放弃(U)]：tan(输入对象捕捉“切点”模式“tangent”的前三个字母) //向左半圆指定点 AL。

指定下一点或[放弃(U)]：↵　　//按【Enter】键结束命令。

用“切点”捕捉模式还可选取圆弧，与“象限点”捕捉模式相似，切点一定位于选定的圆弧上，如图 3-48 所示。

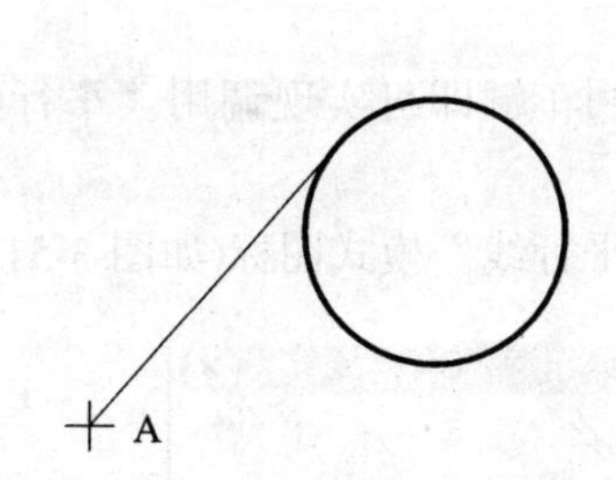

图 3-47　用“切点”捕捉模式绘制从圆外一点到相切于左半圆上一点的直线

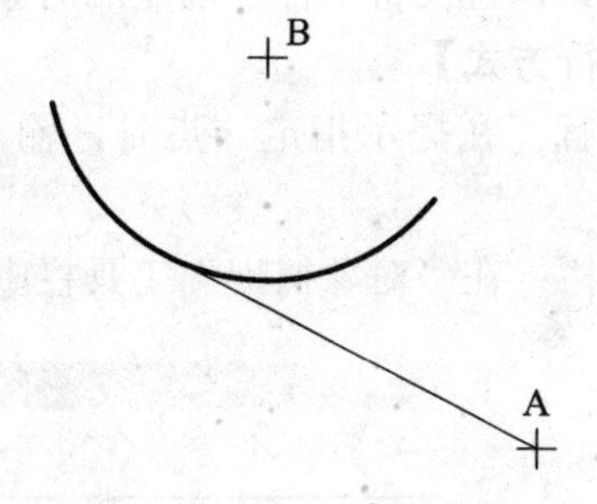

图 3-48　调用“切点”捕捉模式，绘制相切于圆弧的直线

11. 最近点捕捉模式

“最近点”模式用于选择任何一个对象(除文本)以响应指定一点的提示，AutoCAD 将捕捉到离光标最近的对象上的一点。

【执行方式】

命令行：在提示指定一点时，输入“nea”并按回车键即可调用“最近点”捕捉模式。

工具栏：在“对象捕捉”工具栏中选择“捕捉到最近点”模式图标(如图 3-49 所示)。

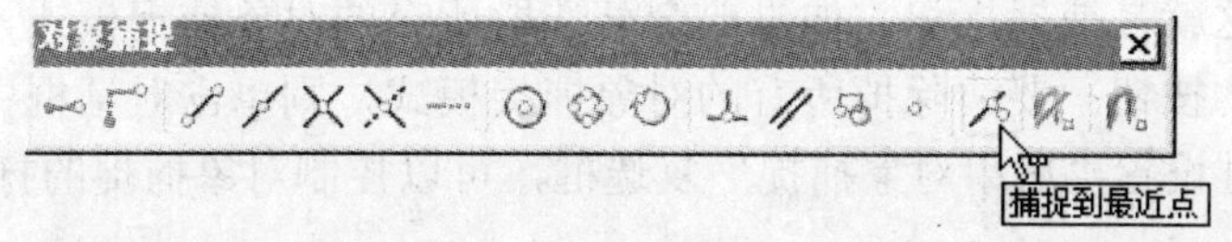

图 3-49　从“对象捕捉”工具栏中调用“捕捉到最近点”模式

12．外观交点捕捉

“外观交点”模式用于捕捉圆弧、圆、椭圆、椭圆弧、直线、多线、多段线、射线、样条曲线或参照线的外观交点。此交点可以是三维空间的实际交点也可以不是三维空间的实际交点。

【执行方式】

命令行：在提示指定一点时，输入“app”并按回车键即可调用“外观交点”捕捉模式。

工具栏：在“对象捕捉”工具栏中选择“捕捉到外观交点”模式图标(如图 3-50 所示)。

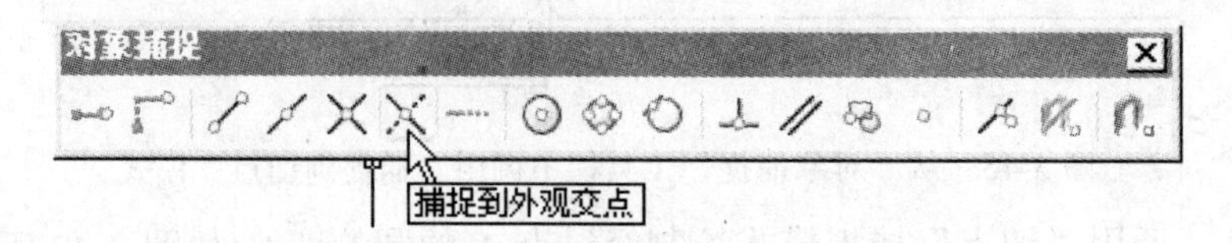

图 3-50 从“对象捕捉”工具栏中调用“捕捉到外观交点”模式

AutoCAD 提示选取两个对象以创建外观交点。

提示：“交点”模式同“外观交点”模式不能同时起作用。

13．平行线捕捉

“平行线”模式用于绘制平行于另一对象的直线。指定了直线的第一点并选取了“平行线”捕捉模式后，将光标移到相与之平行的对象上，之后再移动光标，这时经过第一点且与选定的对象平行的方向上会出现一条参照线，这条参照线是可见的。在此方向上指定一点，那么该直线将平行于选定的对象。

【执行方式】

命令行：在提示指定一点时，输入“par”并按回车键即可实现调用“平行线”捕捉模式。

工具栏：在“对象捕捉”工具栏中选择“捕捉到平行线”模式图标(如图 3-51 所示)。

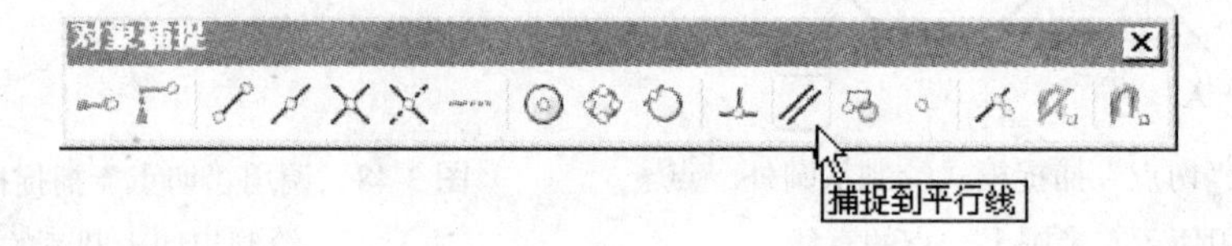

图 3-51 从“对象捕捉”工具栏中调用“捕捉到平行线”模式

3.3.3 设置对象捕捉

在“草图设置”对话框中的“对象捕捉”选项卡中，可以用来设置对象捕捉模式，如图 3-52 所示。

在“对象捕捉”选项卡中，可以选择一种或多种对象捕捉模式，每个复选框前都有一个小几何图形，这就是捕捉标记。如果要全部选取所有的对象捕捉模式，可以单击对话框中的“全部选择”按钮；要清除掉所有的对象捕捉模式，则单击对话框中的“全部清除”按钮。此外，通过设置“启用对象捕捉”复选框，可以控制对象捕捉的打开和关闭。

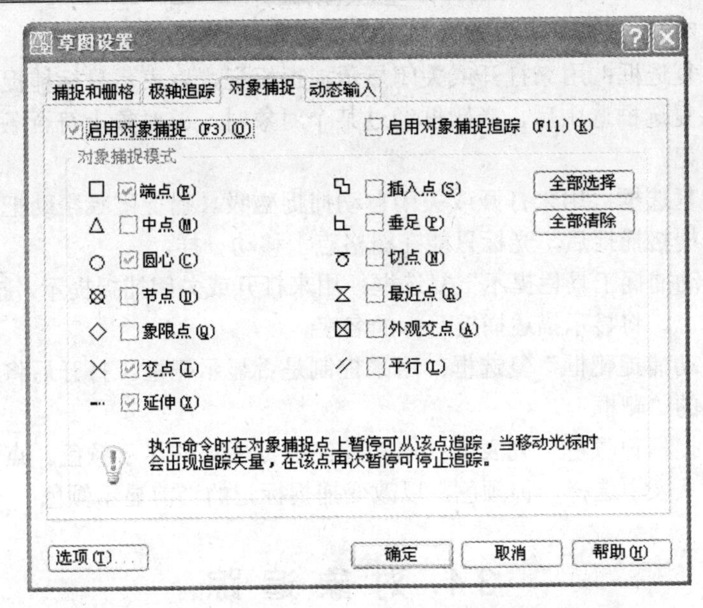

图 3-52　“草图设置”对话框中的“对象捕捉”选项卡

下面以自动捕捉为例介绍其设置方法。

【执行方式】

• 方法一：单击“工具”菜单→“选项”→“草图”选项卡，即可在该选项卡中“自动捕捉设置”区内进行自动捕捉设置，如图 3-53 所示。

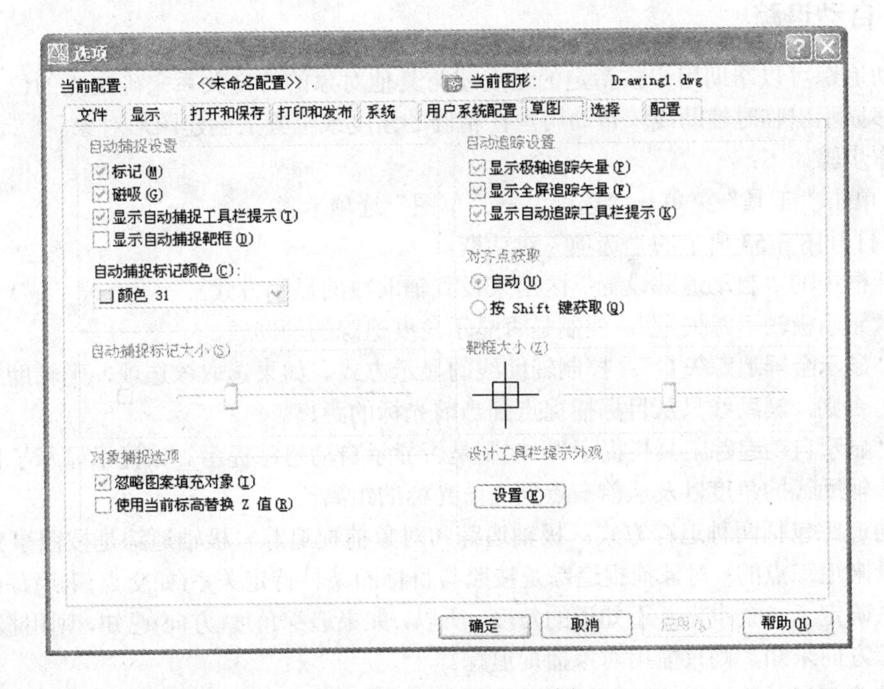

图 3-53　“选项”对话框

• 方法二：在“命令”提示行中输入 OPTIONS 命令。

命令行：OPTIONS

【功能及说明】

• “标记”复选框：用来打开或关闭显示捕捉标记，以表示目标捕捉的类型和指示捕捉点的位置。该复选框选中后，当靶框经过某个对象时，该对象上符合条件的捕捉点上就会出现相应的标记。

• “磁吸”复选框：用来打开或关闭自动捕捉磁吸。捕捉磁吸帮助把靶框锁定在捕捉点上，就像打开栅格捕捉后，光标只能在栅格点上移动一样。

• “显示自动捕捉工具栏提示”复选框：用来打开或关闭捕捉提示。捕捉提示打开时，靶框移到捕捉点上，将显示描述捕捉目标的名字。

• “显示自动捕捉靶框”复选框：用来控制是否显示靶框。打开后将会在光标的中心显示一个正方形的“靶框”。

• “自动捕捉标记颜色”列表框：用来控制捕捉标记的显示颜色。点击右端箭头，打开下拉列表，可从表中选择一种颜色，以改变捕捉标记的当前显示颜色。

3.4 对象追踪

本节任务：

✧ 掌握自动追踪。
✧ 了解临时追踪。

3.4.1 自动追踪

自动追踪可以帮助用户按指定的角度或与其他对象的特定关系来确定点的位置。自动追踪能够显示出临时辅助线，帮助用户在精确的角度或位置上创建图形对象。

操作步骤如下：

(1) 单击“工具”菜单→“选项”→“草图”选项卡。

(2) 打开图 3-53 所示的“选项”对话框。

对话框中的“自动追踪设置”区用来设置辅助线的显示方式。

• “显示极轴追踪矢量”：控制是否显示角度追踪的辅助线。

• “显示全屏追踪矢量”：控制辅助线的显示方式。如果选取该选项，则辅助线通过整个窗口；否则，辅助线只从目标捕捉点到当前光标的距离。

• “显示自动追踪工具栏提示”：控制是否显示自动追踪提示。该提示显示了目标捕捉的类型、辅助线的角度以及从前一点到当前光标的距离。

自动追踪包括两种追踪方式：极轴追踪和对象捕捉追踪。极轴追踪是按照事先给定的角度增量来追踪点的；对象捕捉追踪是按照与目标的某种特定关系(如交点)来追踪的，这种特定关系确定了一个事先并不知道的角度。所以，如果追踪角度(方向)已知，则用极轴追踪；如果追踪方向未知，则只能用对象捕捉追踪。

极轴追踪和对象捕捉追踪可以同时使用。

1. 极轴追踪

极轴追踪功能可以在 AutoCAD 要求指定一个点时，按预先设置的角度增量显示一条辅助线，用户可以沿这条辅助线追踪得到光标点。

☺ 任务：用极轴追踪功能绘制一条长度为 100 单位、与 X 轴方向成 35° 角的直线。

操作步骤如下：

(1) 单击“工具”菜单→“草图设置”→“极轴追踪”选项卡。

(2) 出现图 3-54 所示的“草图设置”对话框后，在“增量角”下拉列表中预置了 9 种角度值，由于没有需要的角度，则需在文本框中输入所需的角度值 35，确定后返回到绘图区。

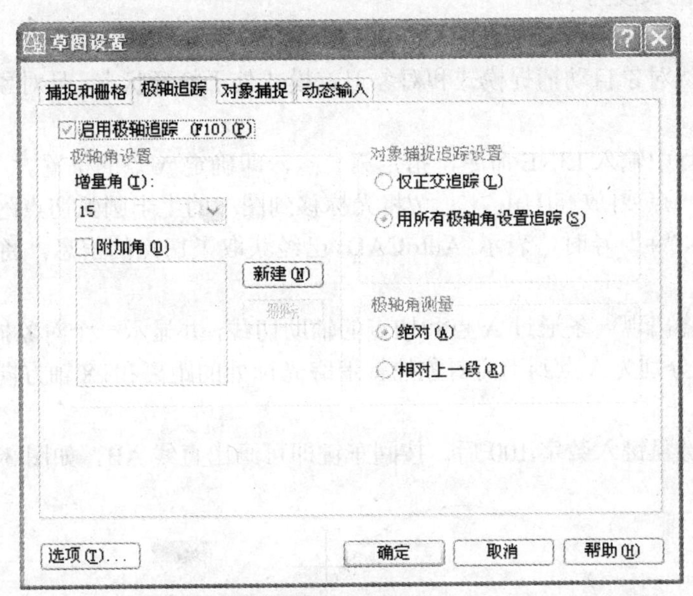

图 3-54　“极轴追踪”设置

(3) 在画直线命令提示“指定下一点或[放弃(U)]:”时，移动光标，当接近该角度的方向时，屏幕上将会在 35° 角度的方向上显示出一条辅助线并同时显示追踪标签提示。

(4) 追踪标签提示给出了距离和角度值，如图 3-55 所示。这时从键盘输入距离 100，得到的一点就是需要的点。

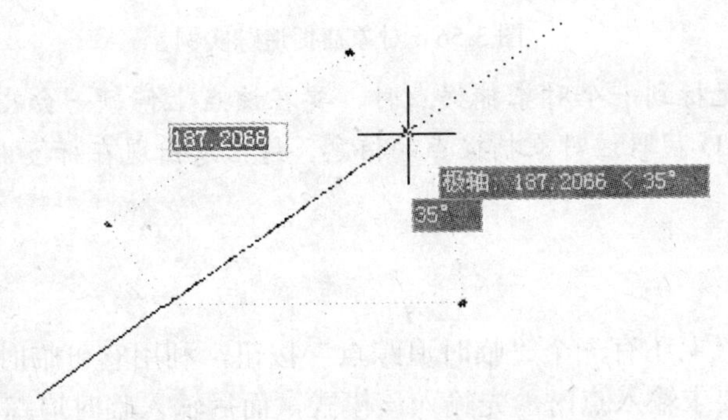

图 3-55　用极轴追踪功能确定点的位置

提示：因为正交模式限制光标只能沿着水平方向和垂直方向移动，所以不能同时打开正交模式和极轴追踪功能。当用户打开正交模式时，AutoCAD 将自动关闭极轴追踪功能；

如果打开了极轴追踪功能，则 AutoCAD 将自动关闭正交模式。

2．对象捕捉追踪

对象捕捉追踪沿着对象捕捉点的方向进行追踪，并捕捉对象追踪点与追踪辅助线之间的特征点。使用对象捕捉追踪模式时，必须确认对象自动捕捉和对象捕捉追踪都打开了，即按下状态栏上的“对象捕捉”按钮和“对象追踪”按钮。

☺ 任务：已知一个圆，要求从 A 点画一条直线 AB，该直线的延长线与已知圆的上圆弧相切，且 AB 的长度为 100。

操作步骤如下：

(1) 首先确认对象自动捕捉模式和对象追踪模式处于打开状态，且对象自动捕捉模式中设置了切点捕捉。

(2) 在命令行中输入 LINE 命令，指定第一点，即确定 A 点的位置。

(3) 指定下一点或[放弃(U)]:　　//将光标移到图中的上半圆弧切点附近，待切点捕捉光标内出现一个“+”号时，表示 AutoCAD 已经获取了切点的信息，将光标从切点缓缓移出。

(4) 屏幕上将出现一条通过 A 点和切点的辅助切线，并显示一个对象捕捉追踪标签，标签内的两个数字分别为 A 点到当前对象捕捉追踪光标处的距离和+X 轴方向逆时针旋转到切线方向的夹角。

(5) 此时从键盘键入数字 100 后，按回车键即可画出直线 AB，如图 3-56 所示。

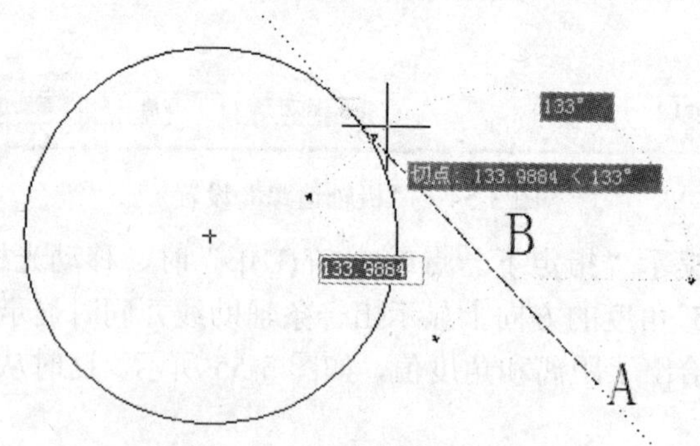

图 3-56　对象捕捉追踪实例

提示：当移动光标到一个对象捕捉点时，要在该点上停顿一会儿，不要拾取它，因为这一步只是 AutoCAD 获取该对象捕捉点的信息。待信息出现在标签内时，再进行下一步的操作。

3.4.2　临时追踪

对象捕捉工具栏上还有一个“临时追踪点”按钮，利用它可临时使用一次对象捕捉追踪。即当命令提示要求输入点时，先输入该模式，而后输入临时追踪点(即参考点，对这个点可利用对象捕捉模式)，该临时追踪点上会出现一个加号，移动光标，将显示一条临时追踪辅助线。同时，在光标右下方将动态显示临时追踪点到光标点的长度和临时追踪辅助线的角度，即“轨迹点：长度<角度”(如图 3-57 所示)。当光标沿临时追踪辅助线移动到合适的位置后，单击鼠标左键，确定命令要求的点。

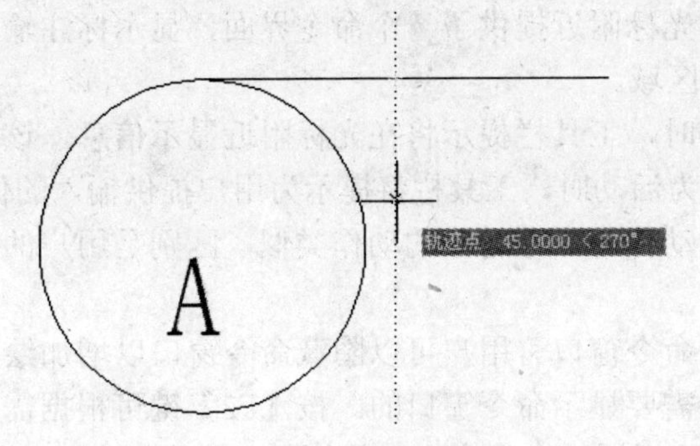

图 3-57　临时追踪实例

☺ 任务：已知圆 A(圆心为 A)，再绘制另一圆 B(圆心为 B)，要求 AB 与 X 轴成 15°角，且 A、B 相距 120(如图 3-58 所示)。

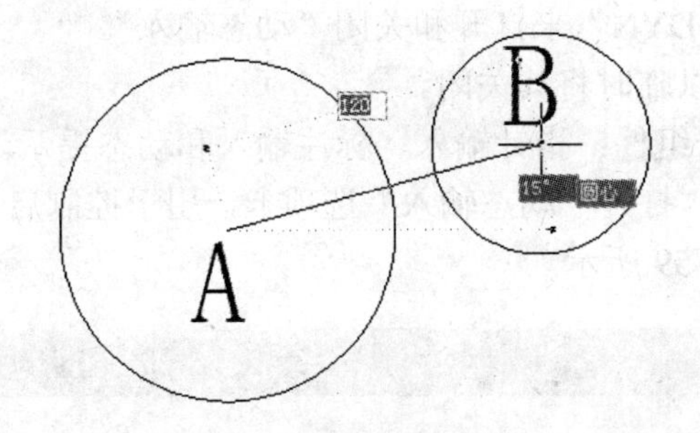

图 3-58　临时追踪实例

操作步骤如下：

(1) 单击“工具”菜单→“草图设置”→“极轴追踪”选项卡。

(2) 在“极轴角设置”栏中选择 15°为增量角，在“对象捕捉追踪设置”栏中选中“用所有极轴角设置追踪”。

(3) 单击“工具”菜单→“草图设置”→“捕捉和栅格”选项卡中设置适当的极轴捕捉间距，再打开捕捉，但不打开对象捕捉和对象追踪。

(4) 单击画圆命令，对“指定圆的圆心”提示不予响应，而是单击对象捕捉工具栏的“临时追踪点”按钮。

(5) 这时命令行提示：“_tt 指定临时对象追踪点：”，单击对象捕捉工具栏的“捕捉到圆心”的按钮。移动光标捕捉到圆心 A 点，单击鼠标确认。

(6) 移动光标到大致 B 点位置，此时显示过 A 点的 15°临时对齐路径，直至追踪提示为 120 时单击鼠标左键确定 B 点(也可从键盘直接输入 120 并按回车键以确定 B 点)

(7) 输入半径，圆 B 完成。

3.5　动态输入

本节任务：

✧ 掌握动态输入。

“动态输入”是在光标附近提供了一个命令界面，显示标注输入和命令提示等信息，以帮助用户专注于绘图区域。

启用“动态输入”时，工具栏提示将在光标附近显示信息，该信息会随着光标移动而动态更新。当某条命令为活动时，工具栏将提示为用户提供输入的位置。“动态输入”完成命令或使用夹点所需的动作与命令行中的动作类似，区别是用户的注意力可以保持在光标附近。

动态输入并不取代命令窗口。用户可以隐藏命令窗口以增加绘图屏幕区域，但是在很多时候有些操作中还是需要显示命令窗口的。按【F2】键可根据需要隐藏和显示命令提示和错误消息。此外，也可以浮动命令窗口，并使用“自动隐藏”功能来展开或卷起该窗口。

1．打开和关闭动态输入

【执行方式】

- 单击状态栏上的“DYN”来打开和关闭“动态输入”。
- 按住【F12】键可以临时将其关闭。

“动态输入”有三个组件：指针输入、标注输入和动态提示。在“DYN”上单击鼠标右键，然后单击“设置”，打开“动态输入”选项卡，用于控制启用“动态输入”时每个组件所显示的内容，如图 3-59 所示。

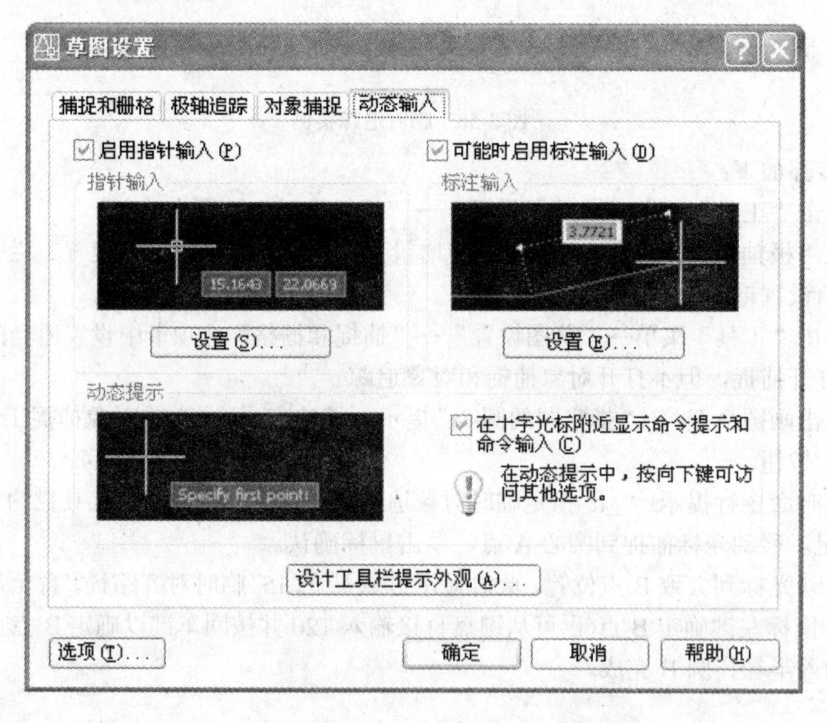

图 3-59 “草图设置”对话框中的“动态输入”选项卡

提示：透视图不支持“动态输入”。

2．指针输入

当启用指针输入且有命令在执行时，十字光标的位置将在光标附近的工具栏提示中显示为坐标。这样可以在工具栏提示中输入坐标值，而不用在命令行中输入。

第二个点和后续点的默认设置为相对极坐标时不需要输入@符号。如果需要使用绝对坐标，则使用#前缀。例如，要将对象移到原点，在提示输入第二个点时，输入#0,0。

使用指针输入设置可修改坐标的默认格式，以及控制指针输入工具栏提示何时显示。

3. 标注输入

启用标注输入时，当命令提示输入第二点时，工具栏提示将显示距离和角度值。在工具栏提示中的值将随着光标移动而改变。按【Tab】键可以移动到要更改的值的位置。标注输入可用于圆弧、圆、椭圆、直线和多段线。

提示：对于标注输入，在输入字段中输入值并按【Tab】键后，该字段将显示一个锁定图标，并且光标会受输入值的约束。

使用夹点编辑对象时，标注输入工具栏提示可能会显示以下信息：

(1) 旧的长度。

(2) 移动夹点时更新的长度。

(3) 长度的改变。

(4) 角度。

(5) 移动夹点时角度的变化。

(6) 圆弧的半径。

使用标注输入可设置只显示用户希望看到的信息，如图 3-60 所示。

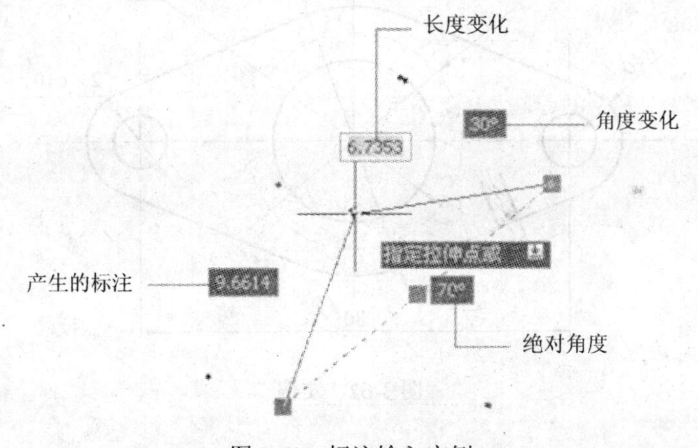

图 3-60 标注输入实例

在使用夹点来拉伸对象或创建新对象时，标注输入仅显示锐角，即所有角度都显示为小于或等于 180°。因此，无论“设置正角度的方向系统”变量如何设置(在“图形单位”对话框中设置)，270°的角度都将显示为 90°。创建新对象时，指定的角度需要根据光标位置来决定角度的正方向。

4. 动态提示

启用动态提示时，提示会显示在光标附近的工具栏提示中。用户可以在工具栏提示(而不是在命令行)中输入数据。按下箭头键可以查看和选择选项，按上箭头键可以显示最近的输入，如图 3-61 所示。

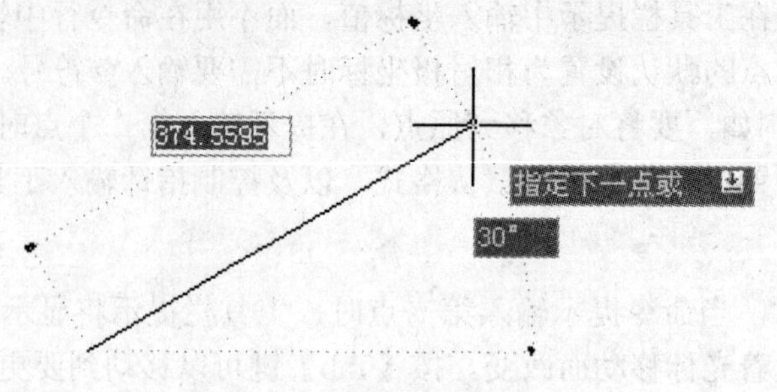

图 3-61 动态显示命令提示

提示：要在动态提示工具栏提示中使用插入剪贴板数据，可键入字母然后在粘贴输入之前用退格键将其删除；否则，输入将作为文字粘贴到图形中。

3.6 实 训

实训 1 图层的设置

绘制图 3-62 所示的平面图形。

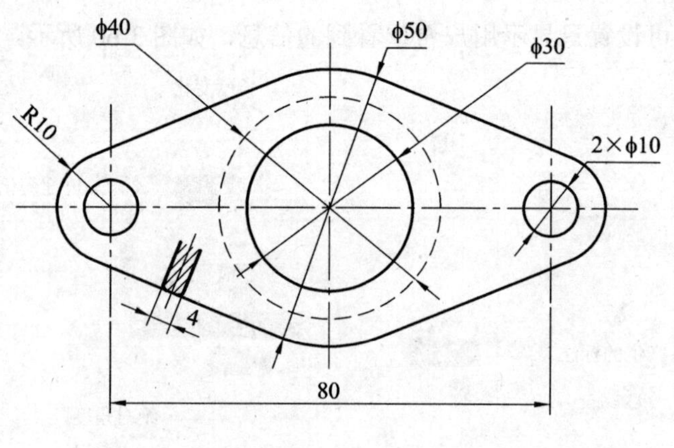

图 3-62 实例

1. 目的要求

(1) 通过绘制此图形，训练对图层、线型、线宽、颜色的设置能力。

(2) 正确使用基本绘图命令、编辑命令以及捕捉、正交等辅助功能，进一步熟悉直线、圆、图案填充等绘图命令的使用方法。

2. 操作提示

(1) 单击“格式”菜单→“图形界限”，设置图形界限的左下角(0，0)和右上角(210，297)。

(2) 创建图层。

① 单击“格式”菜单→“图层”，打开“图层特性管理器”对话框，如图 3-63 所示。

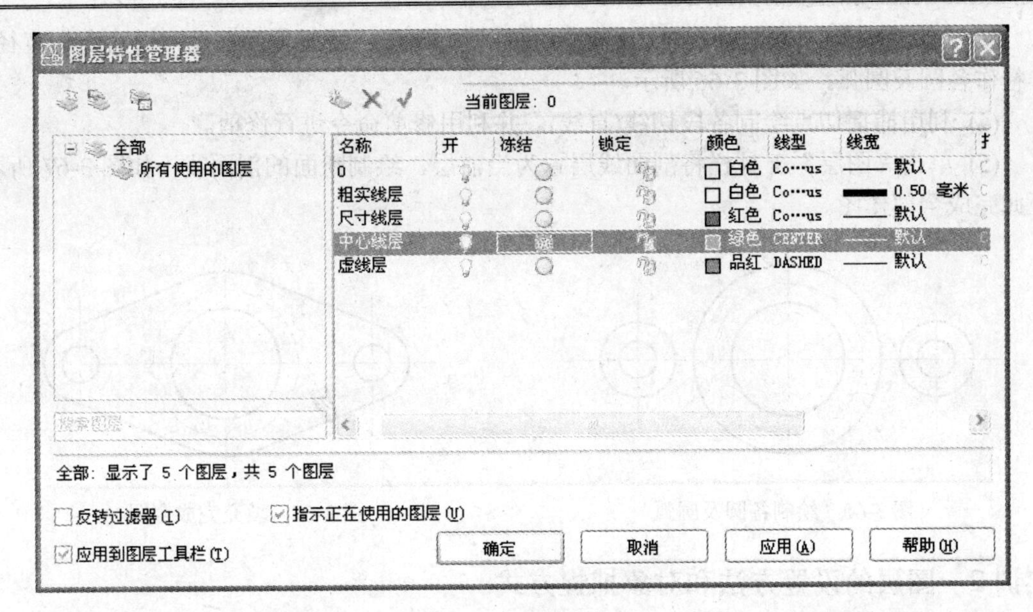

图 3-63　创建图层

② 单击“新建”按钮，将“图层 1”改为“中心线层”。单击该层中对应颜色的“白色”位置，在“选择颜色”对话框中选择其中的红色作为中心线的颜色。

③ 单击中心线层对应的“线型”，会出现选择线型对话框。单击“加载”按钮，在“加载或重载线型”对话框中选中“CENTER”线型，并单击“确定”按钮。

④ 单击粗实线层对应的线宽，在“线宽”对话框中选择线宽为“0.50 毫米”，如图 3-64 所示。

⑤ 使用相同的方法分别建立“粗实线层”、“中心线层”、“虚线层”、“细实线层”、“尺寸线层”和“剖面线层”。

(3) 绘制中心定位线及各圆。

① 选择“中心线层”作为当前层，绘制中心定位线，如图 3-65 所示。

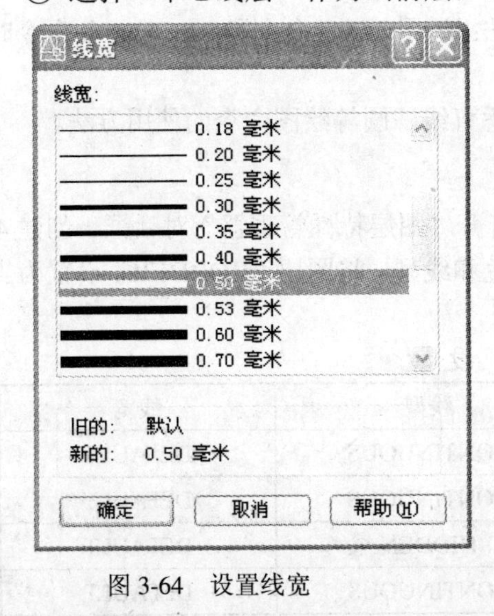

图 3-64　设置线宽

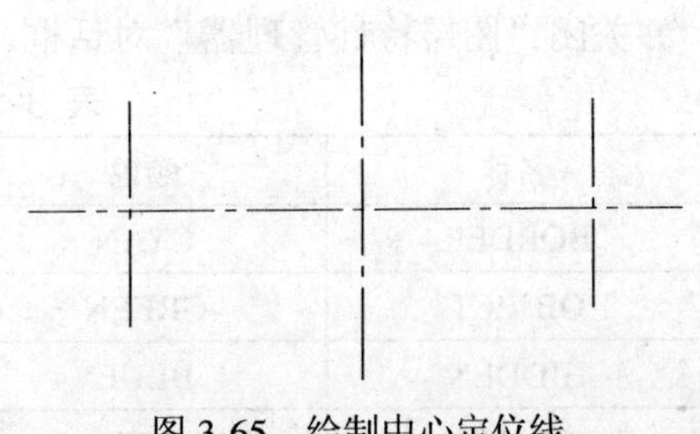

图 3-65　绘制中心定位线

② 在状态栏中单击“捕捉”按钮，将其打开，选择粗线层作当前层，以给定的直径或半径作各圆及圆弧，如图 3-66 所示。

(4) 利用捕捉切点绘制各段切线(直线)，并利用修剪命令进行修剪。

(5) 单击“图层”工具栏将剖面线层置为当前层，绘制断面的剖面线，如图 3-67 所示，至此完成全部作图。

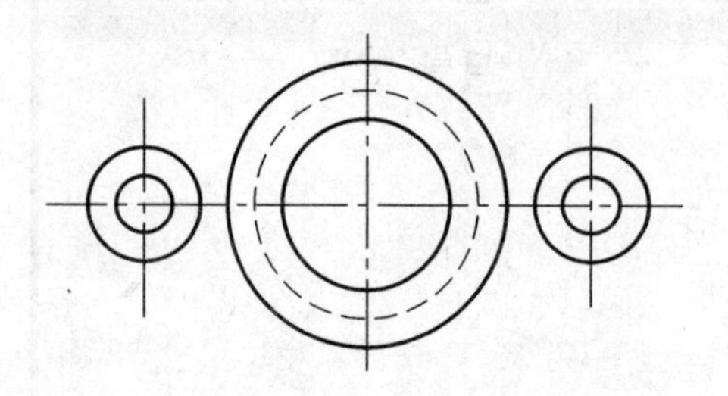

图 3-66 绘制各圆及圆弧

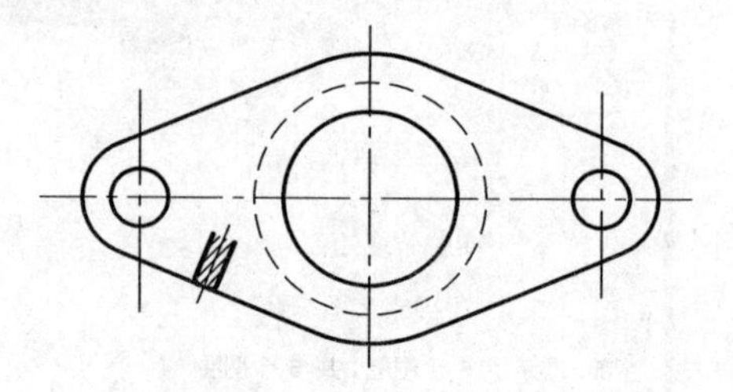

图 3-67 填充完成全图

实训 2 图层的设置方法和对象捕捉方式

绘制图 3-68 所示的图形。

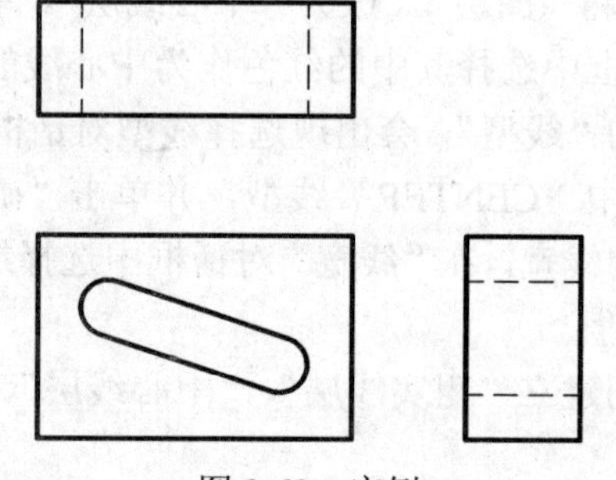

图 3-68 实例

1. 目的要求

(1) 通过绘制此图形，训练对图层的设置方法；调用 LINE 命令和 RECTANG 命令时使用对象捕捉方式。

(2) 正确使用基本绘图命令、捕捉命令，熟悉直线、圆等绘图命令的使用方法。

2. 操作提示

(1) 单击“格式”菜单→“图层…”命令，打开“图层特性管理器”对话框。创建 4 个图层，并按表 3-1 要求重新设置图层的名称、颜色和线型。将图层“BORDER”设置为当前层，并关闭“图层特性管理器”对话框。

表 3-1 图 层 设 置

名称	颜色	线型	线宽
BORDER	CYAN	CONTINUOUS	DEFAULT
OBJECT	GREEN	CONTINUOUS	DEFAULT
HIDDEN	BLUE	HIDDEN	DEFAULT
CONST	RED	CONTINUOUS	DEFAULT

(2) 从“绘图”工具栏中调用“矩形”命令，绘制一个矩形边框。

命令行：RECTANG

指定第一个角点或[倒角(C)/标高(E)/圆角(F)/厚度(T)/宽度(W)]：0.25，0.25

指定另一个角点：17.75，11.75

(3) 在“对象特性”工具栏中，选择控制图层的箭头图标，显示图层列表，将图层“OBJECT”设置为当前层。

(4) 从“绘图”工具栏中调用“矩形”命令绘制一个矩形。

命令行：RECTANG

指定第一个角点或[倒角(C)/标高(E)/圆角(F)/厚度(T)/宽度(W)]：2，7.5

指定另一个角点：7.5，9.5

(5) 再次从“绘图”工具栏中调用“矩形”命令绘制另一个矩形。

命令行：RECTANG

指定第一个角点或[倒角(C)/标高(E)/圆角(F)/厚度(T)/宽度(W)]：9.5，2

指定另一个角点：11.5，5.5

(6) 从“绘图”工具栏中调用“矩形”命令，并调用适当的对象捕捉模式，绘制一个矩形。

命令行：RECTANG

指定第一个角点或[倒角(C)/标高(E)/圆角(F)/厚度(T)/宽度(W)]： //调用对象捕捉中的“外观交点”模式，选择图3-68所示的直线1和直线4。

指定另一个角点： //调用对象捕捉中的“捕捉到外观交点”模式，选择图3-69所示的直线2和直线3，矩形绘制完成后，其图形如图3-70所示。

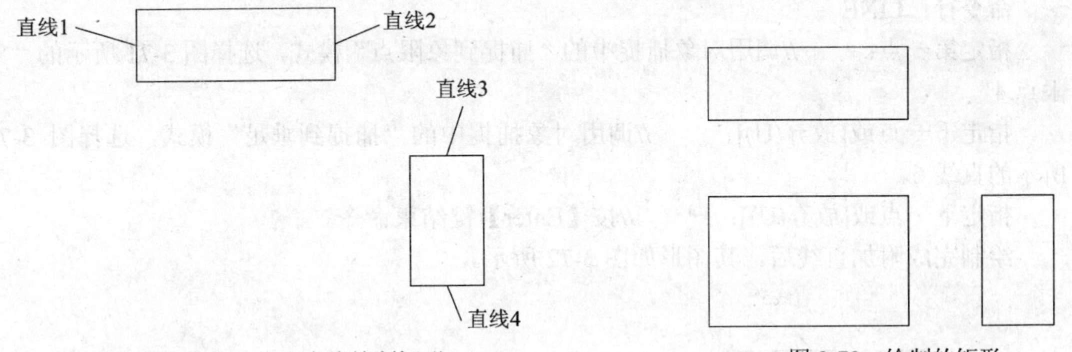

图3-69 指定直线绘制矩形　　图3-70 绘制的矩形

(7) 在“对象特性”工具栏中选择控制图层的箭头图标，显示图层列表，将图层“CONST”设置为当前层。

(8) 从“绘图”工具栏中调用“圆”命令，绘制两个圆。

命令行：CIRCLE

指定圆的圆心或[三点(3P)/两点(2P)/相切、相切、半径(T)]：3.25，4.25

指定圆的半径或[直径(D)]：0.5

命令行：CIRCLE

指定圆的圆心或[三点(3P)/两点(2P)/相切、相切、半径(T)]：6.25，3.25

指定圆的半径或[直径(D)] <0.5000>：0.5

(9) 从“绘图”工具栏中调用“直线”命令，并调用适当的对象捕捉模式，绘制一系列的直线。

命令行：LINE

指定第一点： //调用对象捕捉中的“捕捉到象限点”模式，选择图 3-71 所示的“象限点 1”。

指定下一点或[放弃(U)]： //调用对象捕捉中的“捕捉到垂足”模式，选择图 3-71 所示的直线 5。

指定下一点或[放弃(U)]：↵ //按【Enter】键结束命令。

命令行：LINE

指定第一点： //调用对象捕捉中的“捕捉到象限点”模式，选择图 3-71 所示的“象限点 2”。

指定下一点或[放弃(U)]： //调用对象捕捉中的“捕捉到垂足”模式，选择如图 3-71 所示的直线 5。

指定下一点或[放弃(U)]：↵ //按【Enter】键结束命令。

命令行：LINE

指定第一点： //调用对象捕捉中的“捕捉到象限点”模式，选择图 3-71 所示的“象限点 3”。

指定下一点或[放弃(U)]： //调用对象捕捉中的“捕捉到垂足”模式，选择图 3-71 所示的直线 6。

指定下一点或[放弃(U)]：↵ //按【Enter】键结束命令。

命令行：LINE

指定第一点： //调用对象捕捉中的“捕捉到象限点”模式，选择图 3-71 所示的“象限点 4”。

指定下一点或[放弃(U)]： //调用对象捕捉中的“捕捉到垂足”模式，选择图 3-71 所示的直线 6。

指定下一点或[放弃(U)]：↵ //按【Enter】键结束命令。

绘制完成附加直线后，其图形如图 3-72 所示。

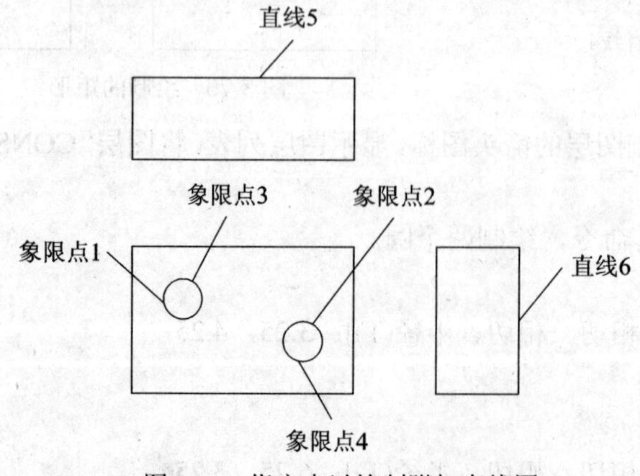

图 3-71 指定点以绘制附加直线图

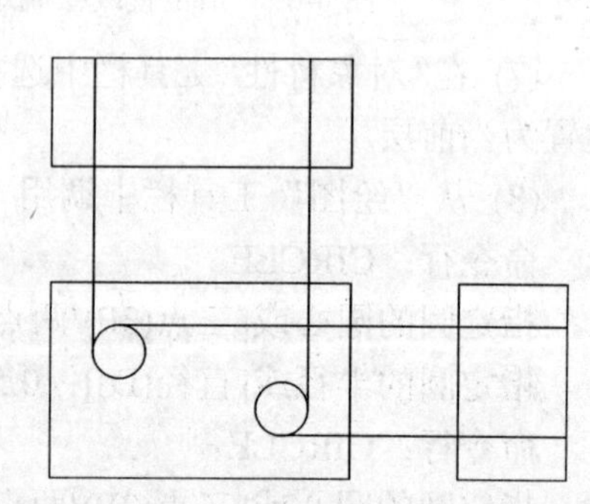

图 3-72 绘制完成附加直线的图形

(10) 在“对象特性”工具栏中选择控制图层的箭头图标，显示图层列表，将图层“HIDDEN”设置为当前层。

(11) 从“绘图”工具栏中调用“直线”命令，并调用适当的对象捕捉模式，绘制一系列的直线。

命令行：LINE

指定第一点： //调用对象捕捉中的“捕捉到交点”模式，选择图 3-73 所示的“点 1”。

指定下一点或[放弃(U)]： //调用对象捕捉中的“捕捉到交点”模式，选择图 3-73 所示的“点 2”。

指定下一点或[放弃(U)]：↵ //按【Enter】键结束命令。

(12) 绘制另外的三条附加直线。

命令行：LINE

指定第一点： //调用对象捕捉中的“捕捉到交点”模式，选择图 3-73 所示的“点 3”。

指定下一点或[放弃(U)]： //调用对象捕捉中的“捕捉到交点”模式，选择图 3-73 所示的“点 4”。

指定下一点或[放弃(U)]：↵ //按【Enter】键结束命令。

命令行：LINE

指定第一点： //调用对象捕捉中的“捕捉到交点”模式，选择图 3-73 所示的“点 5”。

指定下一点或[放弃(U)]： //调用对象捕捉中的“捕捉到交点”模式，选择图 3-73 所示的“点 6”。

指定下一点或[放弃(U)]：↵ //按【Enter】键结束命令。

命令行：LINE

指定第一点： //调用对象捕捉中的“捕捉到交点”模式，选择图 3-73 所示的“点 7”。

指定下一点或[放弃(U)]： //调用对象捕捉中的“捕捉到交点”模式，选择如图 3-73 所示的“点 8”。

指定下一点或[放弃(U)]：↵ //按【Enter】键结束命令。

(13) 从“修改”工具栏中调用“删除”命令，删除图 3-74 所示的直线 7、直线 8、直线 9、直线 10。

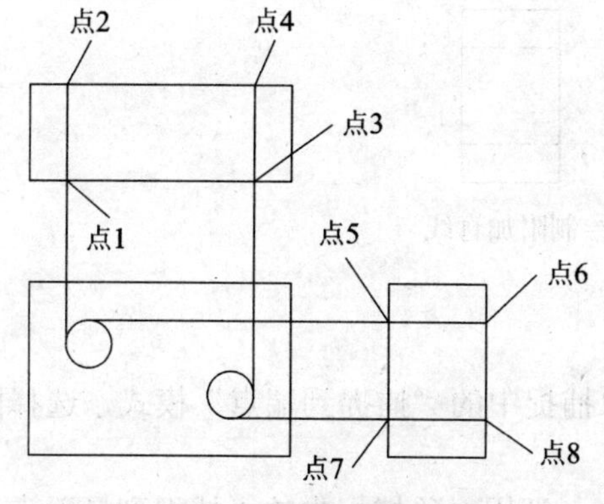

图 3-73 指定点以绘制附加直线

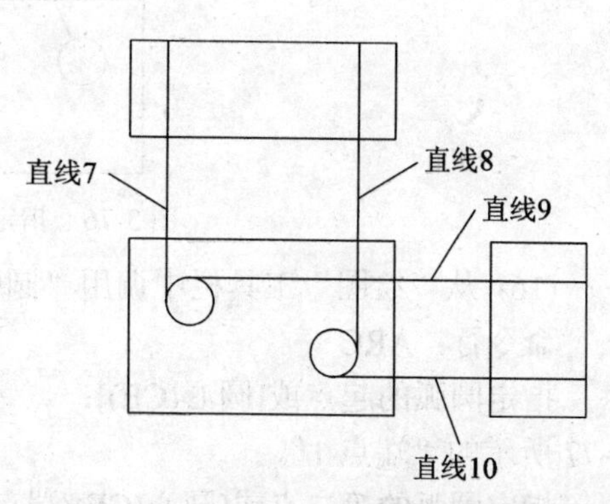

图 3-74 指定要删除的直线

执行删除命令后，其图形如图 3-75 所示。

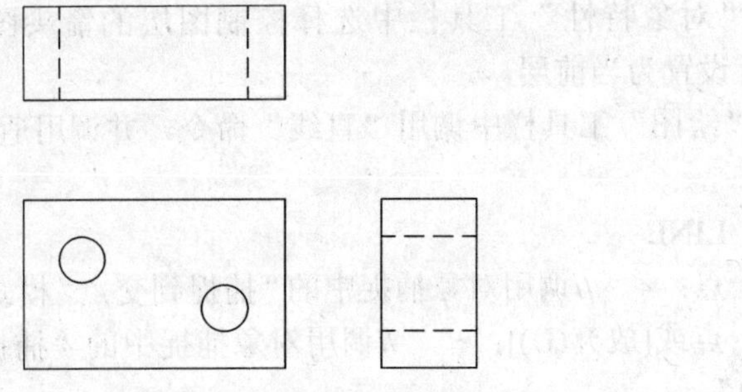

图 3-75 执行删除命令后的图形

(14) 在“对象特性”工具栏中选择控制图层的箭头图标，显示图层列表，将图层“OBJECT”设置为当前层。

(15) 从“绘图”工具栏中调用“直线”命令，并绘制一系列的直线。

命令行：LINE

指定第一点： //调用对象捕捉中的“捕捉到切点”模式，选择图 3-76 所示圆 1 右上部的一点。

指定下一点或[放弃(U)]： //调用对象捕捉中的“捕捉到切点”模式，选择图 3-76 所示圆 2 右上部的一点。

指定下一点或[放弃(U)]：↵ //按【Enter】键结束命令。

命令行：LINE

指定第一点： //调用对象捕捉中的“捕捉到切点”模式，选择图 3-76 所示圆 1 左下部的一点。

指定下一点或[放弃(U)]： //调用对象捕捉中的“捕捉到切点”模式，选择图 3-76 所示圆 2 左下部的一点。

指定下一点或[放弃(U)]：↵ //按【Enter】键结束命令。

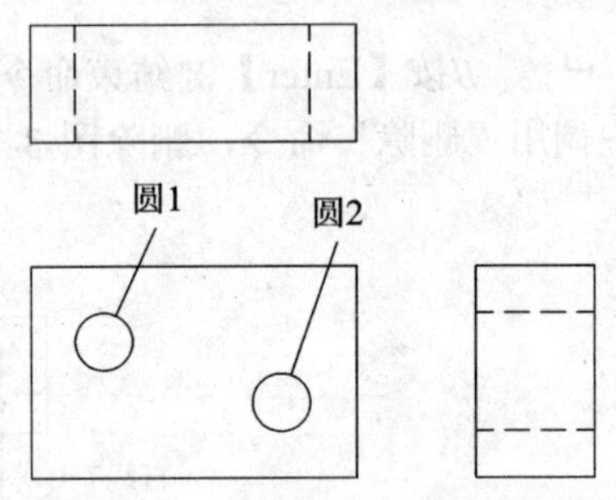

图 3-76 指定对象捕捉点绘制附加直线

(16) 从“绘图”工具栏中调用“圆弧”命令。

命令行：ARC

指定圆弧的起点或[圆心(CE)]： //调用对象捕捉中的“捕捉到端点”模式，选择图 3-77 所示的“端点 1”。

指定圆弧的第二点或[圆心(CE)/端点(EN)]： //调用对象捕捉中的“捕捉到最近点”模式，选择图 3-77 所示的“圆 1”上的一点。

指定圆弧的端点：//调用对象捕捉中的“捕捉到端点”模式，选择图 3-77 所示的“端点 2”。

命令行：ARC

指定圆弧的起点或[圆心(CE)]:　　//调用对象捕捉中的"捕捉到端点"模式，选择图 3-77 所示的"端点 3"。

指定圆弧的第二点或[圆心(CE)/端点(EN)]:　　//调用对象捕捉中的"捕捉到最近点"模式，选择图 3-77 所示的"圆 2"上的一点。

指定圆弧的端点：调用对象捕捉中的"捕捉到端点"模式，选择图 3-77 所示的"端点 4"。

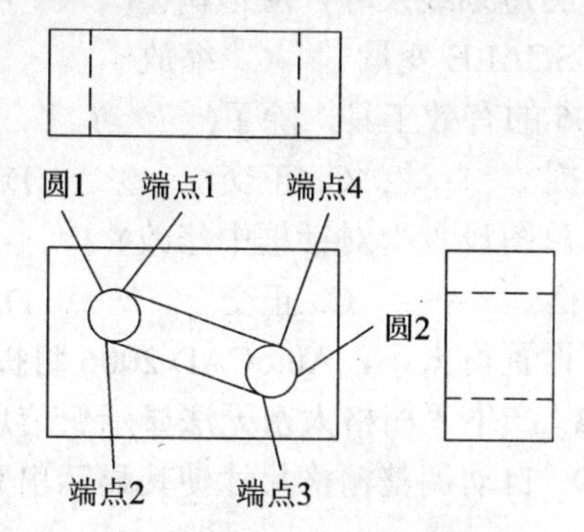

图 3-77　指定对象捕捉点绘制圆弧

(17) 在"对象特性"工具栏中，选择控制图层的箭头图标，显示图层列表，将图层"CONST"关闭。

绘制的图形如图 3-78 所示。至此完成全部作图。

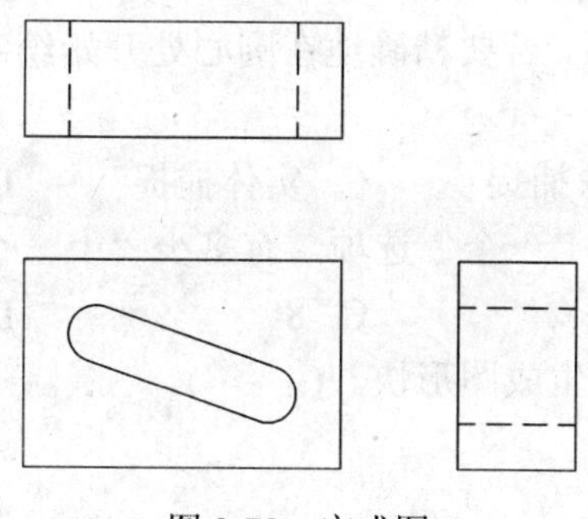

图 3-78　完成图

3.7 思考与练习

一、填空题

1．在 AutoCAD 2006 中，图层特性的设置都是在________________对话框中完成的。

2．在 AutoCAD 2006 中，为图层设置的属性有__________、__________、__________、__________和__________。

3．当关闭图层后，该图层上的实体________在屏幕上，不能编辑和________。

4．若用户要对图层进行重命名，除了可在"图层特性管理器"对话框中完成以外，还可以通过________命令来进行。

5．当绘制水平线或垂直线时，可以按下________键或单击状态栏上的“正交”按钮打开正交模式。

二、选择题

1．十字光标锁定到的不可见的栅格，叫做(　　)。

A. 捕捉　B. 栅格　C. 正交　D. 光标锁定

2．为了全局地修改虚线的短划线尺寸，应该调整(　　)。

A. 直线比例　B. LTSCALE 变量　C. 缩放　D. 图层缩放比例

3．下面是 AutoCAD 2006 的有效工具，除了(　　)。

A. 栅格　B. 捕捉　C. 正交　D. TSNAP　E. 对象捕捉

4．下述哪一项不能在“草图设置”对话框中修改？(　　)

A. 捕捉　B. 栅格　C. 正交　D. 界限　E. 上述全部

5．如果可见的栅格间距设置得太小，AutoCAD 2006 将提示(　　)。

A. 不接受命令　B. 产生“栅格太密无法显示”信息

C. 产生错误显示　D. 自动调整栅格尺寸使其显示出来

E. 无论如何均显示栅格

6．当单位设置为建筑单位时，能在分母中显示的最小数是(　　)。

A. 8　B. 16　C. 64　D. 128　E. 以上都不是

7．下述哪一个命令不是“图层特性管理器”对话框中的有效选项？(　　)

A. 关闭　B. 锁定　C. 开　D. 冻结　E. 颜色

8．用三点方式绘制圆之后，若要精确地在圆心处开始绘制直线，应使用 AutoCAD 2006 的什么工具？(　　)

A. 捕捉　B. 对象捕捉　C. 实体捕捉　D. 几何计算

9．对于 ZOOM 命令的“上一个”选项，有多少“上一个”缩放是有效的？(　　)

A. 4　B. 6　C. 8　D. 10

10．总之，重画图形比重生成图形快。(　　)

A. 对　B. 错

11．当图层打开和解冻时，(　　)。

A. 在显示器上，可看到该图层中的对象

B. 在显示器上，看不到该图层中的对象

C. 在图形重新生成时，将忽略该图层中的对象

D. 减少了图形重画的时间

E. 该图层对象不能被选取

12．图层上的对象不可以被编辑或删除，但在屏幕上还是可见的，而且可以被捕捉到，则该图层被(　　)。

A. 冻结　B. 锁定　C. 打开　D. 未设置　E. 固定

13．LAYER 命令用于(　　)。

A. 指定颜色　B. 指定线型　C. 列出前面创建的图层

D. 选择打开及关闭图层　E. 以上都是

14．哪一个“对象捕捉”选项用于选择直线、圆弧或多段线的最近端点？(　　)

A. 端点　　B. 中点　　C. 圆心　　D. 插入点　　E. 垂足

15．哪一个“对象捕捉”选项用于选取直线上的精确的中点？(　　)

A. 端点　　B. 中点　　C. 圆心　　D. 插入点　　E. 垂足

16．哪一个“对象捕捉”选项用于选取块对象所处的位置？(　　)

A. 端点　　B. 中点　　C. 圆心　　D. 插入点　　E. 垂足

17．绘制直线时，哪个“对象捕捉”选项用于选取直线或多段线上的点，使两直线成90°夹角？(　　)

A. 端点　　B. 中点　　C. 圆心　　D. 插入点　　E. 垂足

18．哪个“对象捕捉”选项用于选取两条直线、圆弧或多段线彼此相交的位置？(　　)

A. 节点　　B. 象限点　　C. 切点　　D. 最近点　　E. 交点

19．哪个“对象捕捉”选项用于选择已创建的点的位置？(　　)

A. 节点　　B. 象限点　　C. 切点　　D. 最近点　　E. 交点

20．哪个“对象捕捉”选项用于选取一点，其距离圆心为0°、90°、180°、270°方向？(　　)

A. 节点　　B. 象限点　　C. 切点　　D. 最近点　　E. 交点

三、问答题

1．可以通过哪几种方式来设置图层的线型和线宽特性？如何加载所需的线型？

2．简述图层的打开/关闭、冻结/解冻、锁定/解锁状态的区别。

3．什么时候对象捕捉才会有效？对象捕捉模式包含哪两种？它们各有什么特点？

4．极轴追踪和对象捕捉追踪有什么区别？

第 4 章　平面图形的编辑

本章学习目标：

✧ 熟悉选择对象的方法。
✧ 掌握复制类命令的使用方法。
✧ 掌握改变位置类命令的使用方法。
✧ 掌握改变几何特性类命令的使用方法。

4.1 选 择 对 象

本节任务：

✧ 构造选择集、对象组。
✧ 快速选择。

使用 AutoCAD 绘图时，单纯地使用绘图命令或绘图工具只能创建一些基本的图形对象，而如果要绘制复杂的图形，就必须借助于图形编辑命令。在编辑图形对象时，首先要选择对象，然后再对其进行编辑加工。

所谓对象，是指用 AutoCAD 命令在屏幕上绘制的图形、输入的文字、标注的尺寸等。在选择对象时，为了醒目，被选中的对象用虚线显示。在 AutoCAD 中，选择对象的方法有很多，可以通过单击对象逐个拾取；可以利用矩形窗口或交叉窗口来选择；可以选择最近创建的对象、前面的选择集或图形中的所有对象；可以向选择集中添加对象或从中删除对象。

4.1.1 构造选择集

在 AutoCAD 中进行编辑修改操作，一般均需要先选择操作对象，然后进行实际的编辑修改操作。所选择的图元便构成了一个集合，称之为选择集。在构造选择集的过程中，被选中的物体将用虚线显示。

构造选择集的方法有很多，下面介绍常用的点选、窗选和交叉窗选的方法。

1. 点选

操作步骤如下：

(1) 单击任意一个修改命令。

(2) 命令行提示“选择对象：”，这时鼠标光标变成一个小方框(即拾取框)。

(3) 单击鼠标左键，选中要修改的对象。

(4) 选中后，线段变为虚线。

(5) 按回车键后即可修改对象。

提示：该方法每次只能选取一个对象，在选取大量对象时，比较麻烦。

2. 窗选

操作步骤如下：

(1) 单击鼠标，指定矩形选取窗口的起点角点。

(2) 从左向右拖动鼠标，指定矩形选取窗口的终点角点。

(3) 全部位于这个矩形窗口的对象会被选中，变成虚线。

如图 4-1 所示，窗选方式要先确定矩形的左上角或左下角点 A，然后向右拉出窗口，确定 B 点。所以该方法也叫做左框选法。

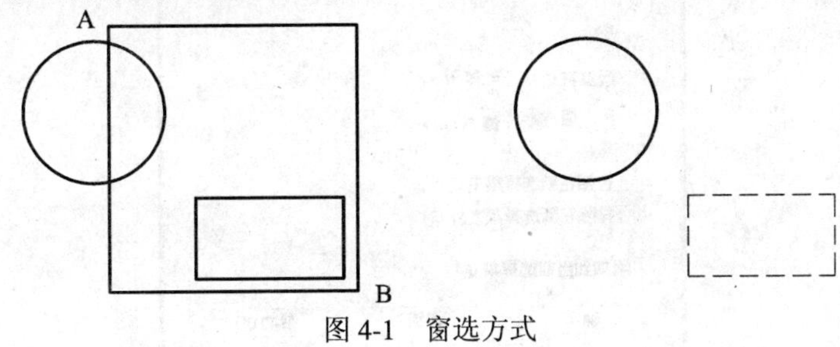

图 4-1　窗选方式

3. 交叉窗选

操作步骤如下：

(1) 单击鼠标，指定矩形选取窗口的起点角点。

(2) 从右向左拖动鼠标，指定矩形选取窗口的终点角点。

(3) 位于窗口之内的和与窗口边界相交的对象都会被选中，变成虚线，如图 4-2 所示。

提示：在定义交叉窗口时，会以虚线方式显示矩形，以区别于窗选方式。

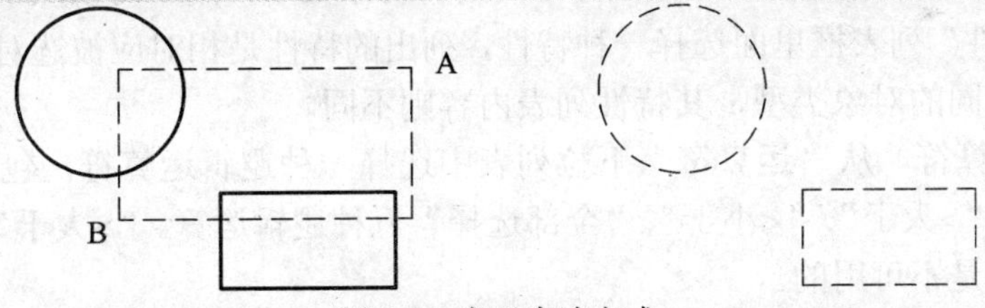

图 4-2　交叉窗选方式

提示：点选方式要将拾取框移到要选取的对象上单击，才会选中。而窗选和交叉窗选所用矩形窗口的第一个对角点则不能点在某个对象上，要选在空白处单击，命令行才会出现“指定对角点”的提示。

4.1.2　快速选择

在 AutoCAD 2006 中还提供了一种根据目标对象的类型和特性来快速选择对象的命令，可根据目标对象的类型和特性来建立过滤规则，满足过滤条件的对象会被自动选中。

【执行方式】

命令行：QSELECT。

菜单：“工具” → “快速选择”。

【功能及说明】

执行上述命令后打开“快速选择”对话框，如图 4-3 所示。

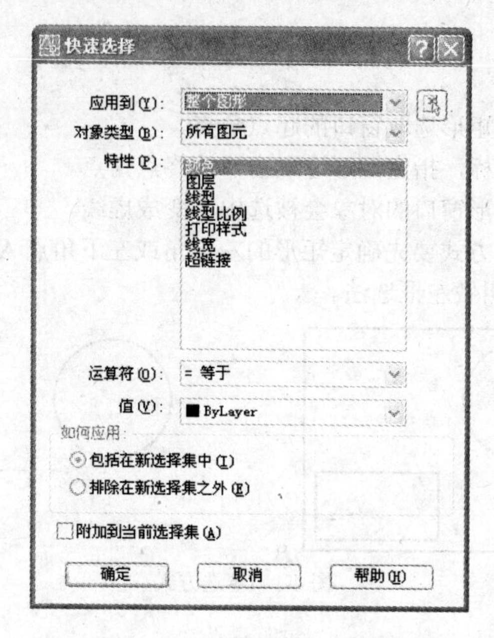

图 4-3 “快速选择”对话框

操作步骤如下：

(1) 在“应用到”下拉列表中选择范围。“整个图形”表示规则作用整个图形文件。也可单击右边的“选择对象”按钮选择一些对象作为应用范围。

(2) 在“对象类型”下拉列表框中选择一种类型。默认类型是“所有图元”，当没有选择对象时，类型下拉列表里包含所绘制图形中的所有对象类型，用户可以从中选择一种类型。

(3) 在“特性”列表框里面选择一种特性，列出的特性是相对应被选对象类型所拥有的特性。即选择不同的对象类型，其特性列表内容则不同。

(4) 选择运算符。从“运算符”下拉列表中选择一种逻辑运算符，包含有“=等于”、“< >不等于”、“>大于”、“<小于”、“全部选择”五种逻辑运算。“>大于”和“<小于”对于有些对象特性是不可用的。

(5) 在“值”对话框中选中或输入一个特性值。

(6) 在“如何应用”选项组中选择过滤规则的应用方式。“包括在新选择集中”是指创建的选择集中的对象应该完全符合所设置的过滤规则。“排除在新选择集之外”是指创建一新选择集包含那些不符合过滤规则的对象，即反规则使用。

(7) 设定“附加到当前选择集”方式。选中该复选框表示选中的对象添加到当前选择集中；否则，利用 QSELECT 创建新选择集替代当前的选择集。

(8) 单击“确定”按钮退出该对话框。

提示：只有在选择了“如何应用”选项组中的“包括在新选择集中”单选按钮，并且“附加到当前选择集”复选框未被选中时，“选择对象”按钮才可用。

☺ 任务：如图 4-4 所示图形，大圆由 ByBlock 构成，小圆由 ByLayer 构成，利用快速选择法选择大圆。

操作步骤如下：

(1) 单击“工具”→“快速选择”打开“快速选择”对话框。

(2) 在“应用到”下拉列表框中选择“整个图形”。

(3) 在“对象类型”下拉列表框中选择“圆”。

(4) 在“特性”列表框中选择“线型”。

(5) 在“运算符”下拉列表框中选择“= 等于”。

(6) 在“值”下拉列表框中选择“ByBlock”。

(7) 在“如何应用”选项组中选择“包括在新选择集中”，按设定条件创建新选择集；

(8) 单击“确定”按钮以选中对象。

选择结果如图 4-5 所示。

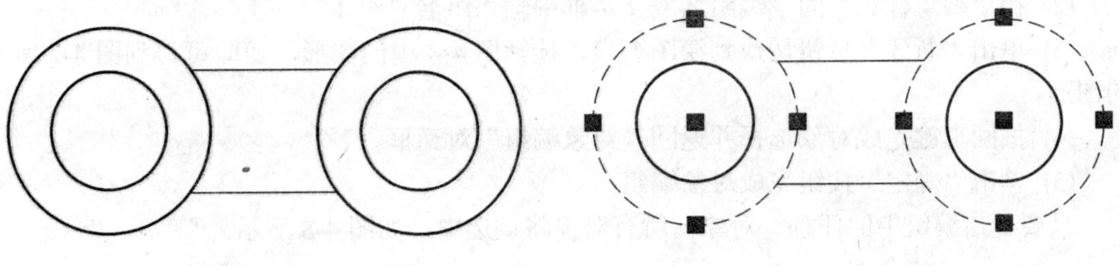

图 4-4　原图　　图 4-5　选择结果

4.1.3　构造对象编组

对象编组是已命名的对象选择集，一个对象可以是多个编组成员，并与图形一起保存。将图形对象进行编组以创建一种选择集，可以使编辑对象变得更为灵活。

【执行方式】

命令行：GROUP。

【功能及说明】

执行上述命令后打开“对象编组”对话框，如图 4-6 所示。

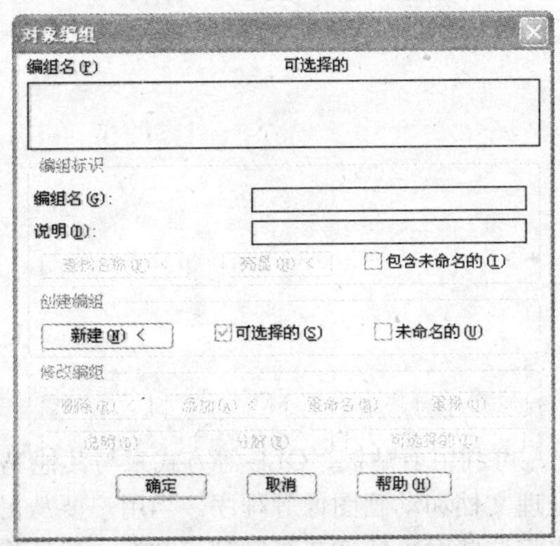

图 4-6　“对象编组”对话框

该对话框中各项说明如下：

• 编组名：显示当前图形中已有的对象编组名称。“可选择的”列表示对象编组是否可选。

• 编组标识：设置编组名称和说明等。

• 创建编组：创建一个有名字或者无名字的新编组。

• 修改编组：修改对象编组中单个成员或对象编组本身。只有在“编组名”下拉列表中选择了一个对象编组时，修改编组中的功能才能使用。

☺ 任务：如图 4-4 所示图形，将其创建为一个对象组。

操作步骤如下：

(1) 在“命令行：”中输入 GROUP 命令后按回车键，以打开“对象编组”对话框。

(2) 在“编组标识”的“编组名”文本框中输入组名“组 1”。

(3) 单击“新建”按钮切换到绘图窗口，选择图 4-4 中的图形，随即可得到图 4-7 所示的图形。

(4) 按回车键完成对象选择并返回“对象编组”对话框。

(5) 单击“确定”按钮完成对象编组。

只要单击编组中的任意一对象，所有对象将被选中，如图 4-8 所示。

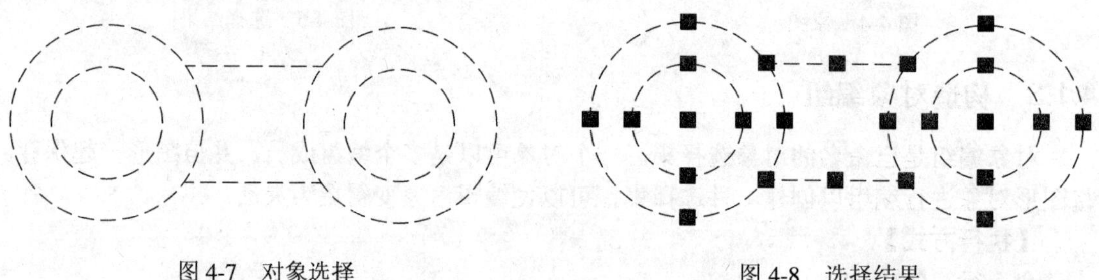

图 4-7 对象选择　　　　图 4-8 选择结果

4.2 复制类命令

本节任务：

✧ 运用剪贴板。
✧ 对象的复制。
✧ 对象的镜像。
✧ 对象的偏移。
✧ 阵列的创建。

4.2.1 剪贴板命令

在 AutoCAD 2006 中，可利用剪贴板、OLE 等方式来与其他 Windows 应用程序进行交互，如电子表格、文字处理文档和动画图像等程序。当用户要从另一个应用程序的图形文件中使用对象时，可以先将这些对象剪切或复制到剪贴板，然后将它们从剪贴板粘贴到其他的应用程序中。

1. 剪切命令

【执行方式】

命令行：CUTCLIP。

菜单："编辑"→"剪切"。

工具栏："标准"→"剪切"。

快捷键：Ctrl + X。

快捷菜单：结束任何活动命令，在绘图区域单击右键，选择"剪切"项。

【功能及说明】

该命令用于将对象复制到剪贴板并从图形中删除对象。

2. 复制命令

【执行方式】

命令行：COPYCLIP。

菜单："编辑"→"复制"。

工具栏："标准"→"复制"。

快捷键：Ctrl + C。

快捷菜单：结束任何活动命令，在绘图区域单击右键，选择"复制"项。

【功能及说明】

该命令用于将选定对象复制到剪贴板中。

3. 带基点复制命令

【执行方式】

命令行：COPYBASE。

菜单："编辑"→"带基点复制"。

快捷键：Ctrl + Shift + C。

快捷菜单：结束任何活动命令，在绘图区域单击右键，选择"带基点复制"项。

【功能及说明】

该命令用于将选定对象以指定的基点复制到剪贴板中。

调用该命令后，系统将提示用户指定基点、选择对象，并将选定的对象以指定的基点复制到剪贴板中。当 AutoCAD 将复制对象粘贴到同一图形或其他图形时，可利用该基点来定位。

4. 复制链接命令

【执行方式】

命令行：COPYLINK。

菜单："编辑"→"复制链接"。

【功能及说明】

该命令用于将当前视图复制到剪贴板中。剪贴板中的内容可作为 OLE 对象粘贴到文档中。

5. 复制历史记录命令

【执行方式】

命令行：COPYHIST。

快捷菜单：在文本窗口单击右键，选择“复制历史记录”项。

【功能及说明】

该命令用于将命令行历史记录文字复制到剪贴板中。

6. 粘贴命令

【执行方式】

命令行：PASTECLIP。

菜单：“编辑”→“粘贴”。

工具栏：“标准”→“粘贴”。

快捷菜单：结束任何活动命令，在绘图区域单击右键，选择“粘贴”项。

【功能及说明】

调用该命令后，系统将粘贴剪贴板中的对象、文字以及各类文件，包括图元文件、位图文件和多媒体文件等。

提示： 除 AutoCAD 对象之外的所有其他对象都将作为 OLE 对象插入，但 ASCII 文字将转为一个多行文字对象，AutoCAD 使用 MTEXT 的缺省设置在绘图区域的左上角插入该对象。如果剪贴板包含 OLE 文字对象，粘贴此文字对象时将显示“OLE 特性”对话框。

7. 选择性粘贴命令

【执行方式】

命令行：PASTESPEC。

菜单：“编辑”→“选择性粘贴”。

【功能及说明】

调用该命令后，系统将弹出“选择性粘贴”对话框，如图 4-9 所示，用户可在对话框中设置粘贴文件的文件格式和链接选项。

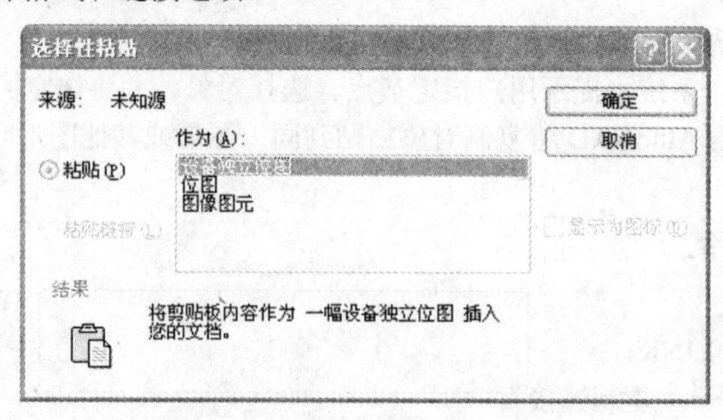

图 4-9 “选择性粘贴”对话框

该对话框中各项说明如下：

- 来源：显示源文件路径名和对象项目类型。
- 粘贴：将剪贴板中的内容粘贴到当前图形中。

- 粘贴链接：将剪贴板中的内容粘贴到当前图形中。如果源文件支持 OLE 链接，AutoCAD 将创建与源文件的链接。
- 作为：显示剪贴板中的内容的有效格式，用户可指定一种格式用于粘贴。
- 显示为图标：在 AutoCAD 图形中显示源文件图标，双击图标将显示链接或嵌入信息。

4.2.2　复制命令

复制图形是机械制图中使用频率很高的操作，也是提高绘图速度的方法之一。

【执行方式】

命令行：COPY。

菜单："修改"→"复制"。

工具栏："修改"→"复制"。

【功能及说明】

该命令用于将对象进行一次或多次复制，源对象仍保留，复制生成的每个对象都是独立的。

☺ 任务：使用复制命令将图 4-10(a)所示的图形绘制成图 4-10(b)所示的图形。

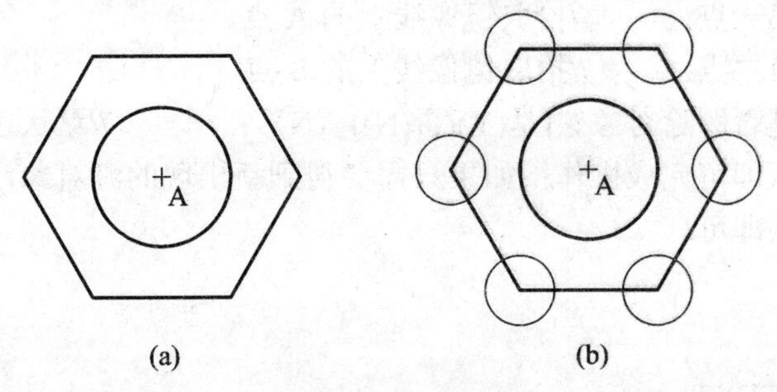

图 4-10　复制圆

操作步骤如下：

命令行：COPY ↵

选择对象：　　//选择图中的圆，然后按回车键。

指定基点或[位移(D)] <位移>：　　//指定位移第一点圆心 A。

指定位移第二点：　//依次指定六边形的六个顶点。

指定第二个点或[退出(E)/放弃(U)] <退出>：　↵　　//退出，完成复制。

4.2.3　镜像命令

机械制图中经常遇到对称图形，可以只画二分之一甚至四分之一的图形，再使用镜像复制得到整的全图形，达到事半功倍的目的。

1．图形镜像

【执行方式】

命令行：MIRROR。

菜单："修改"→"镜像"。

工具栏："修改"→"镜像"。

【功能及说明】

该命令可以对选择的对象作镜像处理，生成两个相对镜像线完全对称的对象，原始对象可以保留，也可以删除。

☺ 任务：使用镜像命令将图 4-11(a)所示的图形绘制成图 4-11(b)所示的图形。

操作步骤如下：

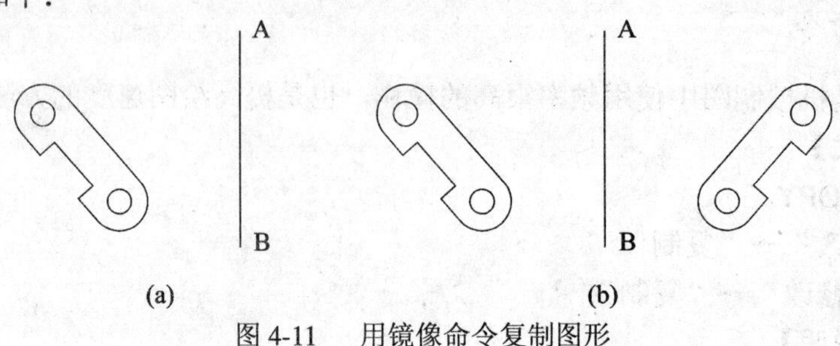

图 4-11　用镜像命令复制图形

(a) 镜像前的图形；(b) 镜像后的图形

命令行：MIRROR ↵

选择对象：　//选取某一个或几个对象后按回车键。

指定镜像线的第一点：　//拾取镜像线上的 A 点。

指定镜像线的第二点：　//拾取镜像线上的 B 点。

命令行提示：是否删除对象？[是(Y)/否(N)]〈N〉：↵　　//默认选项为“否(N)”，按回车键或者右键确认即可完成操作；如果只需要得到新出现的源对象，选择“是(Y)”后按回车键或者右键确认即可。

2．文字镜像

【执行方式】

命令行：MIRRTEXT。

【功能及说明】

使用系统变量来控制文字是否参与镜像，可以造成文字反向书写。

操作步骤如下：

命令行：MIRRTEXT ↵

命令行提示：输入 MIRRTEXT 的新值<0>:　　//如果将系统变量 MIRRTEXT 设置为“0”，则禁止文字相对于原对象镜像；如果将系统变量 MIRRTEXT 设置为“1”，则文字就会相对于原对象镜像。

系统变量 MIRRTEXT 取值为“1”和“0”时的区别如图 4-12 所示。

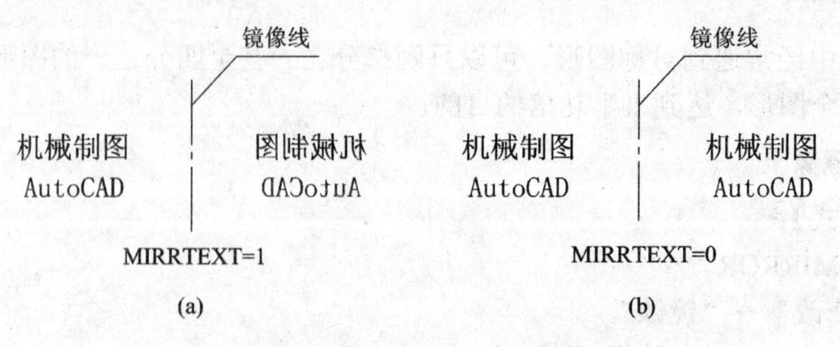

图 4-12　用系统变量 MIRRTEXT 来控制文字镜像

☺ 任务：使用镜像命令绘制图 4-13(c)所示的图形。

操作步骤如下：

绘制图 4-13(a)所示的图形。

命令行：MIRROR ↵

用窗口选择方式选取要创建镜像的对象，如图 4-13(b)所示。

指定镜像线的第一点：　　//拾取中心线上的 A 点。

指定镜像线的第二点：　　//拾取中心线上的 B 点。

是否删除对象？[是(Y)/否(N)]<N>：　↵

完成上述步骤，即可得到图 4-13(c)所示的图形。

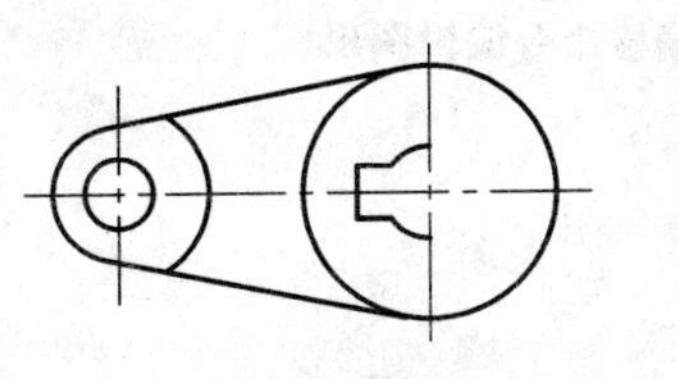

(a) 绘制图形

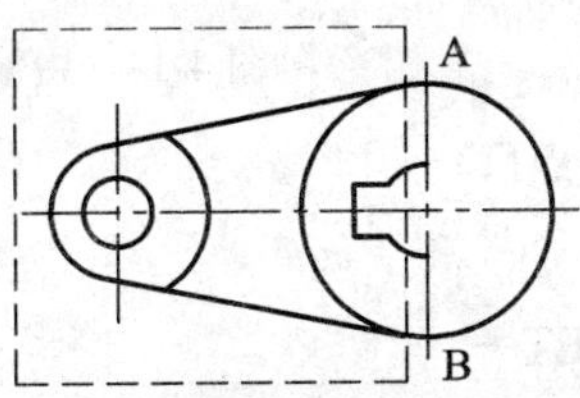

(b) 选取镜像对象

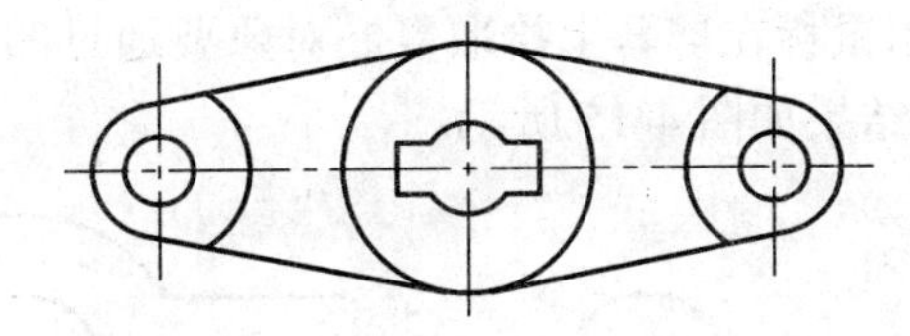

(c) 镜像后的图形

图 4-13　用镜像命令绘制图形

4.2.4　偏移命令

【执行方式】

命令行：OFFSET。

菜单："修改"→"偏移"。

工具栏："修改"→"偏移" 。

【功能及说明】

该命令可以对指定的直线、二维多段线、圆弧、圆和椭圆等对象作相似复制，即可复制生成平行直线和多段线以及同心的圆弧、圆和椭圆等。

1．指定偏移距离

操作步骤如下：

命令行：OFFSET ↵

指定偏移距离或[通过(T)/删除(E)/图层(L)] <通过>：　　//可用鼠标在屏幕上指定两点作为偏移距离或输入偏移距离值。

选择要偏移的对象，或[退出(E)/放弃(U)] <退出>：　　//选择要偏移的对象。

指定点以确定偏移所在侧： //在偏移所在侧单击鼠标，完成偏移。

最后直接按回车键或右键结束命令，偏移结果如图 4-14 所示。

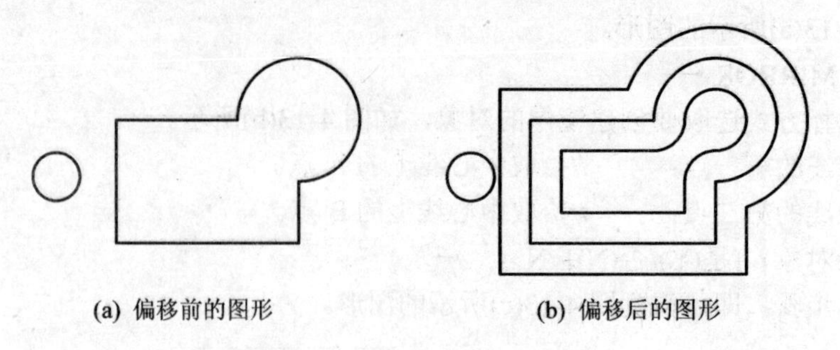

(a) 偏移前的图形　　(b) 偏移后的图形

图 4-14　用偏移命令编辑图形

2．偏移通过一点(T)

操作步骤如下：

命令行：OFFSET ↵

指定偏移距离或[通过(T)/删除(E)/图层(L)] <通过>： T ↵

选择要偏移的对象或<退出>： //选择要偏移的对象。

指定通过点： //用鼠标在屏幕上拾取复制对象要通过的点，完成偏移。

对象偏移通过该点的结果如图 4-15 所示。

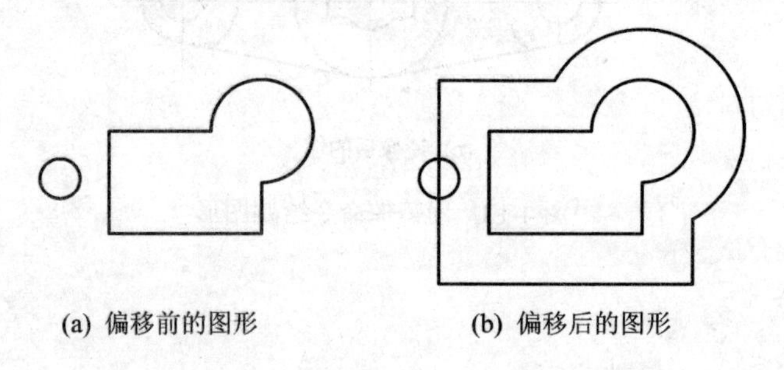

(a) 偏移前的图形　　(b) 偏移后的图形

图 4-15　用偏移命令编辑图形

4.2.5 阵列命令

阵列命令可按矩形或环形方式多重复制对象。

【执行方式】

命令行：ARRAY。

菜单："修改"→"阵列"。

工具栏："修改"→"阵列" 。

【功能及说明】

输入命令"ARRAY"后，AutoCAD 弹出的"阵列"对话框如图 4-16 所示。在该对话框中，可以完成"矩形阵列"和"环形阵列"的设置和操作。

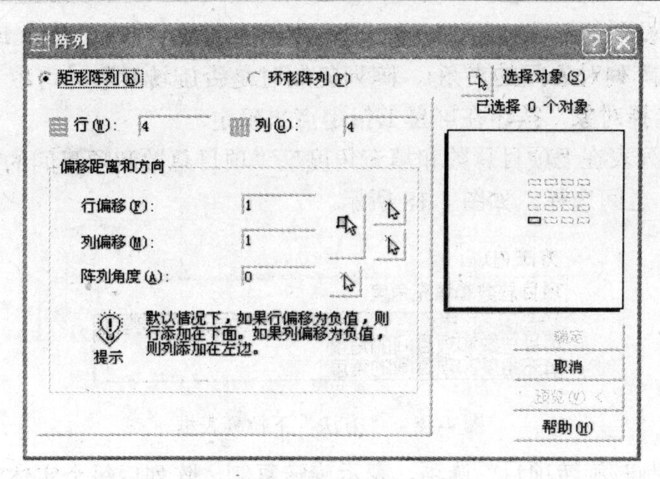

图 4-16　“阵列”对话框(矩形阵列)

1. 矩形阵列

操作步骤如下：

(1) 选择 矩形阵列(R)选项。

(2) 根据需要设置矩形阵列的行数、列数、行偏移(行间距)、列偏移(列间距)、阵列角度(矩形阵列整体与 X 轴正方向的夹角)。可以直接输入数值，还可以通过单击“选择对象”按钮在屏幕上指定点来确定。如果输入的行偏移和列偏移为负数，则表示偏移方向为所选对象的下方或左侧。

(3) 单击右上角的“选择对象”按钮，系统将返回屏幕绘图状态，提示选择要进行阵列的对象。

(4) 选择对象后，系统回到对话框状态，继续进行设置。

(5) 单击“确定”按钮的完成矩形阵列绘制。

2. 环形阵列

操作步骤如下：

(1) 选择 环形阵列(P)选项，如图 4-17 所示。

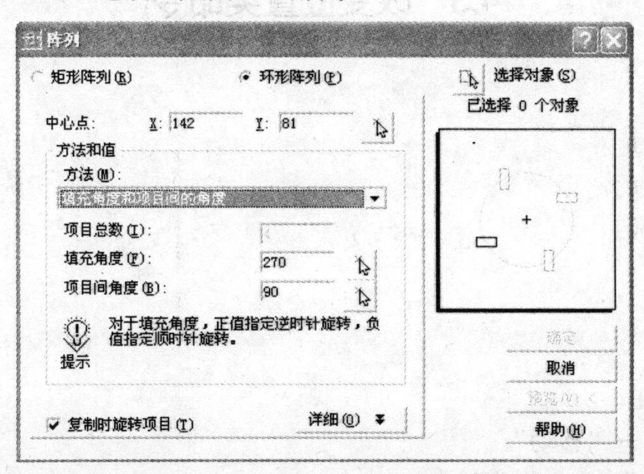

图 4-17　“阵列”对话框(环形阵列)

(2) 根据需要设置环形阵列的中心点、方法、项目总数(阵列个数)、填充角度(阵列总角度)、项目间角度(阵列对象间的夹角)、阵列复制时是否旋转对象。可以直接输入数值，还可以通过单击“选择对象”按钮在屏幕上指定点来确定。

(3) 通过下拉列表在“项目总数和填充角度”、“项目总数和项目间的角度”、“填充角度和项目间的角度”之间选择，如图 4-18 所示。

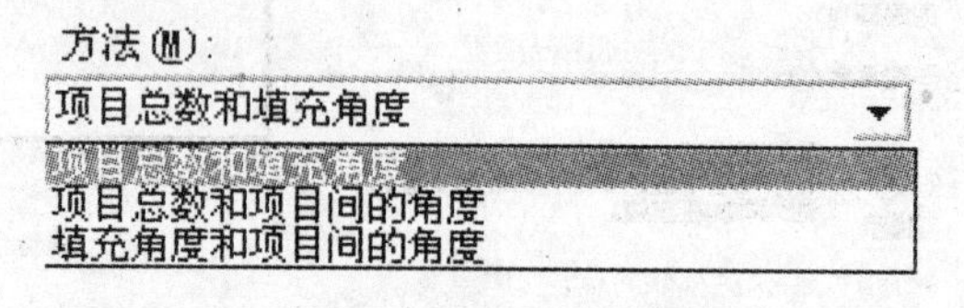

图 4-18 “方法”下拉列表框

(4) 勾选“复制时旋转项目”选项，表示旋转复制，阵列后每个实体对象的方向均朝向环形阵列的中心；如果不勾选此复选框，表示平移复制，阵列后每个实体对象均保持原实体对象的方向。

图 4-19(a)、(b)所示为“矩形阵列”和“环形阵列”实例结果图。在矩形阵列中，X 为列偏移，Y 为行偏移；在环形阵列中，C 为中心点。

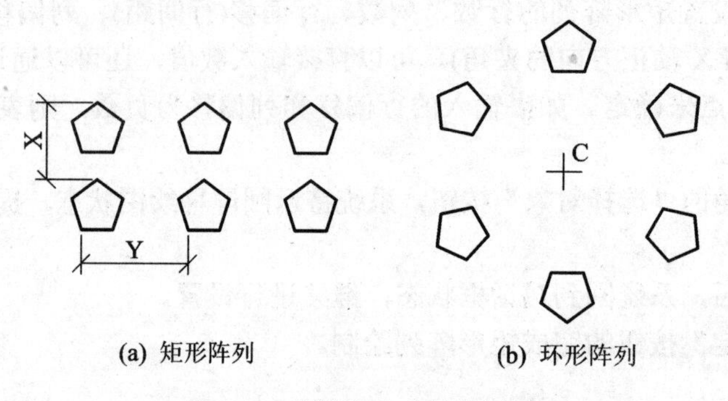

图 4-19 用阵列命令编辑图形

4.3 改变位置类命令

本节任务：

- ✧ 对象的移动。
- ✧ 对象的旋转。
- ✧ 对象的缩放。

4.3.1 移动命令

【执行方式】

命令行：MOVE。

菜单：“修改”→“移动”。

工具栏：“修改”→ “移动”✥。

【功能及说明】

该命令用于将一个或多个对象从当前位置按指定方向平移到一个新位置。

操作步骤如下：

命令行：MOVE ↵

选择对象：　　//选取要移动的对象。可持续选择需要旋转的对象，如不再选择，按回车键或右键确认即可。

指定基点或位移：　　//可以拾取移动的起始点。

指定位移的第二点或<用第一点作位移>：　　//此时若拾取移动的第二点，则系统将所选对象按第一点和第二点之间的距离和两点连线方向作为位移进行移动；如果直接按回车键，则系统会将第一点的各坐标分量作为位移来移动对象。

☺ 任务：使用移动命令将图4-20(a)所示的图形从当前坐标系(0，0)点移动到(−30，−22)点(见图4-20(b))。

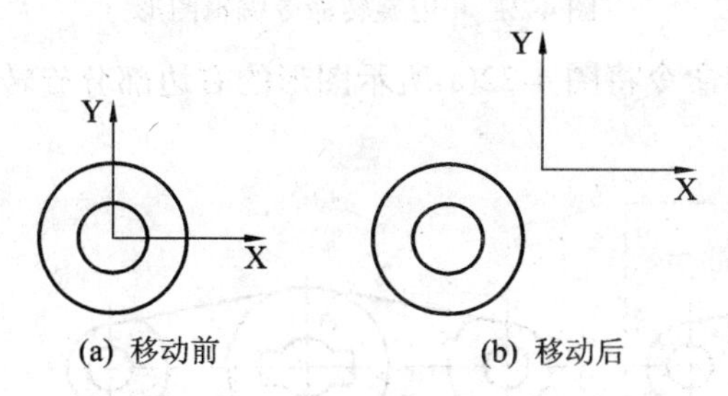

图4-20　用移动命令编辑图形

操作步骤如下：

命令行：MOVE ↵

选择对象：　　//在绘图窗口中选择整个图形，按回车键或右键确认。

指定基点或位移：0，0 ↵

指定位移的第二点或<用第一点作位移>：−30，−22 ↵

完成上述步骤，即可将图形移动到指定位置。

4.3.2　旋转命令

【执行方式】

命令行：ROTATE。

菜单："修改"→"旋转"。

工具栏："修改"→"旋转" 。

【功能及说明】

该命令用于将编辑对象绕指定的基点，按指定的角度及方向旋转。

操作步骤如下：

命令行：ROTATE ↵　　//系统提示 UCS 当前的正角方向：ANGDIR=逆时针，ANGBASE=0(当前的正角度方向为逆时针方向，零角度方向为X轴方向)

选择对象：　　//选取某一个对象，如在图4-21(a)中选择三角形和圆。可以持续选择需要旋转的对象，如果不再选择，则按回车键或右键确认即可。

指定基点： //拾取 A 点为旋转基点。

指定旋转角度或[复制(C)/参照(R)]： //指定旋转角度，如要求将圆和三角形绕 A 点逆时针旋转 45°，则输入“45”。

按回车键或右键确认,结束旋转操作，命令执行结果如图 4-21(b)所示。

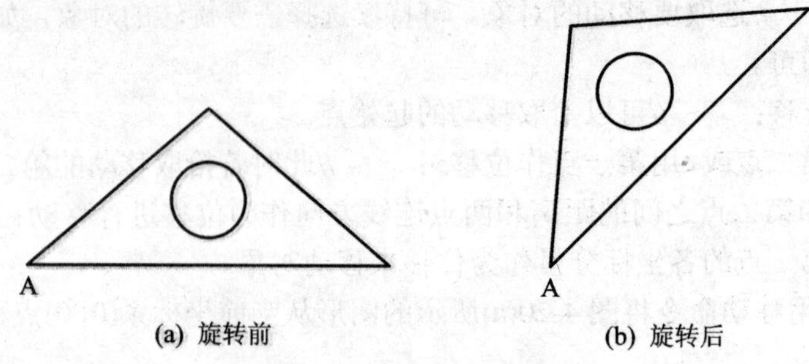

图 4-21 用旋转命令编辑图形

☺ 任务：使用旋转命令将图 4-22(a)所示图形的右边部分旋转 60°，如图 4-22(c)所示。

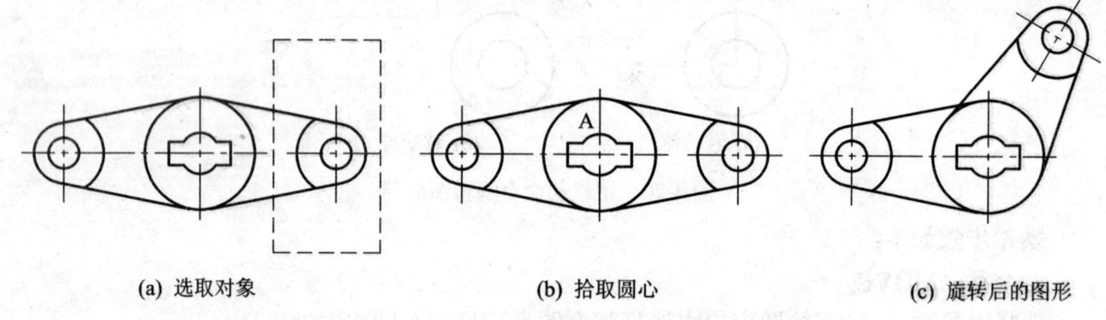

图 4-22 用旋转命令绘制图形

操作步骤如下：

命令行：ROTATE ↵

选择对象： //用窗口选择方式选取要旋转的对象，如图 4-22(a)所示。

指定基点： //拾取圆心 A 点为旋转基点，如图 4-22(b)所示。

指定旋转角度或[参照(R)]：60° ↵

完成上述步骤，即可得到如图 4-22(c)所示的图形。

4.3.3 缩放命令

【执行方式】

命令行：SCALE。

菜单：“修改”→“缩放”。

工具栏：“修改”→“缩放”。

【功能及说明】

该命令用于将所选对象按比例放大或缩小。

操作步骤如下：

命令行：SCALE ↵

选择对象：　//选择要缩放的图形对象。可持续选择需要缩放的图形对象，如果不再选择，按回车键或右键确认即可。

指定基点：　//拾取某一点为缩放基点。

指定比例因子或[复制(C)/参照(R)] <1.0000>：　//比例因子就是缩放的系数，比例因子大于 1 时将放大对象，比例因子大于 0 小于 1 时将缩小对象。指定参照长度就是可以输入一个参照长度值，或者用光标直接拾取两点。输入比例因子后按回车键或右键确认。

☺ 任务：使用旋转命令将图 4-23(a)所示的图形缩小为一半(见图 4-23(b))。

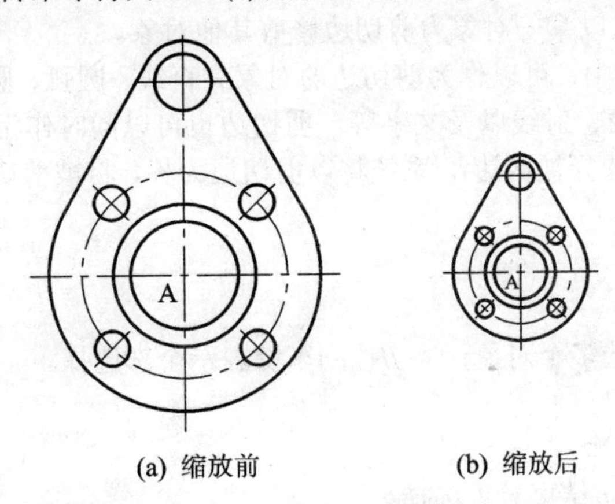

(a) 缩放前　(b) 缩放后

图 4-23　用缩放命令编辑图形

操作步骤如下：

命令行：SCALE ↵

选择对象：　//在绘图窗口中选择整个图形，按回车键或右键确认。

指定基点：　//拾取圆心 A 点为旋转基点。

指定比例因子或[参照(R)]：0.5 ↵

完成上述步骤，即可得到如图 4-23(b)所示的图形。

提示：在缩放对象时，如果其中含有尺寸标注，只要在选择对象时将尺寸标注一起选中，则在缩放操作完成之后能自动修正其尺寸数值。

4.4　改变几何特性类命令

在 AutoCAD 2006 中，可以使用“修剪”和“延伸”命令缩短或拉长对象，以与其他对象的边相接，也可以使用“缩放”、“拉伸”和“拉长”命令，在一个方向上调整对象的大小或按比例增大或缩小对象。

本节任务：

- ✧ 掌握修剪、延伸、圆角、倒角、拉伸、拉长、打断等修改图形命令。
- ✧ 掌握打断于点、分解、合并命令。
- ✧ 学会使用钳夹功能。

4.4.1 修剪命令

【执行方式】

命令行：TRIM。

菜单：“修改”→“修剪”。

工具栏：“修改”→“修剪”-/--。

【功能及说明】

“修剪”命令可以以某一对象为剪切边修剪其他对象。

在 AutoCAD 2006 中，可以作为剪切边的对象有直线、圆弧、圆、椭圆或椭圆弧、多段线、样条曲线、构造线、射线以及文字等。剪切边也可以同时作为被剪边。默认情况下，选择要修剪的对象(即选择被剪边)，系统将以剪切边为界，将被剪切对象上位于拾取点一侧的部分剪切掉。

操作步骤如下：

命令：_TRIM↵

选择剪切边...(可选多个对象)　　//按回车键表示全部选择。

选择对象：

选择对象：找到 1 个

选择对象：↵　　//结束对象选择。

选择要修剪的对象，按住【Shift】键选择要延伸的对象，或[投影(P)/边(E)/放弃(U)]：↵

其中各选项功能说明如下：

• 投影(P)：可以指定执行修剪的空间，修剪三维空间的两个对象时，可将对象投影到一个平面上执行修剪操作。

• 边(E)：若选择该项，则当延伸修剪边或剪切边与被修剪对象真正相交时，才能进行修剪。

• 放弃(U)：取消上一次的操作。

4.4.2 延伸命令

【执行方式】

命令行：EXTEND。

菜单：“修改”→“延伸”。

工具栏：“修改”→“延伸”--/。

【功能及说明】

“延伸”命令可以延长指定的对象与另一对象相交或外观相交。

延伸命令的使用方法与修剪命令的使用方法相似，区别是使用延伸命令时，如果按下【Shift】键的同时选择对象，则执行修剪命令；使用修剪命令时，如果按下【Shift】键的同时选择对象，则执行延伸命令。

操作步骤如下：

命令：_EXTEND↵

选择边界的边...

选择对象：　　//这里选择的是作为边界的对象。

找到一个

选择对象： //可以继续选择作为边界的对象，如果不再选择，则按回车键或右键确认即可。

选择要延伸的对象，按住【Shift】键选择要修改的对象，或[投影(P)/边(E)/放弃(U)]:

其中各选项功能如下：

(1) 投影(P)：用以确定延伸操作的空间。选择此项后，AutoCAD 将提示“输入投影选项[无(N)/UCS(U)/视图(V)]:”。

- 无(N)：按三维关系延伸，即只有在三维空间中实际相交的对象才能延伸。
- UCS(U)：在当前 UCS 的 XOY 平面上延伸，即按投影关系延伸在三维空间中并不相交的对象。
- 视图(V)：在当前视图平面上延伸。

AutoCAD 默认项为 UCS。这三个选项在平面图形的编辑操作中没有区别。

(2) 边(E)：用以确定延伸的模式。选择此项后，AutoCAD 提示“输入隐含边延伸模式[延伸(E)/不延伸(N)]:”。

- 延伸(E)：延伸与短的边界不能相交的对象至边界延长线。
- 不延伸(N)：按边界实际位置延伸，即不延伸与短的边界不能相交的对象。

在这两种模式下，延伸命令的执行结果如图 4-24 所示。

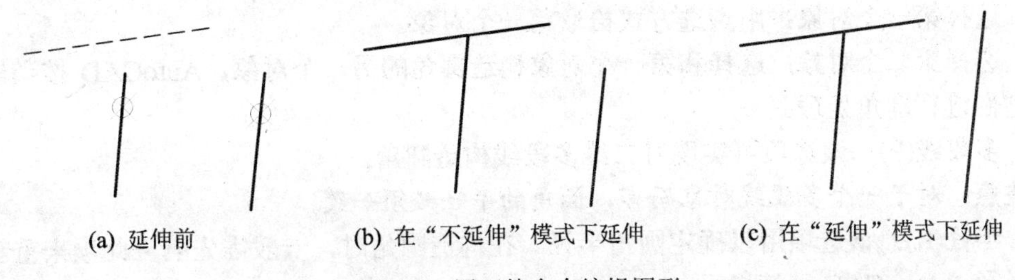

图 4-24 用延伸命令编辑图形

(3) 放弃(U)：在延伸对象过程中可以随时使用该选项取消上一次的操作。

注意：

(1) 选择要延伸的对象时，应将拾取框靠近延伸边界的那一端来选择实体目标。

(2) 延伸命令可以用于延伸尺寸标注，并且在操作完成后能自动修正其尺寸值，如图 4-25 所示。

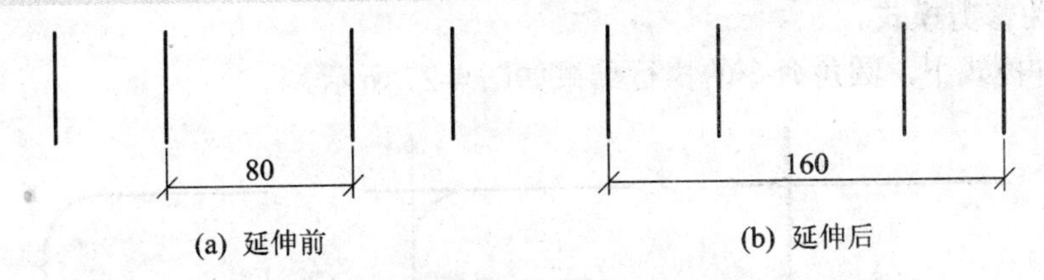

图 4-25 用延伸命令编辑尺寸标注

(3) 直线可以延伸到切点，如图 4-26 所示。

(4) 如果选择了多个边界，那么拾取要延伸的对象后，被延伸的对象首先延伸到离它最近的边界上，再次拾取，被延伸的对象继续延伸到离它次近的边界上，依次类推。

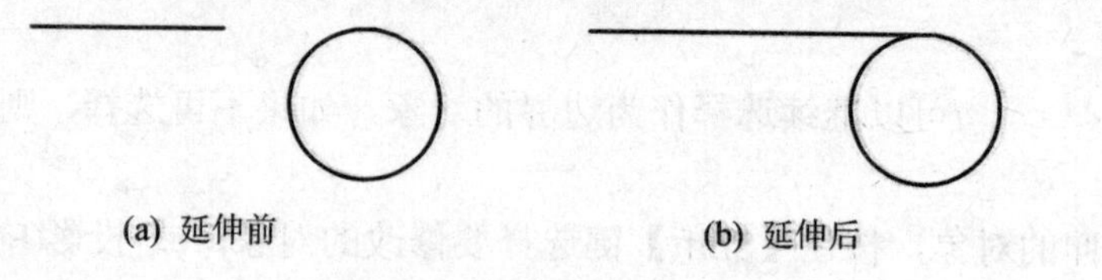

(a) 延伸前　　(b) 延伸后

图 4-26　直线延伸到切点

4.4.3　圆角命令

【执行方式】

命令行：FILLET。

菜单："修改"→"圆角"。

工具栏："修改"→"圆角"。

【功能及说明】

圆角命令可以对对象用一个指定半径的圆弧来修圆角。

操作步骤如下：

命令：_FILLET↵

当前设置：模式=修剪，半径=0.0000

选择第一个对象或[多段线(P)/半径(R)/修剪(T)/多个(U)]:

• 选择第一个对象：用点选方式拾取第一个对象。

• 选择第二个对象：选择和第一个对象构造圆角的另一个对象，AutoCAD 按当前设置值对它们进行圆角处理。

• 多段线(P)：该选项可实现对二维多段线构造圆角。

注意：对于一个多段线对象而言，圆角的半径必须一致。

• 半径(R)：该选项用以确定圆角半径。在构造圆角时，一般需先响应此项来重新指定圆角半径。AutoCAD 继续提示：

指定圆角半径<10.0000>：　　//输入圆角半径后，按回车键或右键确认。

选择第一个对象或[多段线(P)/半径(R)/修剪(T)]：　　//可以继续选择要构造圆角的对象。

• 修剪(T)：该选项用以改变构造圆角的设置模式。

输入修剪模式选项[修剪(T)/不修剪(N)]：　　//选择"不修剪(N)"为不修剪模式；选择"修剪(T)"为修剪模式。

在这两种模式下，圆角命令的执行结果如图 4-27 所示。

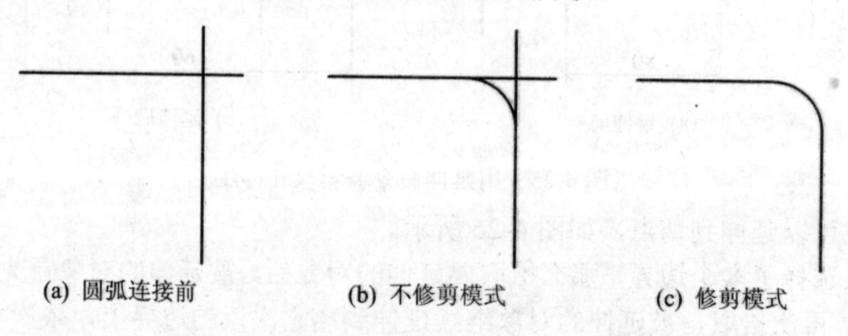

(a) 圆弧连接前　　(b) 不修剪模式　　(c) 修剪模式

图 4-27　圆角修剪模式和不修剪模式的比较

4.4.4　倒角命令

【执行方式】

命令行：CHAMFER。

菜单："修改"→"倒角"。

工具栏："修改"→"倒角"。

【功能及说明】

默认情况下，需要选择进行倒角的两条直线，但这两条直线必须相邻，然后按所选倒角的大小对这两条直线倒角。倒角时，倒角距离或倒角角度不能太大，否则无效；当两个倒角距离均为 0 时，倒角命令将延伸两条直线使其相交，不产生倒角；如果两条直线平行或发散，则不能修倒角。

操作步骤如下：

命令：_CHAMFER↵

当前倒角距离 1=2.0000，距离 2=2.0000

选择第一条直线或[多段线(P)/距离(D)/角度(A)/修剪(T)/方式(M)/多个(U)]:

• 选择第一条直线：用点选方式拾取第一条直线。

选择第二条直线：　　//选择和第一条直线构造圆角的另一条直线，AutoCAD 按当前设置值对它们进行倒角处理。

• 多段线(P)：该选项可实现对二维多段线构造倒角。

注意：对于一个多段线对象而言，倒角的大小必须一致。

• 距离(D)：该选项用以确定倒角距离。倒角距离指的是倒角的两个角点与两条直线的交点之间的距离，如图 4-28(a)所示。在构造倒角时，可以先响应此选项重新指定倒角距离。

指定第一个倒角距离<10.0000>：//输入第一个倒角距离。

选择第二个倒角距离<10.0000>：//输入第二个倒角距离。

选择第一条直线或[多段线(P)/距离(D)/角度(A)/修剪(T)/方法(M)]：//可以继续选择要构造倒角的对象。

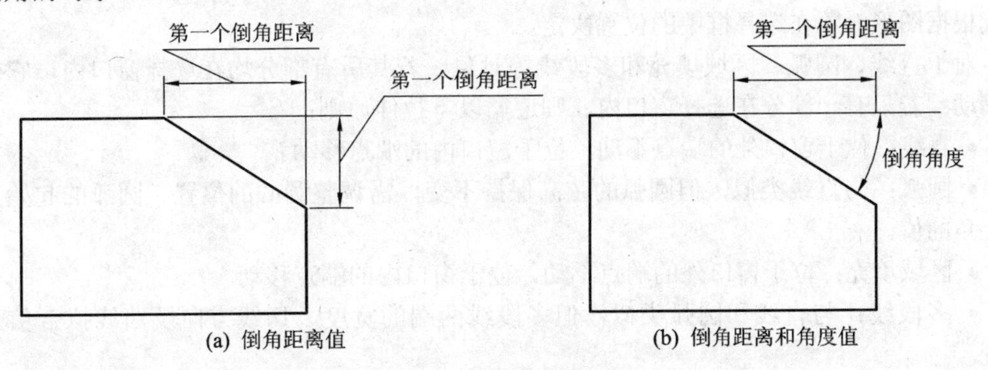

图 4-28　倒角距离和角度

• 角度(A)：该选项用以确定第一条直线的倒角距离和角度，如图 4-28(b)所示。在构造倒角时，也可以先响应此选项来重新指定倒角距离和角度。AutoCAD 继续提示：

指定第一条直线的倒角长度<10.0000>：//输入第一条直线的倒角长度。

指定第一条直线的倒角角度<45>：//输入第一条直线的倒角角度。

选择第一条直线或[多段线(P)/距离(D)/角度(A)/修剪(T)/方法(M)]：//可以继续选择要构造倒角的对象。

• 修剪(T)：该选项用以改变构造倒角的设置模式。AutoCAD 继续提示：

输入修剪模式选项[修剪(T)/不修剪(N)]： //选择“不修剪(N)”为不修剪模式；选择“修剪(T)”为修剪模式。

在这两种模式下，倒角命令的执行结果如图 4-29 所示。

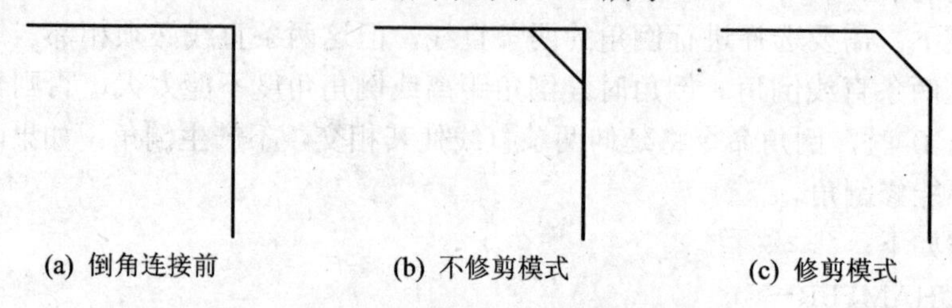

图 4-29 倒角修剪模式和不修剪模式的比较

• 方法(M)：该选项用以确定按“距离”方法或“角度”方法构造倒角。AutoCAD 继续提示：

输入修剪方法[距离(D)/角度(A)]：//选择“距离(D)”为用“距离”方法构造倒角，选择“角度(A)”为用“角度”方法构造倒角。

4.4.5 拉伸命令

【执行方式】

命令行：STRETCH。

菜单：“修改”→“拉伸”。

工具栏：“修改”→“拉伸” 。

【功能及说明】

拉伸命令可以移动或拉伸对象，使用交叉窗口方式或交叉多边形方式选择对象，操作方式根据图形对象在选择框中的位置决定。

对于直线、圆弧、区域填充和多段线等对象，若其所有部分均在选择窗口内，它们将被移动；若只有一部分在选择窗口内，则遵循以下拉伸原则：

• 直线：位于窗口外的端点不动，位于窗口内的端点移动。

• 圆弧：与直线类似，但圆弧的弦高保持不变，需调整圆心的位置、圆弧的起始角和终止角的值。

• 区域填充：位于窗口外的端点不动，位于窗口内的端点移动。

• 多段线：与直线和圆弧类似，但多段线两端的宽度、切线方向及曲线拟合信息均不变。

• 其他对象：如果其定义点位于选择窗口内，对象可移动，否则不动。

图 4-30 为利用“拉伸”命令对三角形进行拉伸的过程。

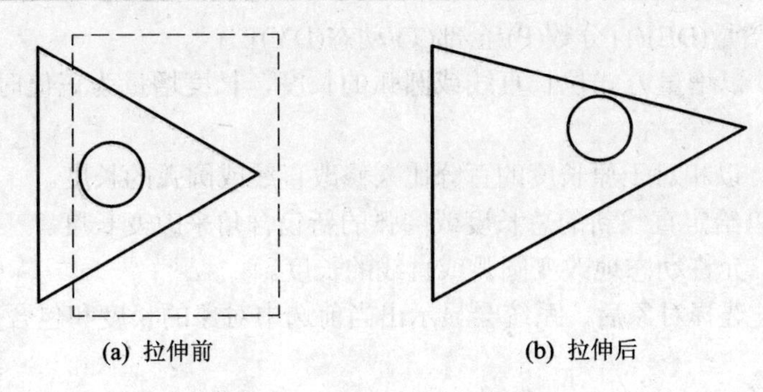

图 4-30　用拉伸命令编辑图形

【例 1】　使用拉伸命令拉伸图 4-31(a)所示的图形。

操作步骤如下：

(1) 单击修改工具栏上的“拉伸”命令按钮。

(2) 选择对象：　　//用交叉窗口选择要拉伸的图形部分，按回车键或右键确认，如图 4-31(b)所示。

(3) 指定基点或位移：　　//拾取圆心 A 点为拉伸基点。

(4) 指定位移的第二点或〈用第一点作位移〉：　　//拾取 B 点为位移点。

拉伸结果如图 4-31(c)所示。

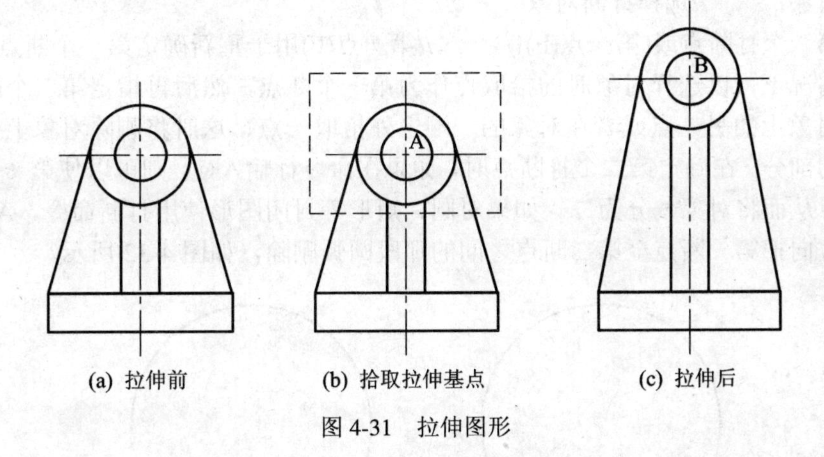

图 4-31　拉伸图形

4.4.6　拉长命令

【执行方式】

命令行：LENGTHEN。

菜单：“修改”→“拉长”。

工具栏：“修改”→“拉长”。

【功能及说明】

拉长命令可修改线段或圆弧的长度。

操作步骤如下：

命令：_LENGTHEN↵

选择对象或[增量(DE)/百分数(P)/全部(T)/动态(DY)]:

- 增量(DE)：以增量方式拉长直线或圆弧的长度，长度增量为正值时拉长，负值时为缩短。
- 百分数(P)：以相对于原长度的百分比来修改直线或圆弧的长度。
- 全部(T)：以给定直线新的总长度或圆弧的新包含角来改变长度。
- 动态(DY)：允许动态地改变圆弧或直线的长度。

默认情况下，选择对象后，系统会显示出当前选中对象的长度和包含角等信息。

4.4.7 打断命令

【执行方式】

命令行：BREAK。

菜单："修改" → "打断"。

工具栏："修改" → "打断" □。

【功能及说明】

打断命令可以部分删除对象或把对象分解成两部分。

操作步骤如下：

命令：_BREAK↵

选择对象：　　//选择打断对象。

指定第二个打断点或[第一点(F)]：　　//第一点(F)用于重新确定第一个断点。

默认情况下，以选择对象时的拾取点作为第一个断点，然后再指定第二个断点。如果直接选取对象上的另一点或者在对象的一端之外拾取一点，这时将删除对象上位于两个拾取点之间的部分。在确定第二个打断点时，如果在命令行输入@，则可以使第一个和第二个断点重合，从而将对象一分为二。如果对圆、矩形等封闭图形使用打断命令，AutoCAD 将沿逆时针方向把第一断点至第二断点之间的那段圆弧删除，如图 4-32 所示。

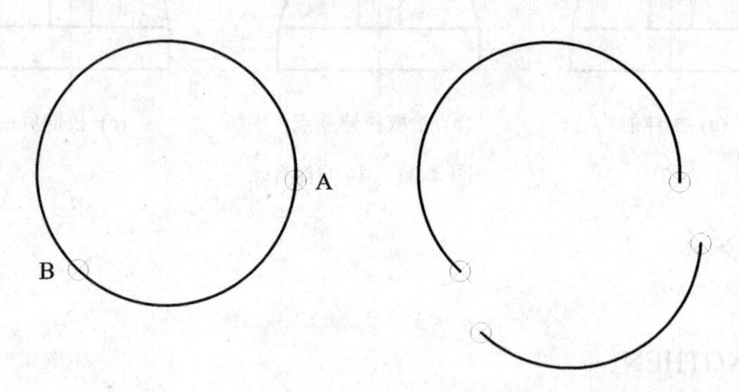

图 4-32　打断图形

4.4.8 打断于点命令

【执行方式】

工具栏："修改" → "打断于点" □。

【功能及说明】

打断于点命令可在同一点将对象分解为两部分或截断对象的某一部分。

操作步骤如下：

当用户在“选择对象：”提示下选择打断对象后，AutoCAD 在“指定第二个打断点或[第一点(F)]：”提示的状态下以 F 为默认选项而直接跳过，要求用户指定第一个断点。在指定了第一个断点后，AutoCAD 自动将第二个断点设为@，也就是两个断点在相同的坐标上，这样就完成了点的打断操作。

4.4.9　分解命令

【执行方式】

命令行：EXPLODE。

菜单：“修改”→“分解”。

工具栏：“修改”→“分解”。

【功能及说明】

对于由矩形、块等多个对象编组组成的组合对象，如果要对单个成员进行编辑，就需先将它分解，输入分解命令后，选择要分解的对象后按下【Enter】键，即可分解图形并结束该命令。

操作步骤如下：

命令：_EXPLODE↵

选择对象：　　//在该提示下选择要分解的对象后按下【Enter】键即可将对象分解。

可以继续选择要分解的对象，如果不再选择，则按回车键或右键确认，选中的对象即被分解。此时从对象的外形上看不出变化，如果拾取该对象，即可看出效果。

注意：一般情况下分解命令不可以逆转，所以分解命令只有在不得不使用的情况下才被执行。

4.4.10　合并命令

【执行方式】

命令行：JOIN。

菜单：“修改”→“合并”。

工具栏：“修改”→“合并”。

【功能及说明】

合并命令可以将某一连续图形上的两个部分连接起来，或者将某段圆弧闭合为整圆。

操作步骤如下：

命令：_JOIN↵

选择圆弧，以合并到源或进行[闭合(L)]：　　//选择需要合并的另一部分对象，按【Enter】键，即可将这些对象合并。图 4-33 所示即为对在同一个圆上的两段圆弧进行合并后的效果(注意方向)。如果选择“闭合(L)”选项，则表示可以将选择的任意一段圆弧闭合为一个整圆。选择图 4-33 中左边图形上的任一段圆弧，执行该命令后，即可得到一个完整的圆，效果如图 4-34 所示。

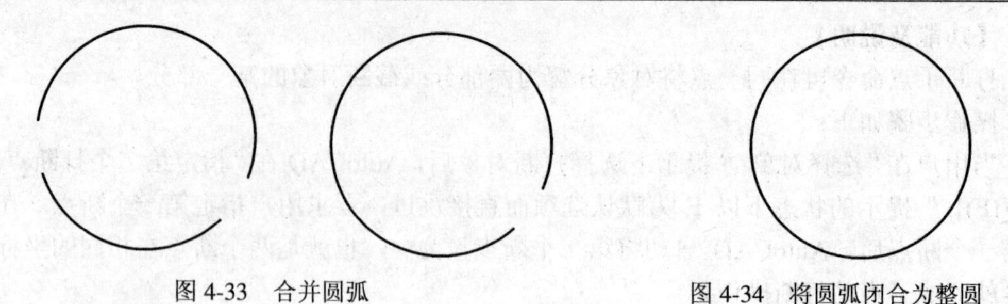

图 4-33 合并圆弧　　图 4-34 将圆弧闭合为整圆

4.4.11 钳夹功能

选用钳夹功能可以快速方便地编辑对象，AutoCAD 2006 在图形对象上定义了一些特殊点，称为特征点，也称夹点。夹点就是绘图对象上的控制点，当选中对象后，在对象上将显示出若干个小方块，这些小方块用来标记被选中对象的夹点。默认情况下，夹点始终是打开的，其显示的颜色和大小可以通过菜单栏中“工具”→“选项”对话框的“选择”选项卡来进行设置，如图 4-35 所示。对不同的对象，用来控制其特征的夹点的位置和数量是不相同的，如图 4-36 所示。

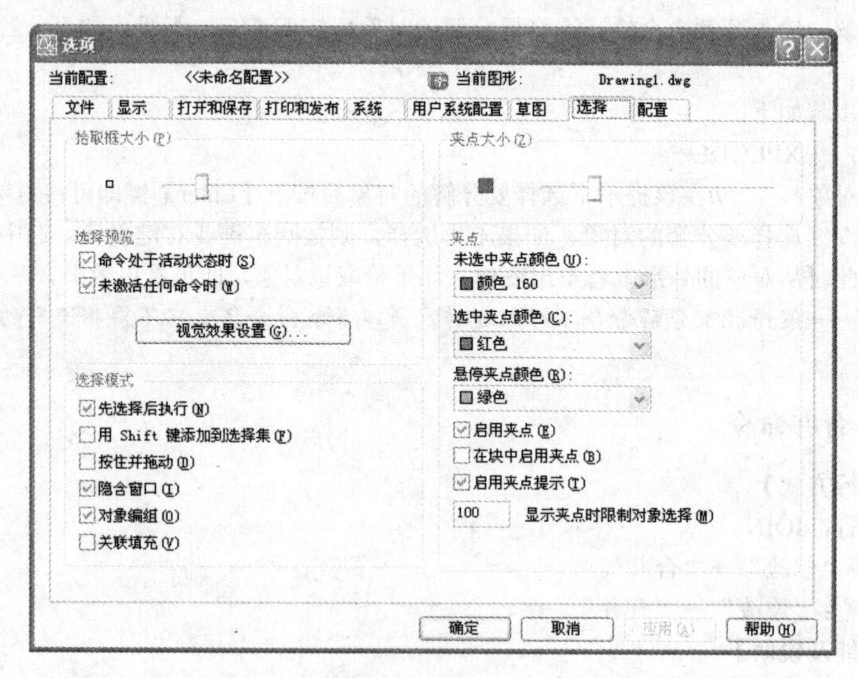

图 4-35 夹点设置

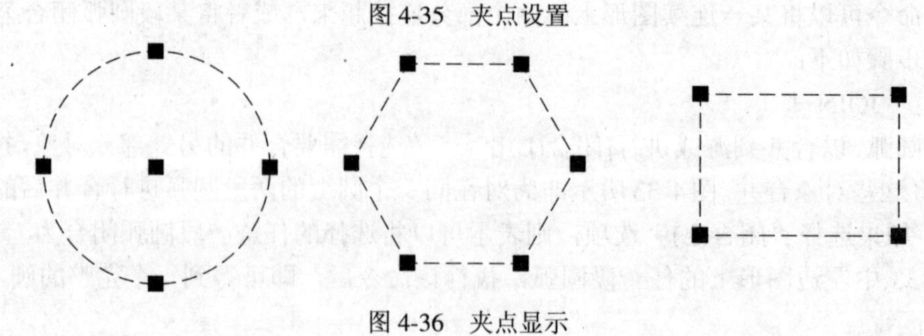

图 4-36 夹点显示

在 AutoCAD 2006 中，夹点是一种集成的编辑模式，有很强的实用性，可以对对象进行拉伸、移动、旋转、缩放及镜像等操作，为绘制图形提供了一种方便快捷的编辑操作途径。

1．拉伸对象

在不执行任何命令的情况下选择对象，显示其夹点，然后单击其中一个夹点，则该夹点就被当作拉伸的基点，进行相应操作(拖放)。

操作步骤如下：

指定拉伸点或[基点(B)/复制(C)/放弃(U)/退出(X)]:

- 默认情况下，指定拉伸点后将把对象拉伸或移动到新的位置。
- 基点(B)：重新指定拉伸基点。
- 复制(C)：允许指定一系列的拉伸点，以实现多次拉伸。
- 放弃(U)：取消上一次操作。
- 退出(X)：退出当前操作。

2．移动对象

移动对象仅是位置上的平移，对象的大小和方向不会被改变。要准确地移动对象，可使用捕捉模式、坐标、夹点和对象捕捉模式。利用夹点编辑模式确定基点后，在命令行提示下输入 MO 进入移动模式。

操作步骤如下：

命令：_MO↵

指定拉伸点或[基点(B)/复制(C)/放弃(U)/退出(X)]:　　//通过输入点的坐标或拾取点的方式指定平移对象的目的点后，即可以基点为平移起点，以目的点为终点将所选对象平移到新的位置。

3．旋转对象

在夹点编辑模式下，指定基点后，在命令行提示下输入 RO 进入旋转模式。

操作步骤如下：

命令：_RO↵

指定旋转角度或[基点(B)/复制(C)/放弃(U)/参照(R)/退出(X)]:　　//默认情况下，输入旋转的角度值或通过拖动方式指定了旋转角度后，即可将对象绕基点旋转指定的角度。

4．缩放对象

在夹点编辑模式下指定基点后，在命令行提示下输入 SC 进入缩放模式。

操作步骤如下：

命令：_SC↵

指定比例因子或[基点(B)/复制(C)/放弃(U)/参照(R)/退出(X)]:　　//默认情况下，指定了缩放的比例因子后，将相对于基点进行缩放对象的操作。当比例因子大于 1 时，放大对象；当比例因子介于 0～1 之间时，缩小对象。

5．镜像对象

与“镜像”命令的功能类似，镜像操作后将删除原对象。在夹点编辑模式下指定基点后，在命令行提示下输入 MI 进入镜像模式。

操作步骤如下：

命令：_MI↵

指定第二点或[基点(B)/复制(C)/放弃(U)/退出(X)]：　　//指定了镜像线上的第二个点后，将以基点作为镜像线上的第一个点，新指定的点为镜像线上的第二个点，将对象进行镜像操作并删除原对象。

4.5 删除及恢复类命令

本节任务：

- ✧ 掌握使用删除命令。
- ✧ 掌握使用恢复命令。
- ✧ 掌握使用清除命令。

1. 删除命令

【执行方式】

命令行：ERASE。

菜单："修改"→"删除"。

工具栏："修改"→"删除"。

【功能及说明】

删除命令用以删除图形中选中的对象。

操作步骤如下：

命令：_ERASE↵

选择对象：找到 1 个

选择对象：　//结束对象选择，同时删除已选对象。

2. 恢复命令

【执行方式】

命令行：UNDO。

菜单："编辑"→"放弃"。

工具栏："标准"→"放弃"。

【功能及说明】

恢复命令能恢复最近一次由 ERASE、BLOCK、WBLOCK 命令从图形中删除的对象。

3. 清除命令

【执行方式】

命令行：DEL。

菜单："编辑"→"清除"。

【功能及说明】

清除命令能删除指定的文件。

操作步骤如下：

命令：_DEL↵
要删除的文件：　　//选择需删除的文件后，即可执行命令。

4.6 实　训

实训 1　使用复制类命令绘制图形

1. 目的要求

使用复制类命令对图 4-37 所示的法兰盘进行环形阵列绘制。

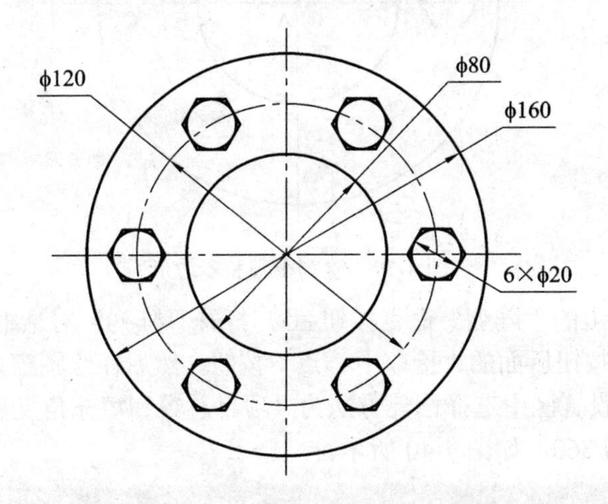

图 4-37　用环形阵列命令绘制图形

2. 操作步骤

单击绘图工具栏上的 “构造线”命令按钮，在绘图窗口中分别绘制一条水平构造线和一条垂直构造线。

单击绘图工具栏上的“圆”命令按钮，并以构造线的交点为圆心，绘制半径分别为 40、60、80 的同心圆 A、B、C，如图 4-38 所示。

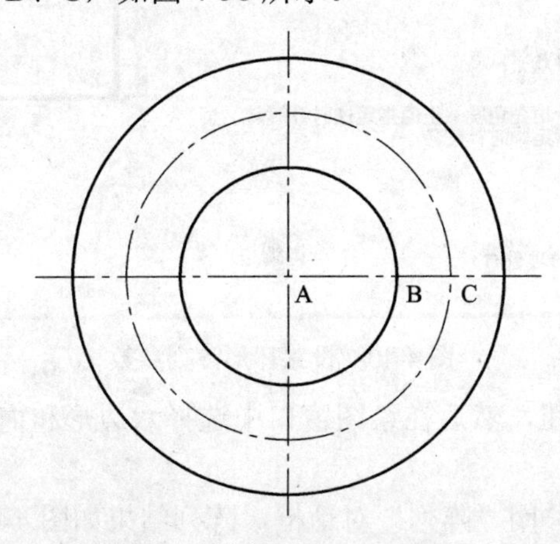

图 4-38　绘制同心圆 A、B、C

以圆 B 与水平构造线的交点为圆心，绘制一个半径为 10 的圆。单击绘图工具栏上的“多边形”命令按钮，在命令行中输入“6”(表示绘制六边形)，捕捉小圆的圆心为在中心点，然后输入“C”(表示外切于圆)，按回车键，输入“10”(表示内切圆的半径)，如图 4-39 所示。

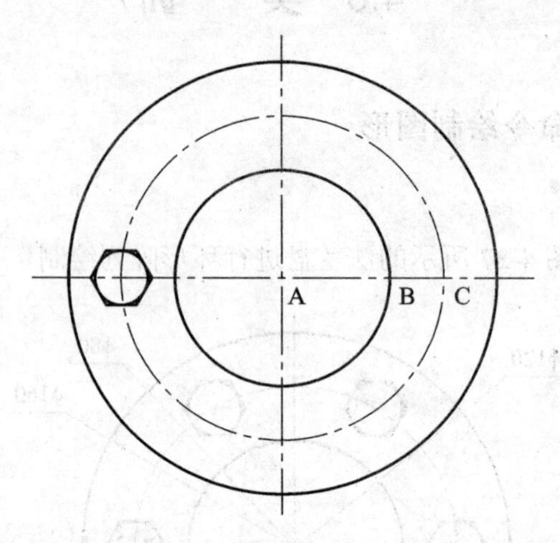

图 4-39 绘制小圆和多边形

单击修改工具栏上的“阵列”命令按钮，打开“阵列”对话框，选择“环形阵列”。

单击“中心点”按钮后面的“拾取中心点”按钮，然后在绘图窗口中选择圆 B 的圆心。

在“方法和值”设置区中选择创建方法为“项目总数和填充角度”，并设置“项目总数”为 6，“填充角度”为 360，如图 4-40 所示。

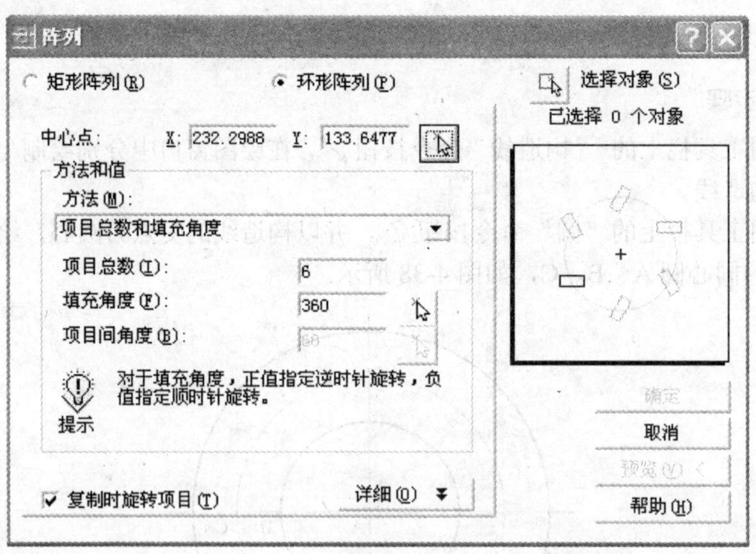

图 4-40 设置环形阵列参数

单击“选择对象”按钮，然后在绘图窗口中选择六边形和内切圆，按回车键或右键确认，返回“阵列”对话框。

单击“确定”按钮，关闭“阵列”对话框，阵列结果如图 4-41 所示。

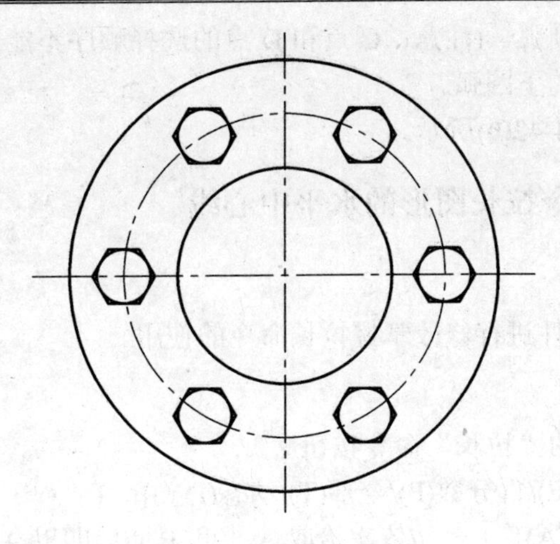

图 4-41　环形阵列结果

实训 2　用打断命令修改图

1．目的要求

通过对图 4-42 图示零件进行修改，掌握打断命令的使用。

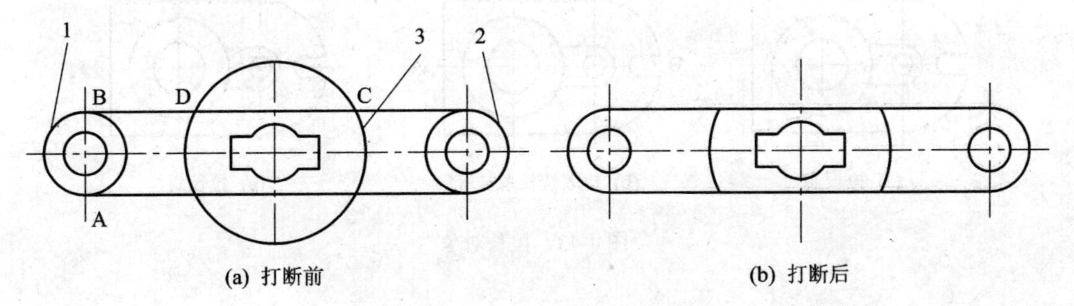

图 4-42　用打断命令编辑图形

2．操作步骤

单击修改工具栏上的“打断”命令按钮。

选择对象：　//点选拾取圆 1。

指定第二个打断点或[第一点(F)]：　F　↵

指定第一个打断点：　//捕捉点 A。

指定第二个打断点：　　//捕捉点 B。

此时删除圆 1 的右半边圆弧。(注意：A 点和 B 点的选择顺序不能弄错。)

同理，可删除圆 2 的左半边圆弧。

单击修改工具栏上的“打断”命令按钮。

选择对象：　　//点选拾取圆 3。

指定第二个打断点或[第一点(F)]：　F　↵

指定第一个打断点：　　//捕捉点 C。

指定第二个打断点：　　//捕捉点 D。

此时删除圆 3 的上圆弧。(注意：C 点和 D 点的选择顺序不能弄错。)

同理，可删除圆 2 的下圆弧。

命令执行结果如图 4-42(b)所示。

实训 3 使用拉长命令拉长图形的水平中心线

1. 目的要求

通过对 4-43 图示零件进行修改掌握拉长命令的使用。

2. 操作步骤

单击修改工具栏上的“拉长”命令按钮。

选择对象或[增量(DE)/百分数(P)/全部(T)/动态(DY)]：T ↵

指定总长度或[角度(A)]： //依次拾取 A 点和 B 点，即以 AB 线段的长度为总长，如图 4-43(b)所示。

选择要修改的对象或[放弃(U)]： //拾取水平中心线。

选择要修改的对象或[放弃(U)]： ↵

命令执行结果如图 4-43(c)所示。

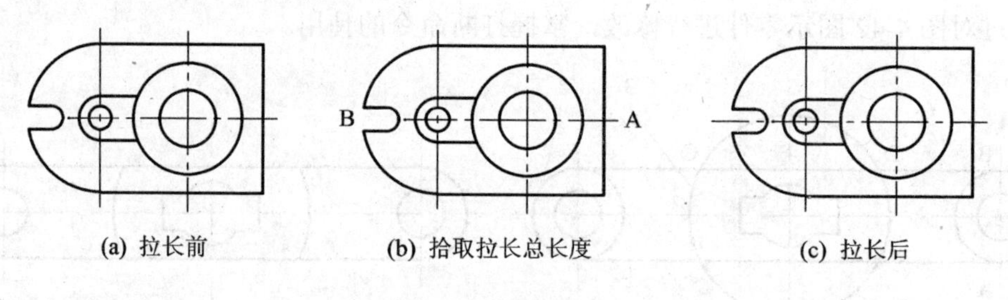

(a) 拉长前 (b) 拾取拉长总长度 (c) 拉长后

图 4-43 拉长对象

4.7 思考与练习

一、选择题

1. 使用“延伸”命令时按下( )键同时选择对象，则执行“修剪”命令。

A. Shift B. Ctrl C. Alt D. Esc

2. 对于同一平面上的两条不平行且无交点的线段，可以仅通过一个( )命令来延长原线段使两条线段相交于一点。

A. EXTEND B. FILLET C. STRETCH D. LENGTHEN

3. 一组同心圆可由一个已画好的圆用( )命令来实现。

A. STRETCH B. MOVE C. EXTEND D. OFFSET

二、填空题

1. 在“修改”工具栏中单击______按钮，可以将对象在一点处断开成两个对象，该命令是从“打断”命令派生出的。

2. 在缩放对象时，当比例因子大于0而小于1时_____对象，当比例因子大于1时____对象。

3. 在拉伸对象时，可以使用_____方式或_____方式选择对象，然后依次指定位移基点和位移矢量。

4. 在AutoCAD 2006中，允许对两条平行线倒圆角，此时圆角半径为两条平行线距离的_____。

三、简答题

1. 在AutoCAD 2006中，选择对象的方法有哪些？
2. 如何快速选择对象？
3. 常用的二维图形编辑命令有哪些？
4. 如何阵列复制图形对象？
5. 如何使用夹点编辑对象？
6. 通过夹点编辑对象有哪些操作？

第5章　显示控制

本章学习目标：

- ✧ 掌握图形的重画与重生成。
- ✧ 掌握图形显示的缩放。
- ✧ 掌握图形平移的方法。
- ✧ 学习使用鸟瞰视图工具。

5.1　重画与重生成

本节任务：

- ✧ 学习图形的重画。
- ✧ 学习图形的重生成。
- ✧ 学习图形的自动重新生成。
- ✧ 掌握清除屏幕的操作。

5.1.1　图形的重画

在图形编辑的过程中，删除一个图形对象时，其他与之相交或重合的图形对象从表面上看也会受到影响，留下对象的拾取标记，或者在绘图过程中可能会出现光标痕迹。用“重画”进行刷新可达到“图纸干净”的效果，清除这些临时标记，如图5-1所示。

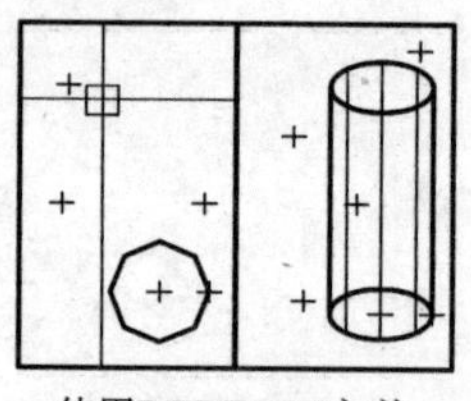
使用REDRAW之前

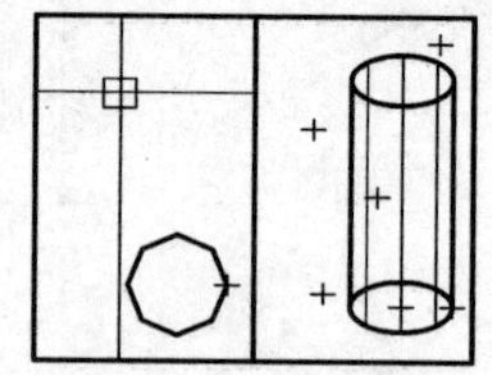
使用REDRAW之后

图5-1　图形的重画效果图

【执行方式】

命令行：REDRAW。

菜单：“视图”→“重画”。

【功能及说明】

执行该命令后，屏幕上或全部视口原有的图形消失，紧接着把该图形又重画一遍。如果原图中有残留的光标点，那么在重画后的图形中不再出现这些光标点。

5.1.2 图形的重生成

为了提高显示速度，图形系统采用虚拟屏幕技术，保存了当前最大显示窗口的矢量信息。由于曲线和圆在显示时分别是用折线和正多边形矢量代替的，相对于屏幕较小的圆与多边形，放大之后就显得很不光滑。重生成即按当前的显示窗口对图形进行裁剪、变换运算，并刷新缓冲器，因此不但“图纸干净”，而且曲线也比较光滑。

重生成与重画在本质上是不同的，利用“重生成”命令可以重新生成屏幕，此时系统从磁盘中调用当前图形的数据，比“重画”命令执行的速度慢，花费的时间较长。

【执行方式】

命令行：REGEN。

菜单：“视图”→“重生成”。

【功能及说明】

执行该命令后，重新生成全部图形并在屏幕上显示出来。

5.1.3 图形的自动重新生成

【执行方式】

命令行：REGENAUTO。

【功能及说明】

输入模式［开(ON)/关(OFF)］ <当前模式>:　//输入 ON 或 OFF，或按【Enter】键。

• REGENAUTO 图形的自动重新生成命令默认的“当前模式”为“ON”，即如果队列中存在被抑制的重新生成操作，则立即重新生成图形。无论何时执行需要重新生成的操作，图形都将自动重新生成。如果正在处理一个很大的图形，可能需要将 REGENAUTO 设置为“OFF”以节省时间。

• 如果将输入模式设为“OFF”，执行的操作需要重新生成且此操作不能被取消(如解冻图层)，则 AutoCAD 将在命令行显示“重生成被排入队列”。如果执行的操作需要重新生成且此操作可被取消，此时 AutoCAD 将显示信息“准备重生成，是否继续？”，如果选择“确定”，AutoCAD 将重新生成图形。如果选择“取消”，AutoCAD 将取消上一次执行的操作且不重新生成图形。注意：在使用 REGEN 或 REGENALL 命令或将 REGENAUTO 设为“ON”前抑制重新生成图形。

5.1.4 清除屏幕

利用清除屏幕功能，可以将图形环境中除了一些基本的命令或菜单外的其他配置都从屏幕上清除掉，只保留绘图区，这样更有利于突出图形本身。

【执行方式】

命令行：CLEANSCREENON。

菜单：“视图”→“清除屏幕”。

【功能及说明】

执行该命令后，系统清除屏幕或返回，如图 5-2 和图 5-3 所示。

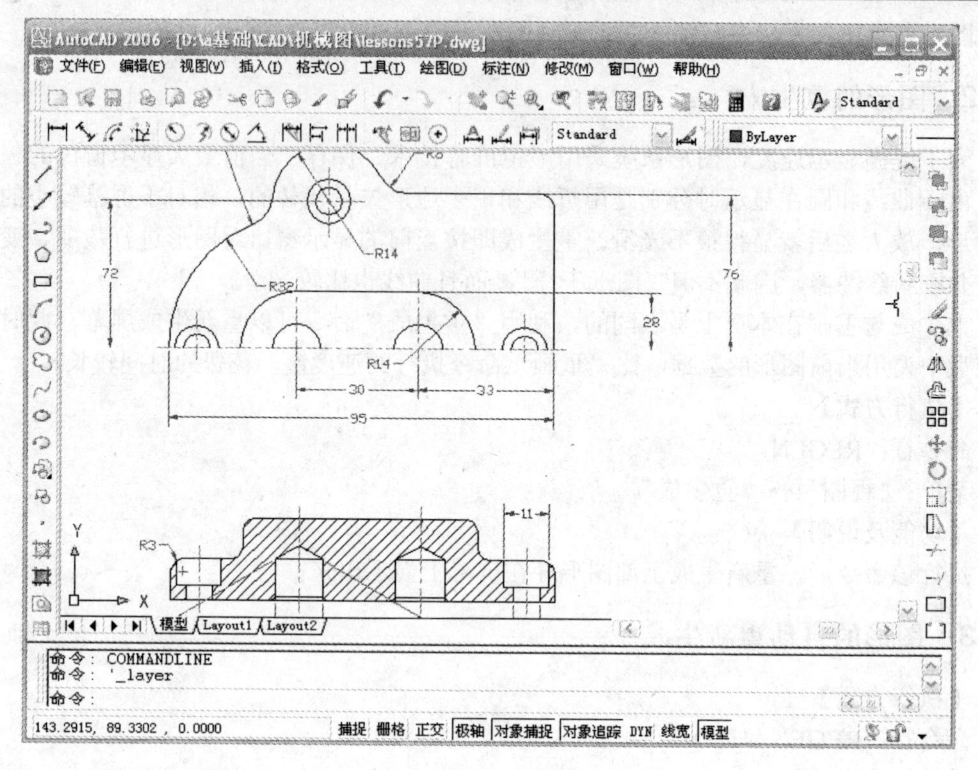

图 5-2　清除屏幕前

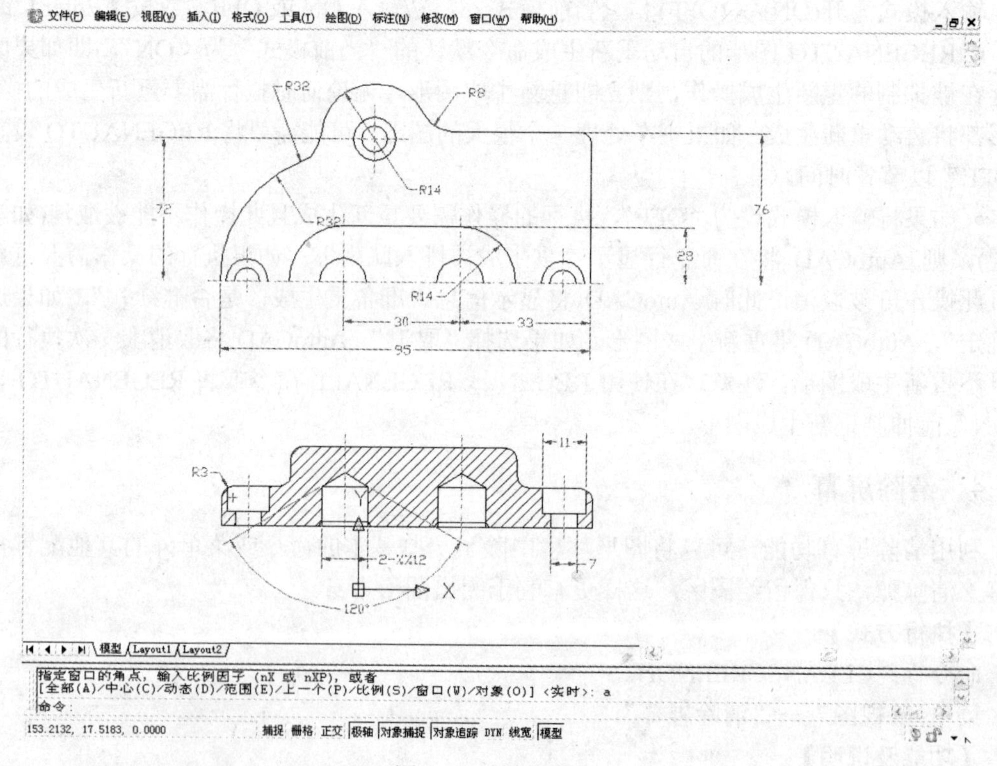

图 5-3　清除屏幕后

5.2 图形的缩放

在绘图过程中，往往需要将图形放大或缩小显示，图形的实际大小不变。缩放命令用来改变视图的显示比例，以便操作者在不同的比例下观察图形。

本节任务：

✧ 掌握实时缩放、动态缩放显示图形的方法。
✧ 掌握放大和缩小图形视图。
✧ 掌握使用缩放对象的方法缩放图形中的对象。
✧ 了解缩放上一个视图的命令。

5.2.1 实时缩放

在交互缩放当前图形窗口时，可使用实时缩放命令来完成。

【执行方式】

命令行：ZOOM。

菜单："视图"→"缩放"→"实时"。

工具栏："标准"→"实时缩放" 。

【功能及说明】

选择该项后，光标变为带有加号+和减号-的放大镜，按住光标向上移动将放大视图，按住光标向下移动将缩小视图，松开拾取键时缩放终止。可以在松开拾取键后将光标移动到图形的另一个位置，然后再按住拾取键便可从该位置继续缩放显示。当达到放大极限时光标的加号消失，这表示不能再放大；当达到缩小极限时光标的减号消失，这表示不能再缩小。要在新的位置上退出缩放，请按【Enter】键或【Esc】键。

5.2.2 放大和缩小

放大和缩小是两个基本缩放命令。放大图像能观察细节，称之为"放大"；缩小图像能看到大范围的图形，称之为"缩小"。

【执行方式】

菜单："视图"→"缩放"→"放大"或"缩小"。

【功能及说明】

选择 放大(I) 命令，则屏幕上的每个对象显示为原大小的2倍，选择 缩小(O) 命令，则屏幕上的每个对象显示为原大小的1/2。

☺ 任务：打开已有的CAD图形并使用放大或缩小的方式显示图形。

操作步骤如下：

(1) 单击"文件"菜单→"打开"，打开"选择文件"对话框。

(2) 在"选择文件"对话框中，设置"文件类型"为"图形(*.dwg)"，打开 "C:\Program Files\AutoCAD 2006\Sample\ Welding Fixture-1.dwg"文件，如图5-4所示。

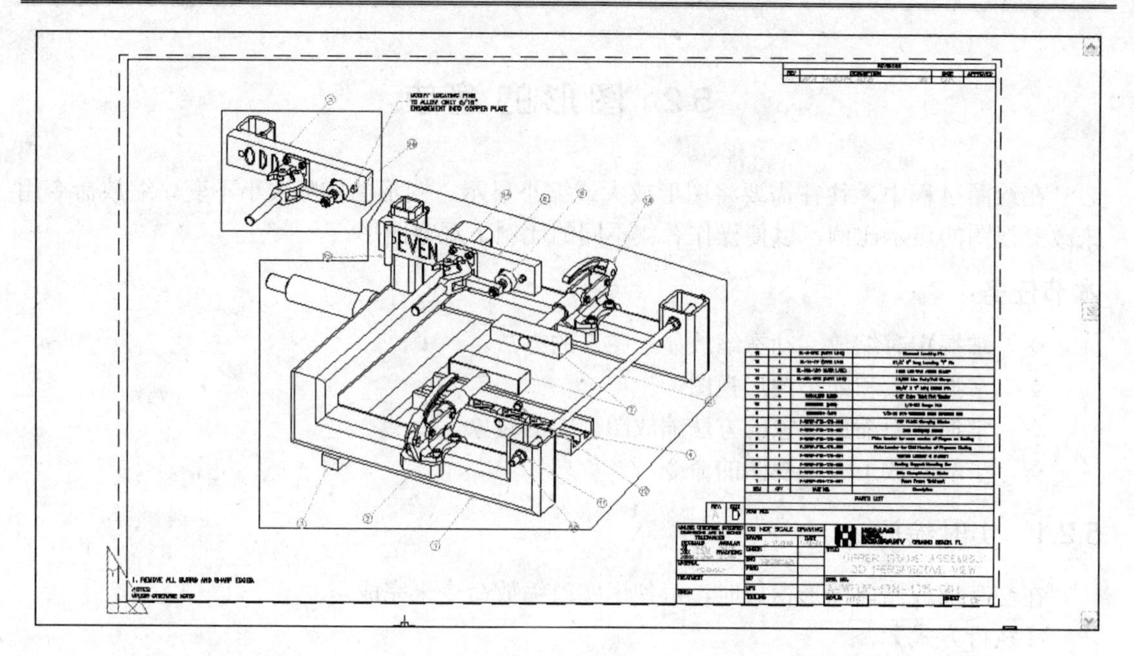

图 5-4 原图

(3) 单击“视图”→“缩放”→“放大”，当前图形相应地自动放大一倍，如图 5-5 所示。

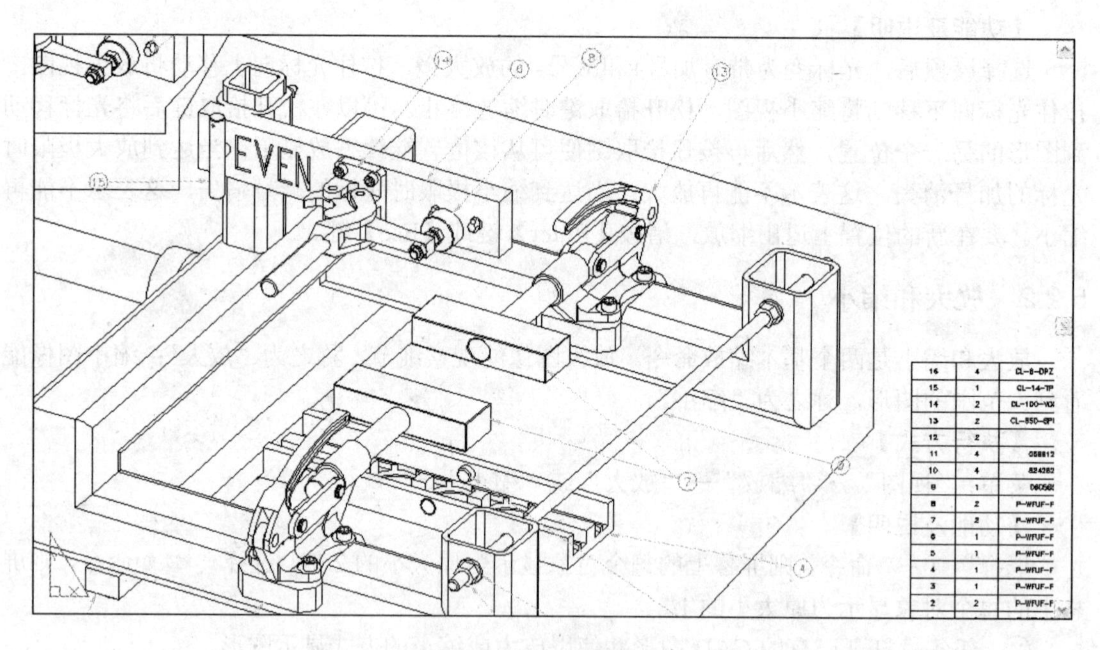

图 5-5 放大后的图形

(4) 单击“视图”→“缩放”→“缩小”，当前图形相应地自动缩小为原图的 1/2，如图 5-6 所示。

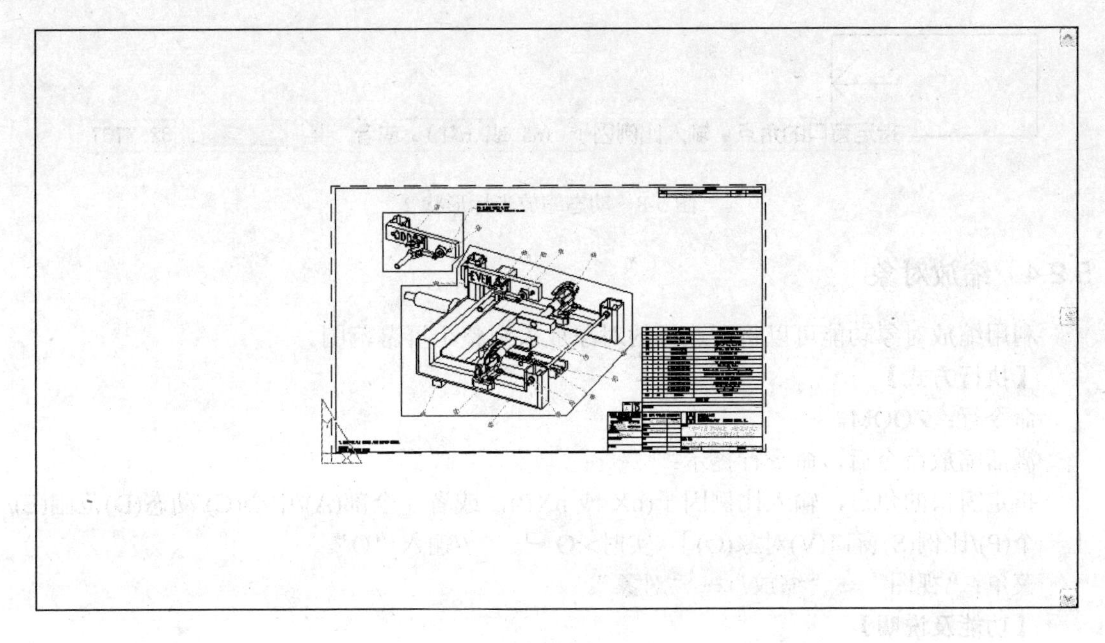

图 5-6　缩小后的图形

5.2.3　动态缩放

动态缩放用于局部图形的显示，更加灵活方便。

【执行方式】

命令行：ZOOM。

激活缩放命令，命令行提示：

指定窗口的角点，输入比例因子(nX 或 nXP)，或者［全部(A)/中心(C)/动态(D)范围(E)/上一个(P)/比例(S)窗口(V)对象(O)］<实时>:D ↵　　//输入“D”。

菜单：“视图” →“缩放”→“动态”。

【功能及说明】

动态缩放是通过定义一个视图框，缩放显示在视图框中的部分图形，用户可以移动视图框的位置和改变视图框的大小。进入动态缩放模式时，光标显示为图 5-7 所示的矩形框，该矩形表示新的窗口，移动鼠标可以改变矩形框的位置。单击鼠标左键，光标显示如图 5-8 所示，拖动鼠标可以改变选择窗口的大小，以确定选择区域的大小。此时单击鼠标左键可以在图 5-7 和图 5-8 所示的两种状态间改变来调整矩形框的位置和大小，最后按下【Enter】键或单击鼠标右键，在快捷菜单中选择“确认”即可缩放部分图形。

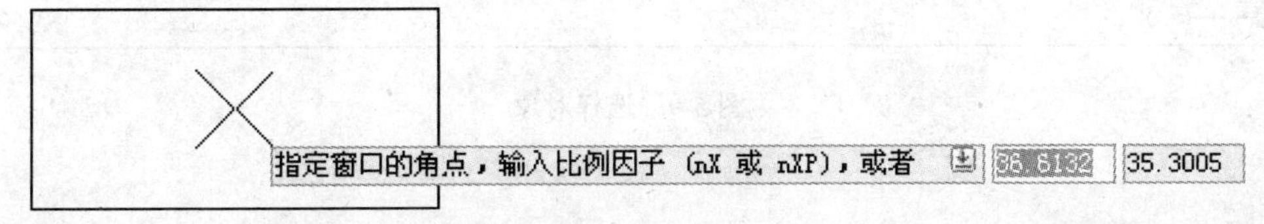

图 5-7　动态缩放光标形状 1

图 5-8 动态缩放光标形状 2

5.2.4 缩放对象

利用缩放对象功能可以将所选择的对象放大至整个屏幕范围。

【执行方式】

命令行：ZOOM。

激活缩放命令后，命令行提示：

指定窗口的角点，输入比例因子(nX 或 nXP)，或者［全部(A)/中心(C)/动态(D)范围(E)/上一个(P)/比例(S)窗口(V)对象(O)］〈实时>:O ↵　　//输入“O”。

菜单：“视图”→“缩放”→“对象”。

【功能及说明】

选择对象后，可将对象放大至整个屏幕范围大小。则如在图 5-9 中选择右图后，放大结果如图 5-10 所示。

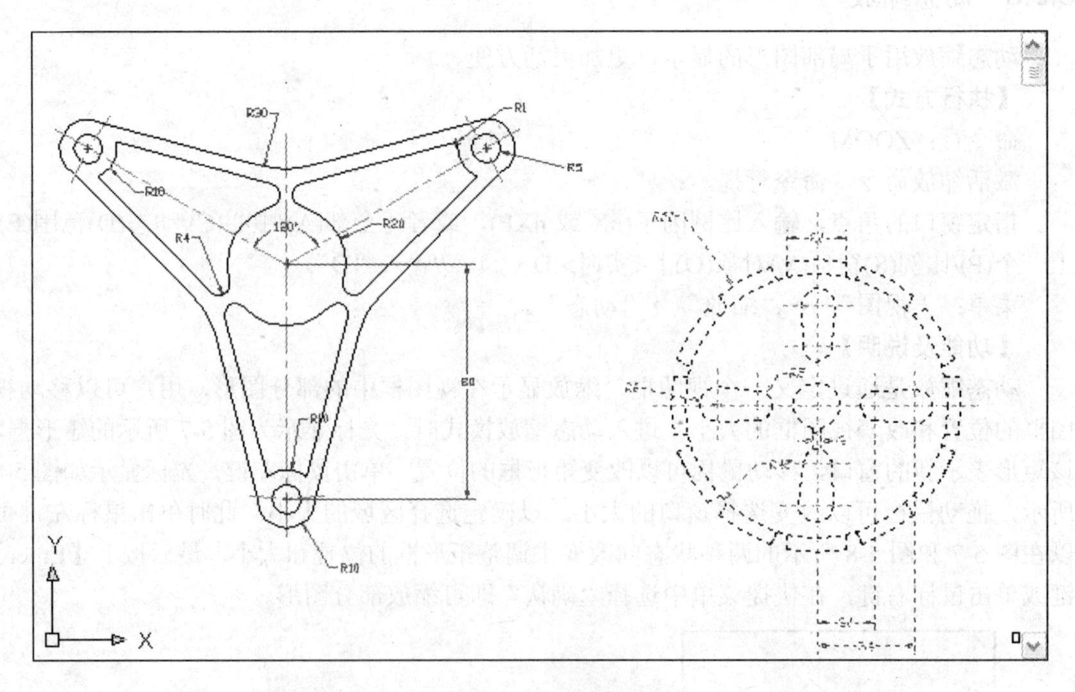

图 5-9 选择对象

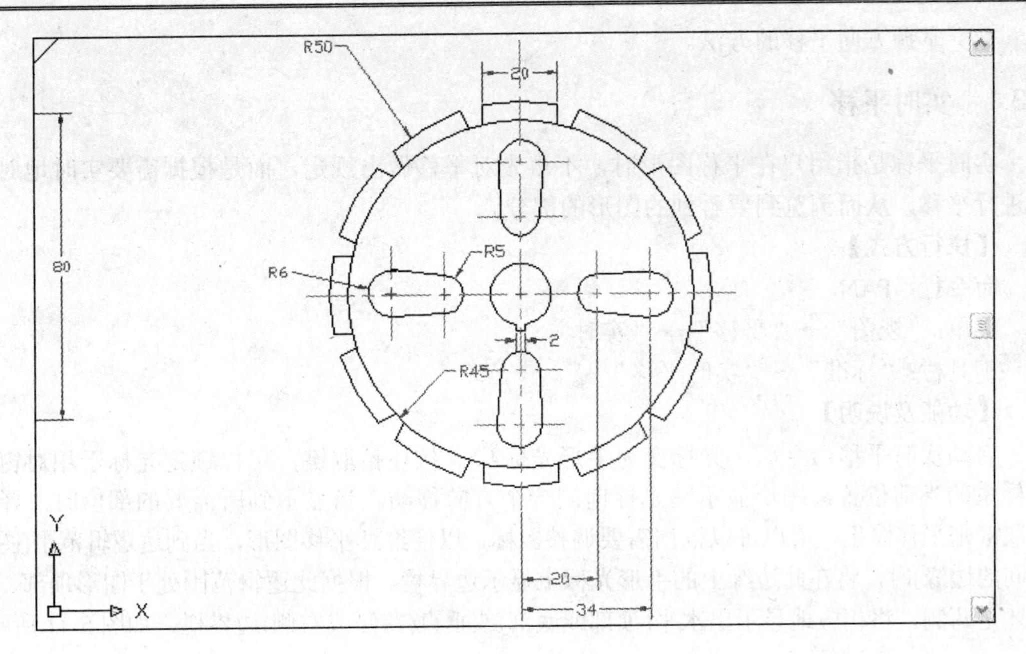

图 5-10 放大结果

5.2.5 缩放上一个视图

此命令即缩放显示上一个视图。

【执行方式】

命令行：ZOOM。

激活缩放命令后，命令行提示：

指定窗口的角点，输入比例因子(nX 或 nXP)，或者［全部(A)/中心(C)/动态(D)范围(E)/上一个(P)/比例(S)窗口(V)对象(O)］〈实时>:P ↵　　//输入“P”。

菜单：“视图”→“缩放”→“上一个”。

工具栏：“标准”→“缩放上一个”。

【功能及说明】

该功能最多可恢复此前的 10 个视图。

5.3 平　移

当图形太大而不能完全显示在屏幕上时，需要移动图形，使不能显示的部分图形显示出来，此时可以使用平移视图命令。此命令并不改变图形的大小和对象的相对位置。用户可以使用实时平移、定点平移和上、下、左、右方向三种模式平移视图。

本节任务：

- ✧ 掌握实时平移的方法。
- ✧ 掌握定点平移的方法。

✧ 掌握方向平移的方法。

5.3.1 实时平移

实时平称是指用户在平称图形时，不事先对平移做出规定，而是根据需要实时地对图形进行平移，从而浏览到要看到的图形的部分。

【执行方式】

命令行：PAN。

菜单："视图"→"平移"→"实时"。

工具栏："标准"→"实时平移"。

【功能及说明】

启动实时平移命令后，光标变为手形光标。按住拾取键，可以锁定光标于相对窗口坐标系的当前位置，图形显示随光标向同一个方向移动。当显示到所需要的部位时，释放拾取键则平移停止，用户可以根据需要调整鼠标，以便继续平移图形，当到达逻辑范围(图纸空间的边缘)时，将在此边缘上的手形光标上显示边界栏。根据此逻辑范围处于图形顶部、底部还是两侧，将相应地显示出水平(顶部或底部)或垂直(左侧或右侧)边界栏，如图 5-11 所示。

图 5-11 逻辑边界处的光标显示

任何时候要停止平移，按【Enter】键或【Esc】键。

5.3.2 定点平移和方向平移

除了当时平移的方法外，还可以使用定点平移和方向平移。

1. 定点平移

当用户对平移有精确定位要求时，需要使用定点平移，图形可根据指定的基点和位移值进行准确平移。

【执行方式】

菜单："视图" →"平移" →"定点"。

【功能及说明】

使用定点平移可以通过指定基点和位移值来移动视图。选择该命令后，光标的形状为十字，此时可以在屏幕上拾取第一个点和第二个点，AutoCAD 会自动计算出这两个点之间的距离和方向，相应地把图形移动到指定的位置。如果以回车键响应第二个点，则系统认为是相对于坐标原点的位移。

2. 方向平移

当用户需要将图形向某一个方向移动时，可以使用方向平移。

【执行方式】

菜单："视图"→"平移"→"上"、"下"、"左"、"右"。

【功能及说明】

当选择“上”、“下”、“左”、“右”菜单命令后，可以分别向各个方向移动视图，每次移动的位移相同。

5.4 鸟瞰视图

鸟瞰视图是一种视图定位工具，它提供了可视化平移和缩放视图的方法。在绘图时，如果鸟瞰视图保持打开状态，则可以直接进行缩放和平移，无须选择菜单选项或输入命令。这项功能可以让用户俯视全图，并且通过动态窗口可视地定位和缩放所需部分的图形。

本节任务：

- ✧ 掌握打开和关闭鸟瞰视图的方法。
- ✧ 掌握如何用鸟瞰视图缩放视图。
- ✧ 掌握在鸟瞰视图下如何实时平移和缩放视图。

5.4.1 打开或关闭鸟瞰视图

用户一旦打开了鸟瞰视图，就可以在工作时使其保持可视，也可以在不需要的时候关闭它。图5-12所示的鸟瞰视图窗口提供了实时缩放和平移的功能。

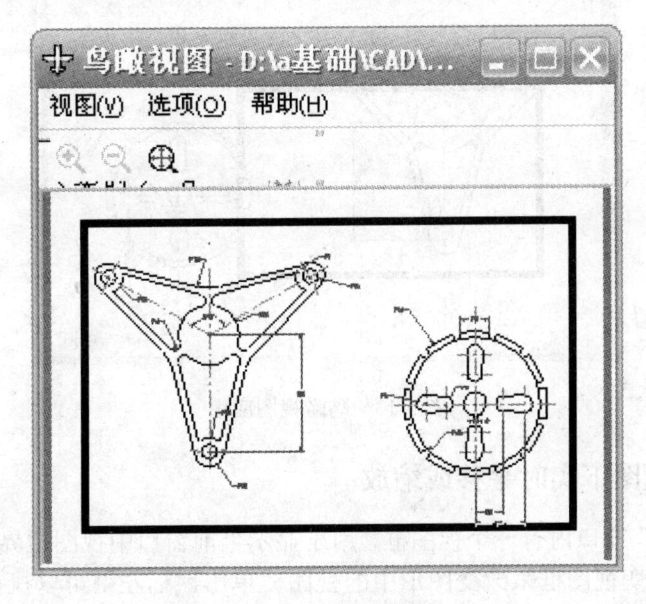

图5-12 “鸟瞰视图”窗口

【执行方式】

命令行：DSVIEWER。

菜单：“视图”→“鸟瞰视图”。

【功能及说明】

当使用菜单或命令行执行鸟瞰视图后，会打开一个能快速观察全图的“鸟瞰视图”窗口，它同其他任何窗口一样，包含若干菜单项、工具栏以及最大化、最小化按钮等。在其中可定位和缩放所需要的部分图形，便于快速地确定显示区域。若要关闭“鸟瞰视图”窗口，单击“鸟瞰视图”窗口的关闭按钮即可。

5.4.2 用鸟瞰视图缩放视图

在“鸟瞰视图”窗口中有一个“视图”菜单，“视图”菜单包括“放大”、“缩小”和“全局”选项，它们分别用于在“鸟瞰视图”窗口中放大、缩小和全局观察图形。当放大或缩小图形时，在绘图区将会显示一个实时的缩放视口，如图 5-13 所示，图中粗黑实线框便是选定的图形显示范围框。

- 放大：以当前视图框为中心，将“鸟瞰视图”窗口中的图形放大两倍显示比例。
- 缩小：以当前视图框为中心，将“鸟瞰视图”窗口中的图形缩小为原图的 1/2 显示比例。
- 全局：在“鸟瞰视图”窗口显示整个图形和当前视图。

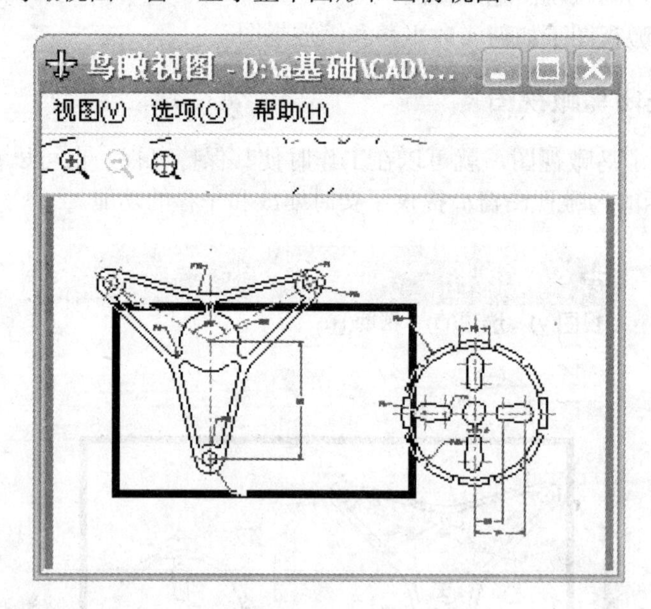

图 5-13　鸟瞰视图应用

5.4.3 在鸟瞰视图下实时平移或缩放

在“鸟瞰视图”窗口内有一个视图框，用于显示当前窗口中视图边界。可以通过在“鸟瞰视图”窗口中改变视图框来改变图形中的视图。单击鼠标左键可以执行所有平移和缩放操作，单击鼠标右键可以结束平移或缩放操作。若要改变视图框的大小，则单击鼠标左键，当矩形框中出现→时，移动鼠标即可改变矩形视图框的大小。若要放大图形，则将视图框缩小；若要缩小图形，则将视图框放大，如图 5-14 所示。单击鼠标左键，当矩形框中出现×时，移动鼠标即可改变矩形视图框的位置，如图 5-15 所示。

可以使用“鸟瞰视图”工具栏按钮改变“鸟瞰视图”窗口中图像的放大比例，或以增量方式重新调整图像的大小。这些改变不会影响到绘图自身的视图。

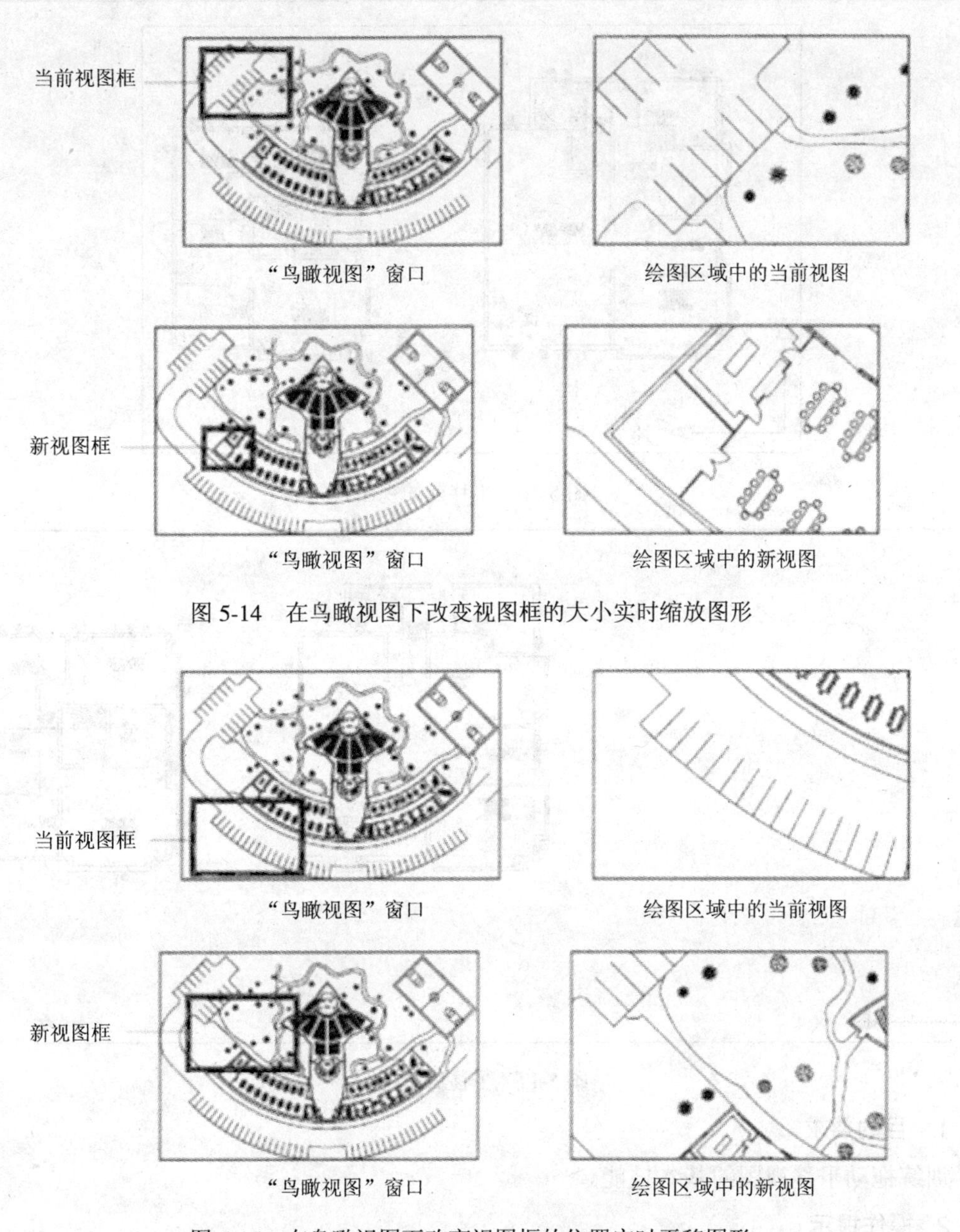

图 5-14 在鸟瞰视图下改变视图框的大小实时缩放图形

图 5-15 在鸟瞰视图下改变视图框的位置实时平移图形

5.5 实 训

实训 1 平移

平移图 5-16 中的视图，平移后的结果如图 5-17 所示。

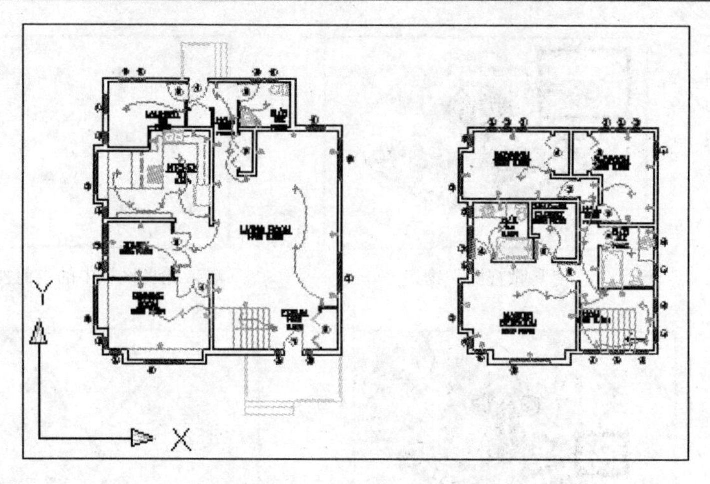

图 5-16 平移前的视图

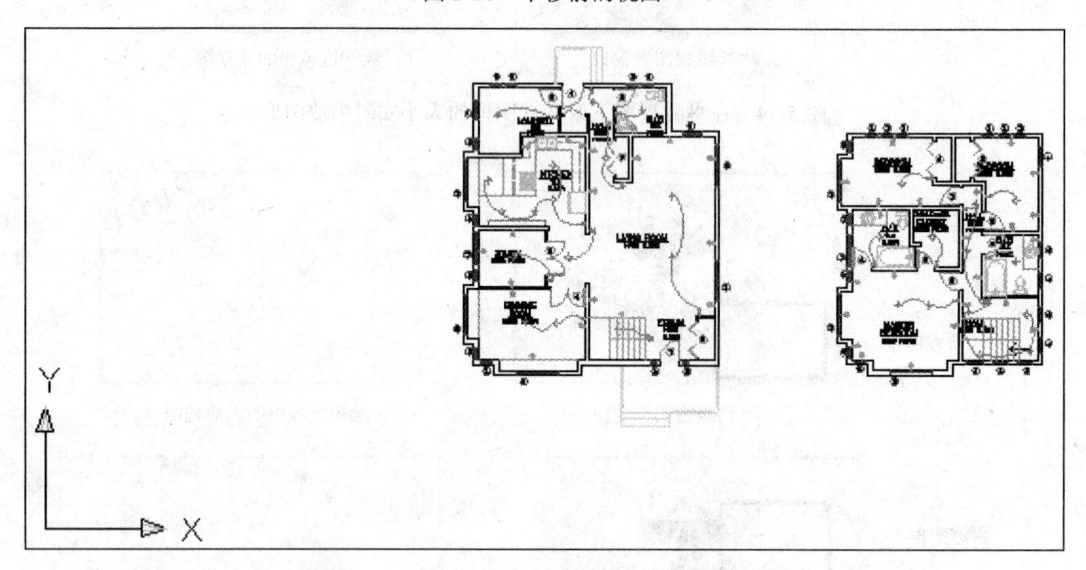

图 5-17 平移后的视图

1. 目的要求

训练拖动平移视图的基本技能。

2. 操作提示

(1) 打开已有文档“C:\Program Files\AutoCAD 2006\Sample\Blocks and Tables\Metric.dwg”。

(2) 单击工具栏中的“实时平移”按钮，此时出现手形光标。

(3) 按住滚轮按钮，同时移动鼠标，将视图平移到图 5-17 所示的位置。

(4) 按【Enter】键，结束平移操作。

实训 2 放大

放大图 5-18 所示的视图，放大结果如图 5-19 所示。

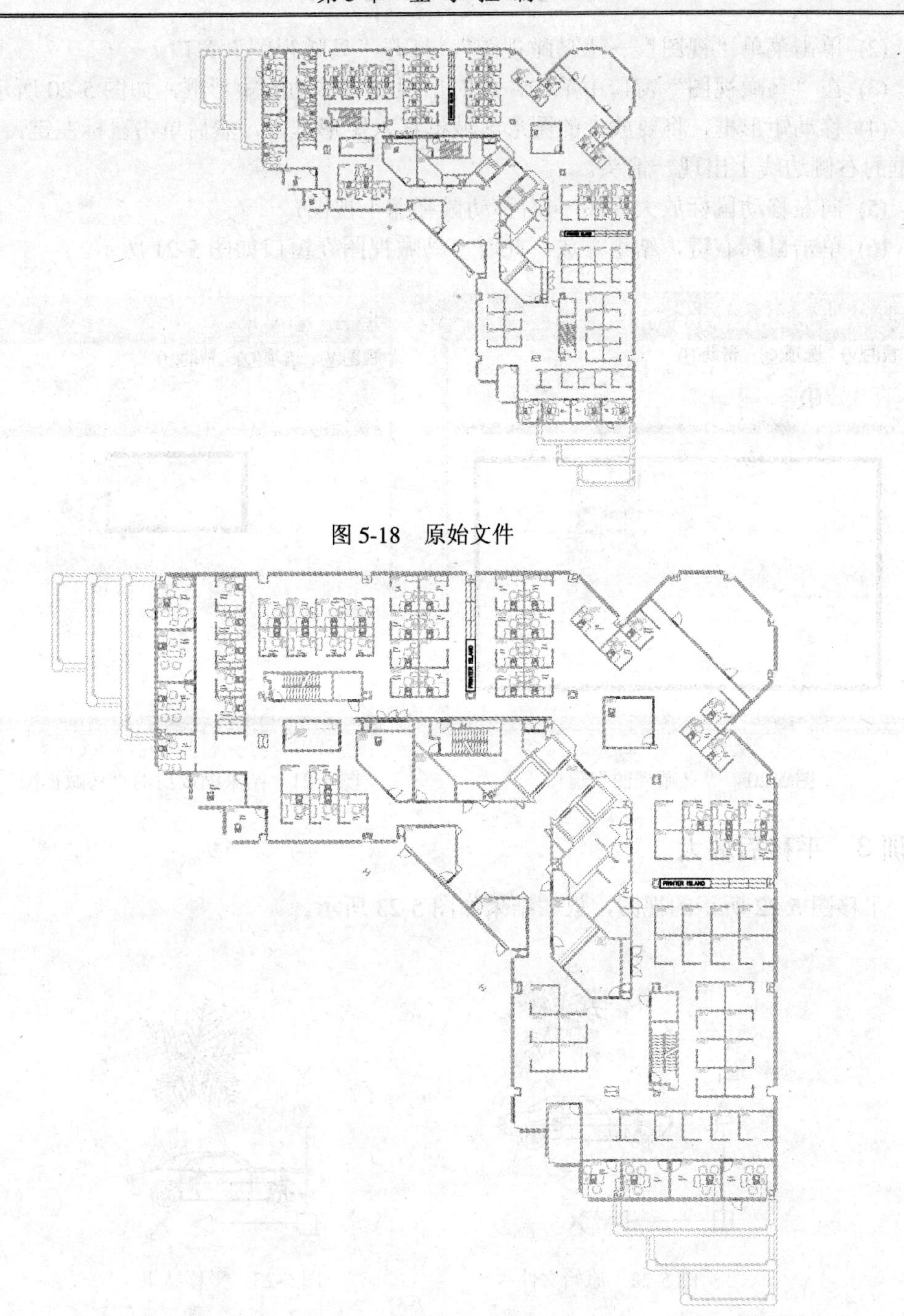

图 5-18 原始文件

图 5-19 放大结果(局部)

1. 目的要求

训练使用“鸟瞰视图”窗口放大视图的基本技能

2. 操作提示

(1) 打开已有文档“C:\Program Files\AutoCAD 2006\Sample\db_samp.dwg”。

(2) 单击菜单“视图”→“鸟瞰视图”，打开“鸟瞰视图”窗口。

(3) 在“鸟瞰视图”窗口中单击，此时出现一可移动的矩形框，如图 5-20 所示。

(4) 移动矩形框，将要放大的图形区域框移入矩形框内，然后单击鼠标左键，此时在矩形框的右侧边线上出现一箭头。

(5) 向左移动鼠标放大视图(向右移动鼠标缩小视图)。

(6) 单击鼠标右键，结束缩放，此时“鸟瞰视图”窗口如图 5-21 所示。

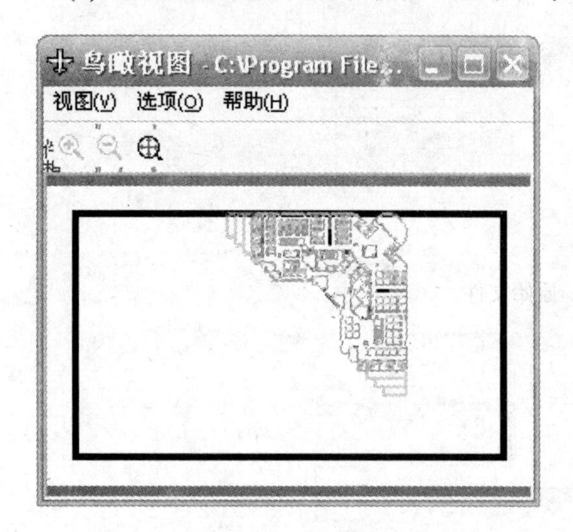

图 5-20　“鸟瞰视图”窗口

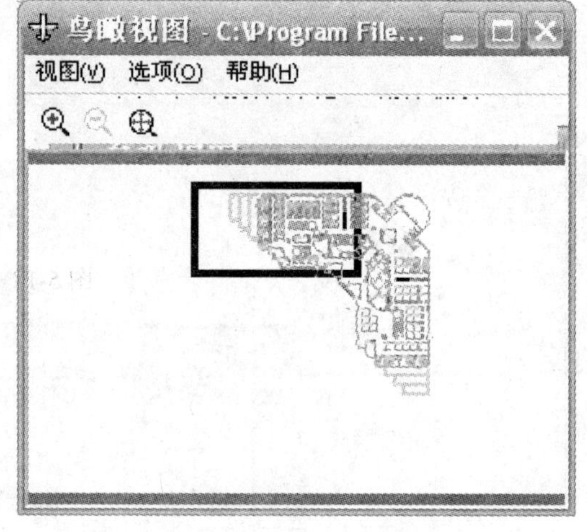

图 5-21　结束缩放后的“鸟瞰视图”窗口

实训 3　平移后放大

平移图 5-22 所示的视图，放大结果如图 5-23 所示。

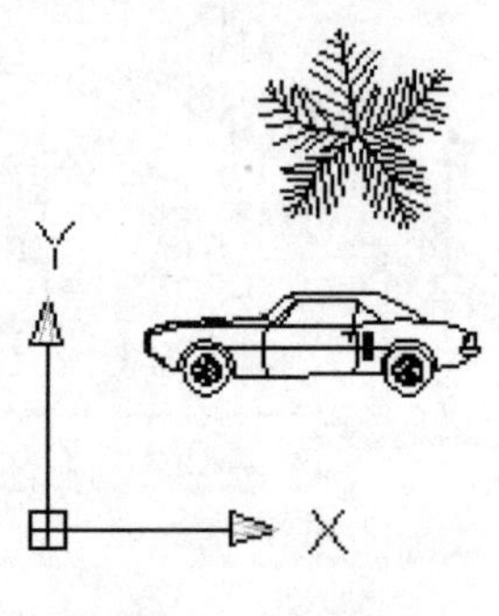

图 5-22　原始文件

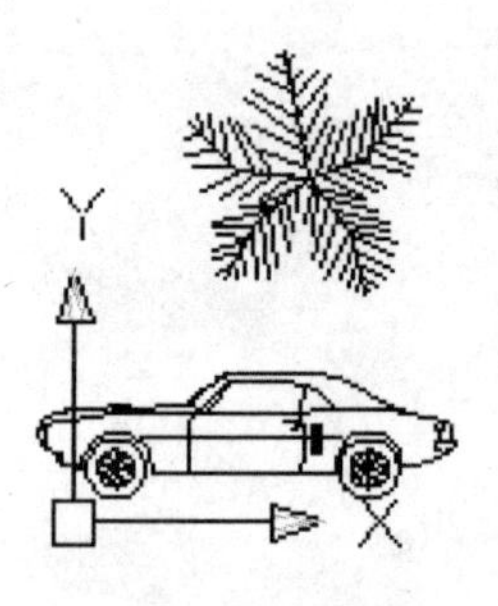

图 5-23　平移结果

1. 目的要求

训练使用“鸟瞰视图”窗口平移视图的基本技能。

2. 操作提示

(1) 打开已有文档“C:\Program Files\AutoCAD 2006\Sample\ Dynamic Blocks\ Architectural –Imperial.dwg”。

(2) 单击菜单“视图”→“鸟瞰视图”，打开“鸟瞰视图”窗口。

(3) 在“鸟瞰视图”窗口中单击，此时出现一可移动的矩形框，如图 5-24 所示。

(4) 移动矩形框，直至图形移动至图 5-23 所示的位置。

(5) 单击鼠标右键，结束平移，此时“鸟瞰视图”窗口如图 5-25 所示。

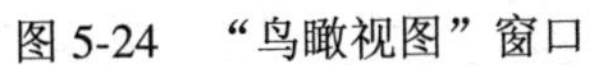
图 5-24　“鸟瞰视图”窗口

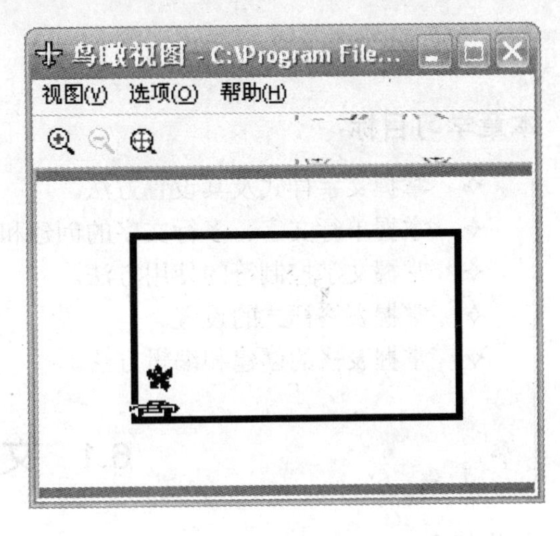

图 5-25　结束平移后的“鸟瞰视图”窗口

5.6　思考与练习

1．在 AutoCAD 2006 中，重画命令和重生成命令有什么区别？

2．如果要把 CAD 图形进行放大和缩小显示，都有哪些方法？

3．如何缩放一幅图形，使之能够最大限度地充满当前窗口？

第6章 文字与表格

本章学习目标：

✧ 掌握文字样式及其设置方法。
✧ 掌握单行文字、多行文字的创建和编辑方法。
✧ 掌握文字控制符的使用方法。
✧ 掌握表格样式的设置。
✧ 掌握表格的创建和编辑方法。

6.1 文字样式

本节任务：

✧ 创建文字样式。
✧ 设置文字样式。

6.1.1 定义文字样式

按照国家技术制图标准规定，各种专业图样中文字的字体、字宽、字高都有一定的标准。为了达到国家标准要求，在输入文字以前，应首先设置文字样式或者调用已经设置好的文字样式。文字样式定义了文本所用的字体、字高、宽度比例、倾斜角度等文字特征。

【执行方式】

命令行：STYLE。

菜单："格式" →"文字样式"。

工具栏："文字"→"文字样式"A。

【功能及说明】

执行上述命令后，将打开图6-1所示的"文字样式"对话框，可通过该对话框建立新的文字样式，或对当前文字样式的参数进行修改。

"文字样式"对话框中各选项的功能如下：

- 重命名：重命名文字样式。
- 删除：删除指定的文字样式。
- 预览：预览指定文字样式的字型。
- "字体名"下拉列表：用于选定字体。该列表包括.ttf字体和AutoCAD的编译型.shx两种字体。根据国家机械制图标准可选择"仿宋_GB2312"(不要误选为"@仿宋_GB2312")。
- "使用大字体"复选框：用于指明使用汉字。只有选中该复选框，"大字体"下拉框才有效。

• “高度”编辑框：设置输入文字的高度。如果设置为“0”，在每次使用输入文本时，AutoCAD 将要求输入文字高度。若在此处设置字高，则在输入文本时不再询问字高。

• “颠倒”和“反向”复选框：颠倒和反向显示字符。

• “垂直”复选框：垂直排列文本。

• “宽度比例”编辑框：设置字符宽度与高度之比。“仿宋_GB2312”宽度比例不符合机械制图国家标准，此选项输入值为 0.66。

• 应用：将文字样式应用于当前图形。

• 关闭：单击该按钮将关闭目前的对话框。

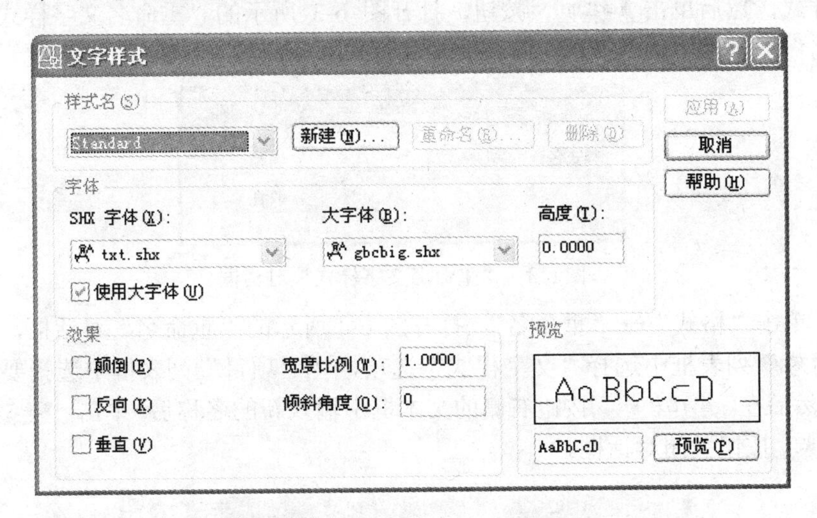

图 6-1　“文字样式”对话框

6.1.2　文字样式的设置

1. 应用文字样式

要应用文字样式，首先将其设置为当前文字样式，然后使用文字标注命令标注文字，所标注的文字即采用了当前的文字样式设置。

【执行方式】

菜单：“格式”→“文字样式”，打开“文字样式”对话框，在“样式名”下拉列表框中选择要设置为当前的文字样式，然后单击关闭(C)按钮。

工具栏：在“样式”工具栏的“文字样式控制”下拉列表框中选择要设置为当前的文字，如图 6-2 所示。

图 6-2　通过“样式”工具栏设置当前文字样式

2．修改文字样式

若要对文字样式进行修改，则单击“样式”工具栏中的A按钮，在打开的“文字样式”对话框中按照新建文字样式的方法，对文字样式的参数进行修改。完成后单击［应用(A)］按钮，再单击［关闭(C)］按钮即可。

3．重命名文字样式

【执行方式】

工具栏：单击“样式”工具栏中的A按钮(或菜单：“格式”→“文字样式”；或“在命令行：”输入 STYLE)，打开“文字样式”对话框，在“样式名”下拉列表框中选择要重命名的文字样式，然后单击［重命名(R)...］按钮，打开图 6-3 所示的“重命名文字样式”对话框，在“样式名”文本框中输入新的名称后，单击［确定］按钮。

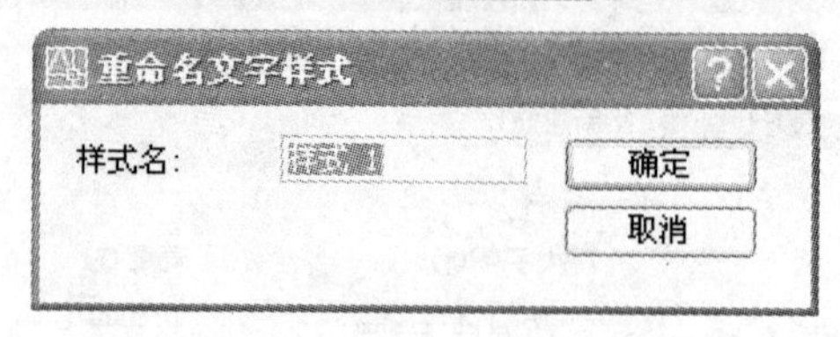

图 6-3　“重命名文字样式”对话框

菜单：单击“格式”→“重命名”，打开图 6-4 所示的“重命名”对话框，在该对话框的“命名对象”列表框中选择“文字样式”选项，在“项目”列表框中选择要修改的文字样式名称，然后在［重命名为(R):］按钮右侧的文本框中输入新的名称后，单击［重命名为(R):］按钮，最后单击［确定］按钮关闭对话框。

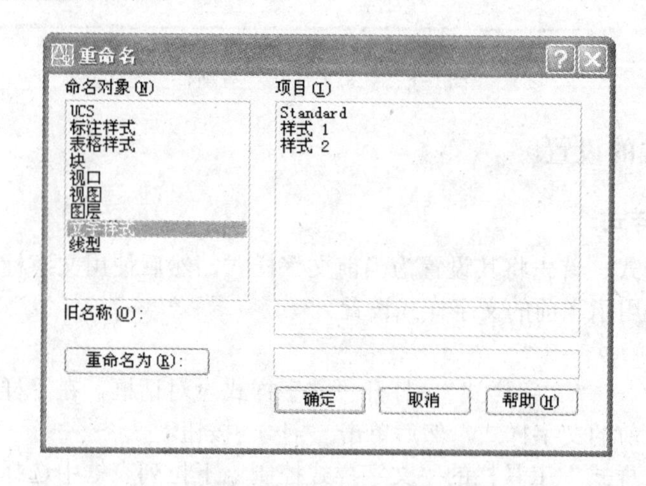

图 6-4　“重命名”对话框

6.2　单行文本标注

本节任务：

✧　创建单行文本标注。

✧　编辑单行文本标注。

✧　利用“特性”对话框对文本标注进行编辑。

✧　利用单行文本命令输入特殊符号。

6.2.1　创建单行文本标注

使用单行文本标注命令标注的文本，其每行文字都是独立的对象，可以单独进行定位、调整格式等编辑操作。

【执行方式】

命令行：DTEXT。

菜单：“绘图”→“文字”→“单行文字”。

工具栏：“文字”→“单行文字”A|。

【功能及说明】

执行上述命令后，命令行提示：

当前文字样式：Standard　　当前文字高度：2.5000

指定文字的起点或 [对正(J)/样式(S)]:　　//此时可以输入一个点，作为该行文字第一个字符的基线左下角位置，在对齐方式中，它也是该行文字的插入点。

- 对正(J)：设置文字对齐方式。

指定文字的起点或[对正(J)/样式(S)]：J　//此时系统继续提示：

输入选项为：[对齐(A)/调整(F)/中心(C)/中间(M)/右(R)/左上(TL)/中上(TC)/右上(TR)/左中(ML)/正中(MC)/右中(MR)/左下(BL)/中下(BC)/右下(BR)]:

对齐(A)：可以确定文本串的起点和终点。AutoCAD 调整文字高度使文本适于放在两点之间。

调整(F)：指定文本的起点和终点，不改变高度。AutoCAD 调整系数使文本适于放在两点之间。

其他命名对齐效果如图 6-5 所示。

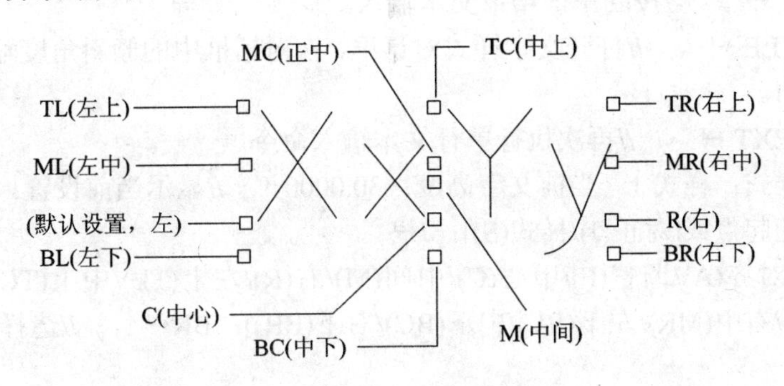

图 6-5　对齐命名及效果

- 样式(S)：设置文字使用的文本样式。

☺　任务：用单行文本命名输入图 6-6 所示文字。

图 6-6　单行文本输入效果

操作步骤如下：

命令：DTEXT↵　　　//执行单行文本输入命令。

当前文字样式：Standard　当前文字高度：2.5000　　//显示当前设置。

指定文字的起点或 [对正(J)/样式(S)]：S↵

输入样式名或[?] <Standard>：样式 1 ↵　　//指定文字样式。

当前文字样式：样式 1　　当前文字高度：2.5000

指定文字的起点或 [对正(J)/样式(S)]：J ↵　　//设置文本对齐方式。

[对齐(A)/调整(F)/中心(C)/中间(M)/右(R)/左上(TL)/中上(TC)/右上(TR)/左中(ML)/正中(MC)/右中(MR)/左下(BL)/中下(BC)/右下(BR)]：TL↵　　//选择左上角(TL)对齐方式。

指定文字的左上点：单击需输入"中职计算机绘图教材"内容左上角位置。

指定高度 <2.5000>：30↵　　//指定文字的高度。

指定文字的旋转角度<0>：0 ↵　　//指定文字的旋转角度。

输入文字：中职计算机绘图教材↵　　//输入文字。

输入文字：↵　　//按回车键结束文本输入。

命令：STYLE ↵　　//打开文字样式对话框，在对话框中的倾斜角度输入框中输入 20，按"应用"按钮。

命令：DTEXT ↵　　//再次执行单行文本输入命令。

当前文字样式：样式 1　当前文字高度：30.0000　　//显示当前设置。

指定文字的起点或[对正(J)/样式(S)]：J↵

输入选项[对齐(A)/调整(F)/中心(C)/中间(M)/右(R)/左上(TL)/中上(TC)/右上(TR)/左中(ML)/正中(MC)/右中(MR)/左下(BL)/中下(BC)/右下(BR)]：BR↵　　//选择右下角(BR)对齐方式。

指定文字的右下点：单击需输入"AutoCAD 2006 中文版"内容右下角位置。

指定高度<30.0000>：↵　　//不改变高度。

指定文字的旋转角度 <0>：0 ↵　　//指定文字的旋转角度。

输入文字：AutoCAD 2006 中文版↵　　//输入文字。

输入文字：↵　　//按回车键结束文本输入。

6.2.2 编辑单行文本

在绘图过程中如果标注的文本不符合绘图的要求，可用 DDEDIT 命令快速编辑文本内容，包括增加或替换字符等。

1. 编辑文本内容

【执行方式】

命令行：DDEDIT(ED)。

菜单：“修改”→“对象”→“文字”→“编辑”。

工具栏：“文字”→“编辑文字”。

【功能及说明】

执行 DDEDIT 命令后，系统提示“选择注释对象或 [放弃(U)]:”，在该提示下选择要编辑的单行文字，被选择的文字呈反色可编辑状态，此时只需重新输入文字后按【Enter】键即可，然后按【Enter】键退出命令操作。

2. 编辑文本比例

【执行方式】

命令行：SCALETEXT。

菜单：“修改”→“对象”→“文字”→“比例”。

工具栏：“文字”→“缩放文字”。

【功能及说明】

激活该命令后，选择要编辑的文字，此时需要输入缩放的基点以及指定高度、匹配对象或缩放比例。

3. 编辑文本对齐方式

【执行方式】

命令行：JUSTIFTEXT。

菜单：“修改”→“对象”→“文字”→“对正”。

工具栏：“文字”→“对正文字”。

【功能及说明】

激活该命令后，选择要编辑的文字，此时可以重新设置对齐方式。

6.2.3 利用特性对话框对文本标注进行编辑

除了使用 DDEDIT 命令外，还可利用“特性”对话框对文本标注进行编辑。

【执行方式】

命令行：PROPERTIES。

菜单：“修改”→“特性”。

工具栏：“标准”→“特性”。

【功能及说明】

先选中需要编辑的文字对象，然后启动该命令，AutoCAD 将打开图 6-7 所示的“特性”

对话框，利用此对话框可以方便地修改文字对象的内容、样式、高度、颜色、线型、位置、角度等属性。激活该命令后，选择要编辑的文字，此时可以重新设置对齐方式。

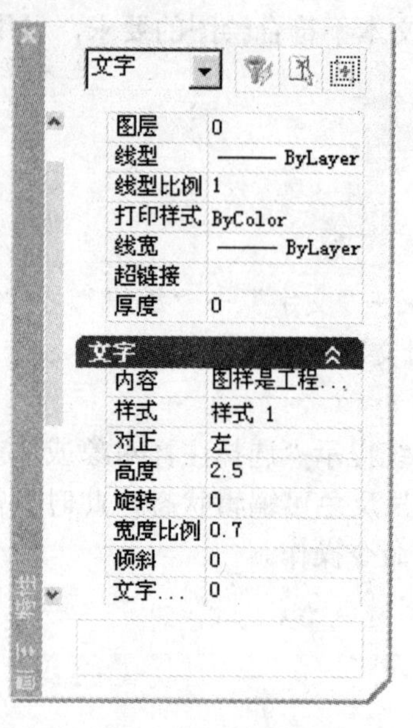

图 6-7 “特性”对话框

6.2.4 利用单行文本命令输入特殊符号

在实际设计绘图中，往往需要标注一些特殊的字符。AutoCAD 2006 常用的特殊字符代码及其含义如表 6-1 所示。

表 6-1 特殊字符代码及其含义

控 制 符	符 号 意 义
%%O	上划线
%%U	下划线
%%D	度数“°”
%%P	公差符号“±”
%%C	圆直径符号“φ”
%%%	单个百分比符号“%”

☺ 任务：输入文字：轴直径为φ50，旋转角度为 25°。

操作步骤如下：

命令：DTEXT↵ //执行单行文本输入命令。

当前文字样式：Standard 当前文字高度：2.5000 //显示当前设置。

指定文字的起点或[对正(J)/样式(S)]：S↵

指定文字的右下点：单击屏幕上绘图区任意一点 //选择文字的右下点。

指定高度<30.0000>：↵ //不改变高度。

指定文字的旋转角度<0>：0 ↵ //指定文字的旋转角度为 0°。

输入文字：轴直径%%C 50，旋转角度为%%D 25↵　　//输入文字。

输入文字：↵　　//按回车键结束文本输入。

6.3　多行文本标注

本节任务：

✧　创建多行文本标注。

✧　编辑多行文本标注。

✧　利用多行文本命令输入特殊符号。

6.3.1　创建多行文本标注

多行文字的特点是，所有标注文字是一个整体，可进行整体缩放等编辑操作。

【执行方式】

命令行：MTEXT(MT)。

菜单："绘图"→"文字"→"多行文字"。

工具栏："文字"→"多行文字"A。

【功能及说明】

执行 MTEXT 命令后，在"指定对角点或[高度(H)/对正(J)/行距(L)/旋转(R)/样式(S)/宽度(W)]:"提示信息中各选项的含义如下：

- 高度(H)：指定所要标注的多行文字的高度。
- 对正(J)：指定多行文字的对齐方式，如中心对齐、左对齐等。
- 行距(L)：指定多行文字的行间距，它适用于具有两行以上的标注文字。
- 旋转(R)：指定多行文字的旋转角度。
- 样式(S)：指定多行文字所采用的文字标注样式。
- 宽度(W)：指定多行文字所能显示的单行文字宽度。

指定多行文字区域后，系统将打开图6-8所示的"文字格式"工具栏，在指定区域中输入相应的文字后，单击"确定"按钮即可创建多行文字标注。用户可通过"文字格式"工具栏来设置文字的样式。

图6-8　文字输入框和"文字格式"工具栏

"文字格式"工具栏中各主要选项的功能如下：

- "文字样式"下拉列表框：用户选择已在"文字样式"中设置的文字样式。其中具有方向或倒置效果的样式不能使用。

- “文字字体”下拉列表框：为新输入的文字指定字体或改变选定文字的字体。
- “文字高度”下拉列表框：为新输入的文字指定字符高度或改变选定文字的字符高度。
- “粗体”、“斜体”和“下划线”按钮：单击这些按钮，可以为新输入的文字改变选定文字，设置粗体、斜体和下划线效果。
- “放弃”按钮：单击该按钮，可以取消前一次操作。
- “重做”按钮：单击该按钮，可以重复前一次取消的操作。
- “堆叠/非堆叠” 按钮：单击该按钮，可以创建堆叠文字。
- “颜色”下拉列表框：为新输入的文字指定颜色或改变选定文字的颜色。
- “确定”按钮：单击该按钮，可以关闭多行文字创建模式并保存用户的设置(也可单击“文字格式”外的图形或者按【Ctrl + Enter】键)。

在输入框中单击鼠标右键，弹出图 6-9 所示的快捷菜单，在该快捷菜单中选择相应的选项，也可对文字的各个参数进行设置。

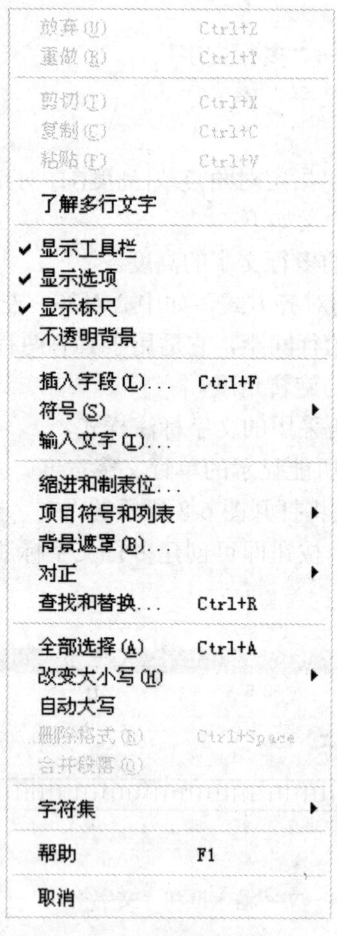

图 6-9 快捷菜单

☺ 任务：输入图 6-10 所示的多行文本。

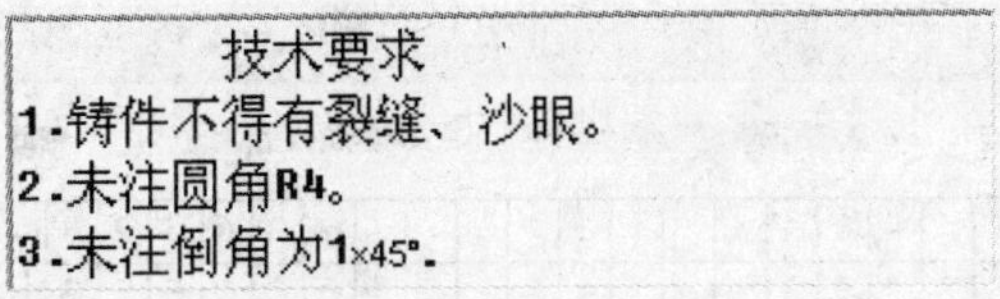

技术要求
1.铸件不得有裂缝、沙眼。
2.未注圆角R4。
3.未注倒角为1×45°。

图 6-10 多行文本效果

操作步骤如下：

命令：MT ↵ //执行多行文本输入命令。

MTEXT 当前文字样式："Standard" 当前文字高度：2.5 //显示当前设置。

指定第一角点： //在屏幕上单击第一角点

指定对角点或[高度(H)/对正(J)/行距(L)/旋转(R)/样式(S)/宽度(W)]:命令： //在屏幕上单击对角点。

输入图 6-10 所示的多行文本，单击"确定"按钮即可。

6.3.2 编辑多行文本

【执行方式】

命令行：DDEDIT。

菜单："修改"→"对象"→"文字"→"编辑"。

工具栏："文字"→"编辑文字"。

【功能及说明】

激活该命令后，用户选择需要编辑的多行文本或双击需要编辑的多行文本。系统打开"文字格式"对话框，如图 6-11 所示。用户可以在此对话框内编辑修改文本。

文字格式
Standard
txt, gbcbig
2.5
确定
0.0000
1.0000
1.0000
技术要求
1.铸件不得有裂缝、沙眼。
2.未注圆角R4。
3.未注倒角为1×45°。

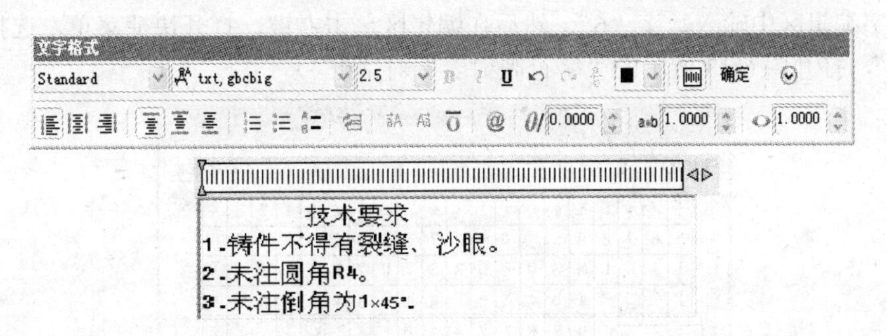

图 6-11 "文字格式"对话框

当用户要编辑文字的其他属性，如倾斜度等。可以单击"标准"工具栏的"特性"按钮或者选择"修改"→"特性"，打开"特性"对话框，在"多行文字"区做相应的修改。

6.3.3 在多行文本中输入特殊符号

【执行方式】

在文字输入框内输入符号的代码。

在文字输入框内单击鼠标右键，在弹出的快捷菜单中选择"符号"→"其他"，打开图 6-12 所示的"字符映射表"对话框，通过该对话框也可在多行文字中插入特殊符号。

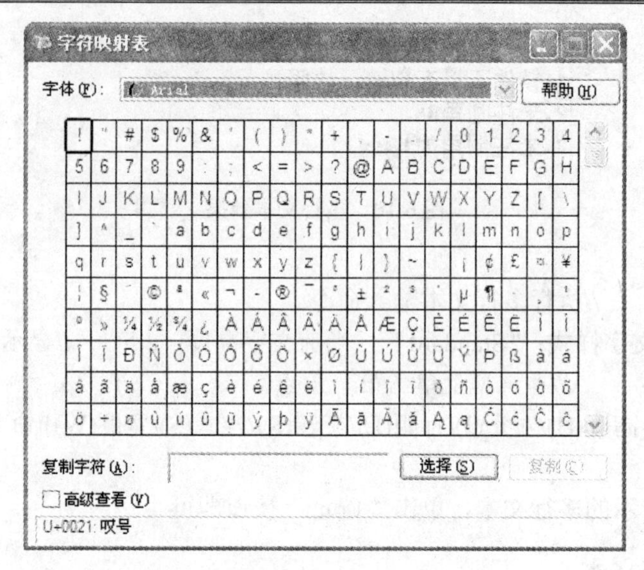

图 6-12 “字符映射表”对话框

☺ 任务：输入字符串 6×∅8±0.015 。

操作步骤如下：

命令：MT ↵ //执行多行文本输入命令。

MTEXT 当前文字样式：“Standard” 当前文字高度：2.5 //显示当前设置。

指定第一角点： //在屏幕上单击第一角点。

指定对角点或[高度(H)/对正(J)/行距(L)/旋转(R)/样式(S)/宽度(W)]:命令： //在屏幕上单击对角点。

在文字编辑区中输入数字“6”，然后在编辑区单击右键，打开快捷菜单，选择“符号”→“其他”，打开图 6-13 所示的“字符映射表”对话框。

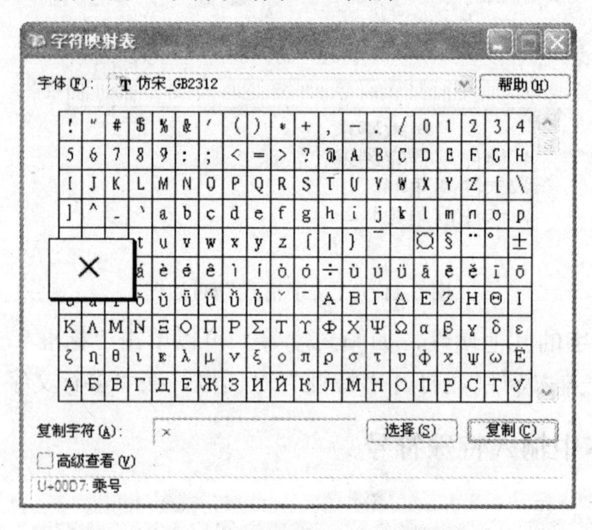

图 6-13 “字符映射表”对话框

在“字体”下拉式列表中选择字体名，在“符号”选区中选择“×”符号，按“选择”按钮后，单击“复制”按钮，返回文字编辑区，单击右键，在快捷菜单中选择“粘贴”。

在文字编辑区中单击右键，在快捷菜单中选择“符号”→“直径”，然后输入“8”。

在文字编辑区中单击右键，在快捷菜单中选择“符号”→“正/负”，然后输入“0.015”。

单击“确定”按钮。

6.4　创建表格样式和表格

本节任务：

- ✧　创建表格样式及设置表格的数据、列标题和标题样式。
- ✧　编辑表格和表格单元。

6.4.1　表格样式的创建及设置

在 AutoCAD 2006 中，用户可以选择基础表格样式，并可使用“数据”选项卡、“列标题”选项卡和“标题”选项卡分别对表格的数据、列标题和标题的样式进行设置。

【执行方式】

命令行：TABLESTYLE。

菜单：“格式”→“表格样式”。

工具栏：“样式”→“表格样式”。

【功能及说明】

激活该命令后，打开图 6-14 所示“表格样式”对话框。单击“新建”按钮，可以在图 6-15 所示的“创建新的表格样式”对话框中创建新表样式。

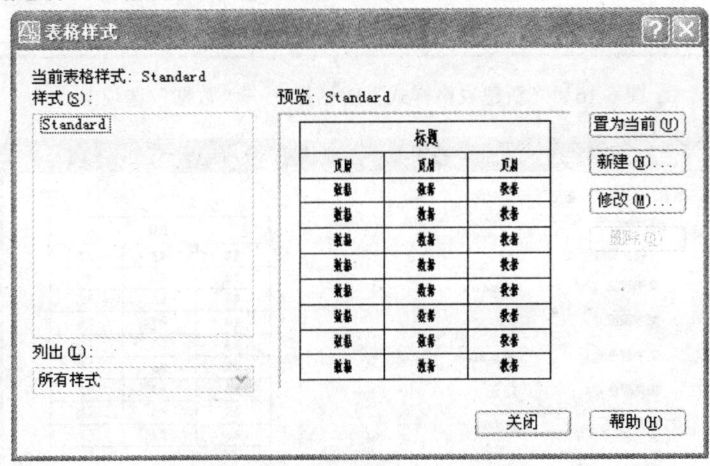

图 6-14　“表格样式”对话框

图 6-15　“创建新的表格样式”对话框

图 6-15 所示对话框中各项说明如下：

• 新样式名：输入新建表格样式的名称。

• 基础样式：系统提供的表格基础样式。选择基础样式，新建表格样式将在其基础上进行修改各功能选项。

单击“继续”按钮，打开图 6-16 所示的“新建表格样式”对话框。其中包含“数据”选项卡(如图 6-16 所示)、“列标题”选项卡(如图 6-17 所示)和“标题”选项卡(如图 6-18 所示)。

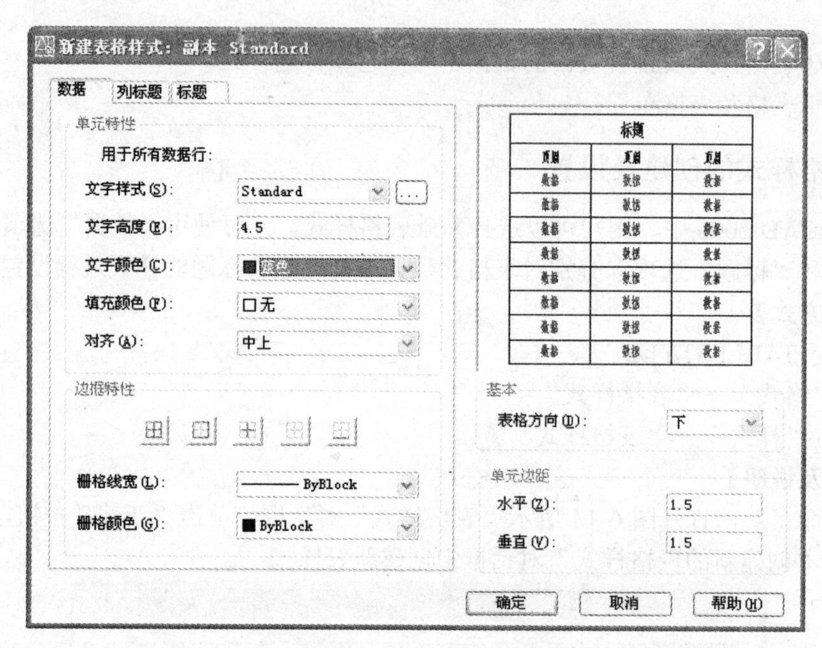

图 6-16 “新建表格样式”对话框——“数据”选项卡

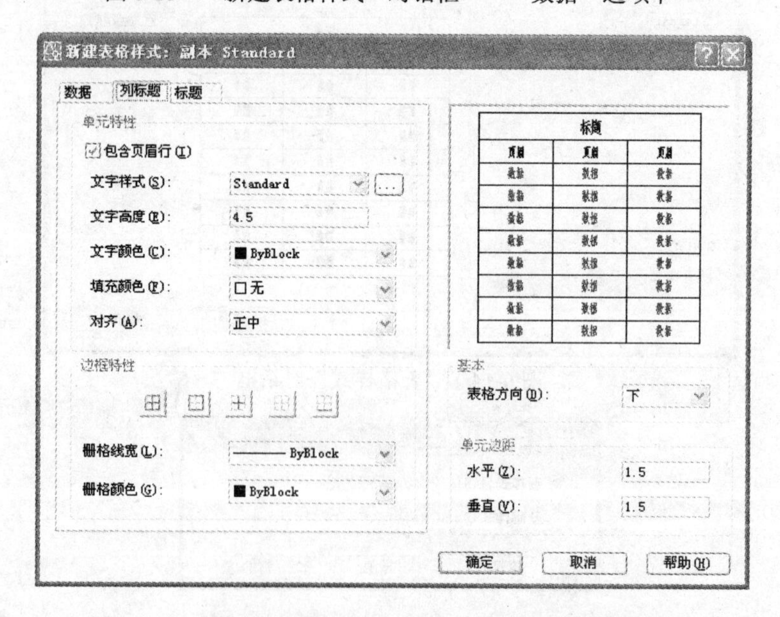

图 6-17 “新建表格样式”对话框——“列标题”选项卡

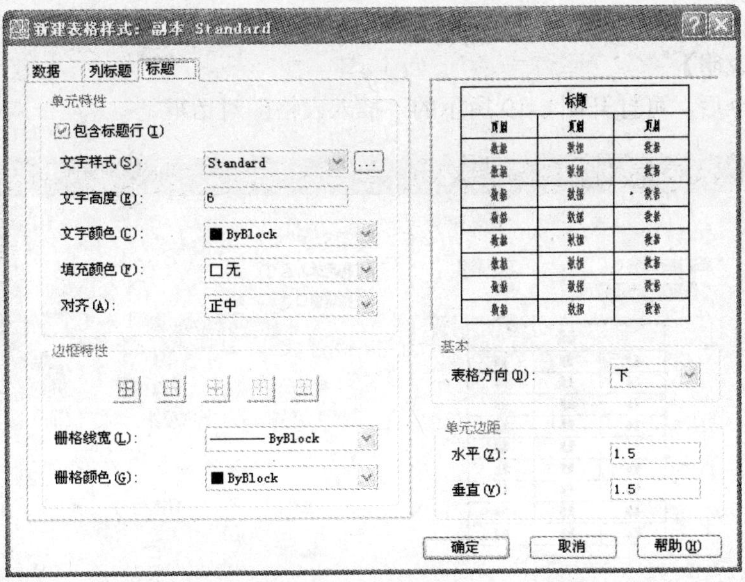

新建表格样式：副本 Standard

数据 列标题 标题

单元特性

包含标题行(I)

文字样式(S)： Standard

文字高度(E)： 6

文字颜色(C)： ByBlock

填充颜色(F)： 无

对齐(A)： 正中

边框特性

栅格线宽(L)： ByBlock

栅格颜色(G)： ByBlock

标题		
页眉	页眉	页眉
数据	数据	数据
数据	数据	数据
数据	数据	数据
数据	数据	数据
数据	数据	数据
数据	数据	数据
数据	数据	数据
数据	数据	数据

基本

表格方向(D)： 下

单元边距

水平(Z)： 1.5

垂直(V)： 1.5

确定 取消 帮助(H)

图 6-18 “新建表格样式”对话框——“标题”选项卡

“数据”选项卡中各选项的功能如下：

- 单元特性。

文字样式：用于选择可以使用的文字样式。

文字高度：用于设置表单元中的文字高度。

文字颜色：用于设置文字的颜色。

填充颜色：用于设置表的背景填充颜色。

对齐：用于设置表单元中的文字对齐方式。

- 边框特性：可以通过边框特性的五个边框设置按钮来设置边框。在表具有边框时，可以通过“栅格线宽”下拉列表框来设置表的边线宽度，并且可以通过“栅格颜色”下拉列表框来设置表的边线颜色。
- 基本：“在表格方向”下拉列表框中设置表的方向是向上或向下。
- 单元边距：在“水平”和“垂直”文本框中输入数据，设置表单元内容距边线的水平和垂直距离。

注意：在“列标题”和“标题”选项卡中，只有选中“包含页眉行”或“包含标题行”复选框时，才能设置单元特性和边框特性。

6.4.2 创建表格

在 AutoCAD 2006 中，用户可以根据“表格样式”和“插入表格”对话框来创建所需的表格。

【执行方式】

命令行：TABLE。

菜单：“绘图”→“表格”。

工具栏：“绘图”→“表格”。

【功能及说明】

激活该命令后，可打开图 6-19 所示的“插入表格”对话框。

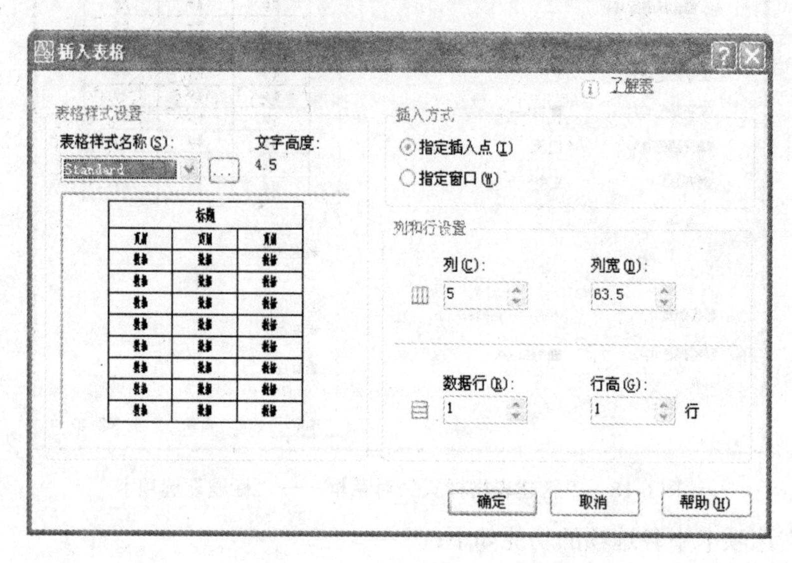

图 6-19　“插入表格”对话框

对话框中各选项的功能如下：

• “表格样式名称”列表框：从中选择表格样式，或单击…按钮，打开“表格样式”对话框，即可创建新的表样式。“文字高度”下显示当前样式的文字高度，在预览窗口中显示表格的预览效果。

• 指定插入点：可以在绘图窗口中的某点插入固定大小的表格。

• 指定窗口：可以在绘图窗口通过拖动表格边框来创建任意大小的表格。

• “列和行设置”选项组：可以通过改变“列”、“列宽”、“数据行”和“行高”文本框中的数据来调整表格的外观大小。

☺ 任务：创建图 6-20 所示的表格内容。

建筑图纸目录		
序号	图纸名称	规格
1	设计说明	1#
2	图纸目录	2#
3	平面图	3#
4	立面图	4#
5	剖面图	5#

图 6-20　表格效果图

操作步骤如下：

(1) 在“命令:”中输入 TABLE 后按回车键，打开“插入表”对话框。

(2) 在“表样式设置”选项组中单击“表样式名称”列表框后面的…按钮，打开“表格样式”对话框。

(3) 单击“新建”按钮，打开“创建新表格样式”对话框，输入新样式名“副本 Standard”。基础样式选 Standard，单击“继续”按钮，打开“新建表格样式”对话框。在“数据”选项卡的“单元特性”选项组中，设置文字高度为 6，对齐方式为正中，单击“确定”按钮，单击“关闭”按钮。

(4) 在“插入方式”中选择“指定插入点”。

(5) 在“列和行设置”中，“列”设为 3；“数据行”设为 6。

(6) 单击“确定”按钮。在窗口任意一点处单击，此时表格的最上面一行处于文字编辑状态。

(7) 在表格单元格中输入“建筑图纸目录”，按回车键。

(8) 双击其他表格单元，使该单元处于文字编辑状态，输入文字内容。

6.4.3 编辑表格和表格单元

在 AutoCAD 2006 中，还可以使用表格的快捷菜单来编辑表格和表格单元，快捷菜单如图 6-21 和图 6-22 所示。

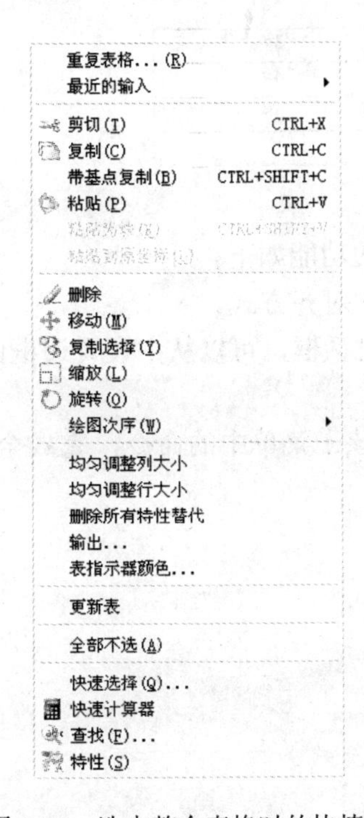

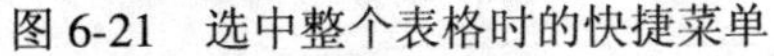

图 6-21　选中整个表格时的快捷菜单

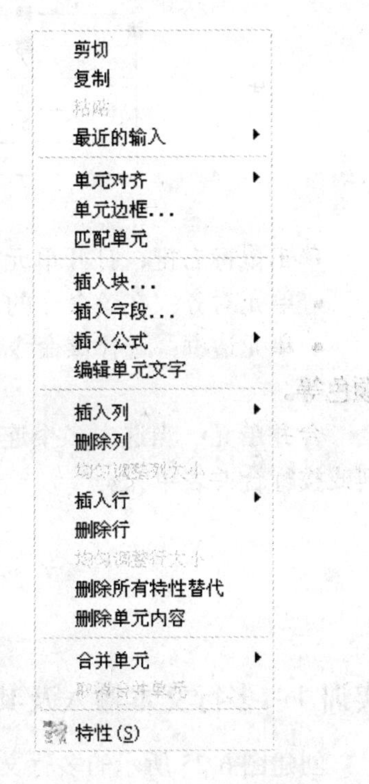

图 6-22　选中表格单元时的快捷菜单

1. 编辑表格

在快捷菜单中，用户除了可以对表格进行剪切、复制、移动、缩放等简单的操作外，还可以均匀调整表格的行、列大小、删除所有特性代替等。

当选中整个表格后，表的四周、标题行上将显示夹点，用户可以通过夹点进行编辑，如图 6-23 所示。

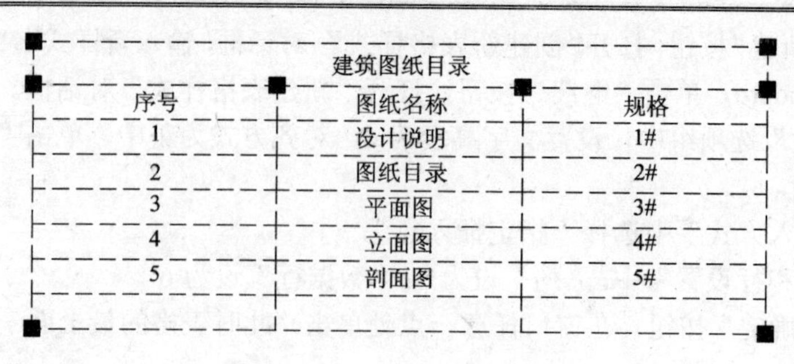

建筑图纸目录		
序号	图纸名称	规格
1	设计说明	1#
2	图纸目录	2#
3	平面图	3#
4	立面图	4#
5	剖面图	5#

图 6-23　选中表格显示夹点

2. 编辑表格单元

当选中单元格后，单元格的四周将显示夹点，用户可以通过夹点进行编辑，如图 6-24 所示。

建筑图纸目录		
序号	图纸名称	规格
1	设计说明	1#
2	图纸目录	2#
3	平面图	3#
4	立面图	4#
5	剖面图	5#

图 6-24　选中单元格

单击鼠标右键，打开单元格快捷菜单，其主要命令的功能如下：

- 单元对齐：在该命令的子菜单中可以选择表单元的对齐方式。
- 单元边框：选择该命令，打开“单元边框特性”对话框，可以从中设置边框的线宽、颜色等。

合并单元：当选中多个连续的单元格后，可以使用该子菜单中的命令，完成全部、按列或按行合并表单元。

6.5 实　训

实训 1　多行文本输入及其编辑

创建图 6-25 所示的多行文本。

技术要求

1. 4×φ6孔要与端盖配钻。
2. 轴的尺寸为φ50。
3. 轴采用调质处理，硬度为42HRC。
4. 箱体的箱体的拔摸斜度为2°。
5. 外表面喷涂深红色底漆，占工件表面95%。

图 6-25　多行文本效果

1. 目的要求

(1) 掌握文本格式的设置、多行文本的输入与编辑。

(2) 掌握在多行文本中输入特殊符号。

2. 操作提示

(1) 创建文本样式，字体为仿宋字“仿宋_GB2312”。

(2) 选择菜单“绘图”→“文字”→“多行文字”，然后单击两对角点设置输入框，打开文字编辑窗口。

(3) 在文字编辑区中进入中文输入方式，依次输入文字。“×”可利用数学符号软键盘输入。“直径”ϕ可输入符号“%%C”或在文字编辑区中单击右键，在编辑文字快捷菜单中选择“符号”→“直径”。“°”可利用单位符号软键盘输入，即输入符号“%%D”或在文字编辑区中单击右键，在编辑文字快捷菜单中选择“符号”→“度数”。

(4) 所有的文本输入完后，单击“确定”按钮。

实训2　表格的创建及编辑

创建图6-26所示的表格。

<table>
<tr><td colspan="3" rowspan="2">千斤顶</td><td>比例</td><td>1∶1</td><td colspan="2" rowspan="2"></td></tr>
<tr><td>件数</td><td>1</td></tr>
<tr><td>制图</td><td></td><td></td><td>质量</td><td></td><td>材料</td><td>HT200</td></tr>
<tr><td>描图</td><td></td><td></td><td colspan="4" rowspan="2">陕西省中职学校</td></tr>
<tr><td>审核</td><td></td><td></td></tr>
</table>

图6-26　表格效果

1. 目的要求

(1) 掌握表格样式的创建。

(2) 掌握表格的创建。

(3) 掌握表格的编辑。

2. 操作提示

(1) 创建表格样式“表格样式1”，字体为仿宋字“仿宋_GB2312”，比例设置为0.67。

(2) 表中数据的对齐方式为正中。

(3) 表中不包含列标题和标题。

(4) 表中数据的文字高度：“图名”和“单位”栏中文字为10，其他栏中的文字为5。

(5) 表中第1、2行的前3个表单元合并，表中第4、5行的后4个表单元合并，表中第1行的后2个表单元合并，表中第2行的后2个表单元合并。

(6) 输入表格内容，设置除“图名”和“单位”栏外文字的高度。

6.6　思考与练习

一、填空题

1. 在AutoCAD 2006中，可以使用__________对话框创建文字样式。

2. 在 AutoCAD 2006 中，系统默认的文字样式为__________，它使用基本字体文件__________。

3. 在文字样式对话框中设置文字效果时，“倾斜角度”的范围为__________，如果要向右倾斜文字，则角度为__________。

4. AutoCAD 2006 支持 TrueType 字体，使用系统变量__________和__________可以设置所标注的文字是否填充和文字的光滑程度。

5. 在 AutoCAD 2006 中，可以选择__________命令直接在绘图文档中插入表格。

6. 在 AutoCAD 2006 中的__________对话框中可以修改原有表的样式，或自定义表样式。

7. 在设置表格时，只有选择__________或__________复选框时，才可以设置单元特性和边框特性。

8. 在编辑表格单元时，选择__________命令可以设置块在表格单元中的对齐方式、比例和旋转角度等特性。

二、选择题

1. 在中文版 AutoCAD 2006 中，使用堆叠方式设置文字的分数形式时，不能使用的分隔符号是(　　)。

A. /　　B. #　　C. ^　　D. －

2. 在 AutoCAD 2006 中创建文字时，正负公差(±)符号的表示方法是(　　)。

A. %%D　　B. %%P　　C. %%C　　D. %%R

3. 要创建字符串 AutoCAD 2006，下列命令正确的是(　　)。

A. %%U AutoCAD %%U 2006　　B. %%U AutoCAD 2006 %%U

C. %%O AutoCAD %%O 2006　　D. %%O AutoCAD 2006 %%O

4. 在 AutoCAD 2006 中，输出的表格数据以(　　)格式进行保存。

A. .csv　　B. .xls　　C. .dwg　　D. .dwt

5. 在 AutoCAD 2006 中，可以通过拖动表格的(　　)来编辑表格。

A. 边框　　B. 列　　C. 夹点　　D. 行

三、简答题

1. 如何设置和改变当前文本样式？

2. 如何改变输入字符的宽度和高度比例？

3. 如何修改已经存在的文本对象内容？

第7章　尺 寸 标 注

本章学习目标：

- ✧ 了解尺寸标注规则与组成。
- ✧ 学会设置尺寸标注样式。
- ✧ 掌握尺寸标注。
- ✧ 掌握引线标注、形位公差标注。
- ✧ 学会编辑尺寸标注。

7.1　标注规则与尺寸组成

本节任务：

- ✧ 了解尺寸标注的规则。
- ✧ 了解尺寸标注的组成。

7.1.1　尺寸标注的规则

我国工程制图国家标准中，对尺寸标注的规则作出了一些规定。在使用 AutoCAD 2006 绘图时，要求尺寸标注必须遵守以下基本规则：

(1) 机件的真实大小应以图样上做标注的尺寸数值为依据，与图形的大小及绘图的准确度无关。

(2) 图样中的尺寸以毫米为单位时，不需要标注计量单位的代号或名称，如采用其他单位，则必须注明相应计量单位的代号或名称，如度、厘米及米等。

(3) 图样中所标注的尺寸为该图样所表示的物体的最后完工尺寸，否则应另加说明。

(4) 一般物体的每一尺寸只标注一次，并标注在最后反映该结构最清晰的图形上。

7.1.2　尺寸标注的组成

在机械制图或其他工程绘图中，一个完整的尺寸标注应由标注文字、尺寸线、尺寸界线、尺寸线的端点符号及起点等组成，如图 7-1 所示。

1. 尺寸数字

线性尺寸的数字一般应注写在尺寸线的上方，也允许注写在尺寸线的中断处。

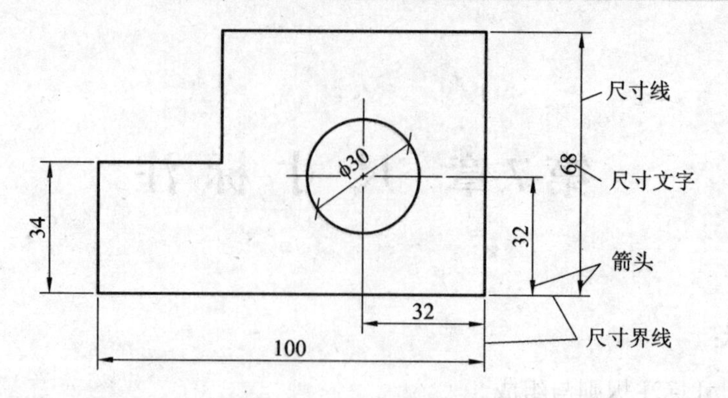

图 7-1　尺寸的组成及标注

2．尺寸线

尺寸线用细实线绘制，不能用其他图线代替，一般也不得与其他图线重合或画在其延长线上。标注线性尺寸时，尺寸线必须与所标注的线段平行；当有几条互相平行的尺寸线时，大尺寸要注在小尺寸外面，以免尺寸线与尺寸界线相交。在圆或圆弧上标注直径或半径尺寸时，尺寸线一般应通过圆心或延长线通过圆心。

3．尺寸界线

尺寸界线用细实线绘制，并应由图形的轮廓线、轴线或对称中心线处引出。也可利用轮廓线、轴线或对称中心线作尺寸界线。尺寸界线一般应与尺寸线垂直，并超出尺寸线的终端 2 mm 左右。

4．尺寸终端

尺寸线的终端有两种形式，如图 7-2 所示：箭头适用于各种类型的图样，图中的 b 为粗实线的宽度；斜线用细实线绘制，图中的 h 为字体高度。圆的直径、圆弧半径及角度的尺寸线的终端应画成箭头。在采用斜线形式时，尺寸线与尺寸界线必须互相垂直。

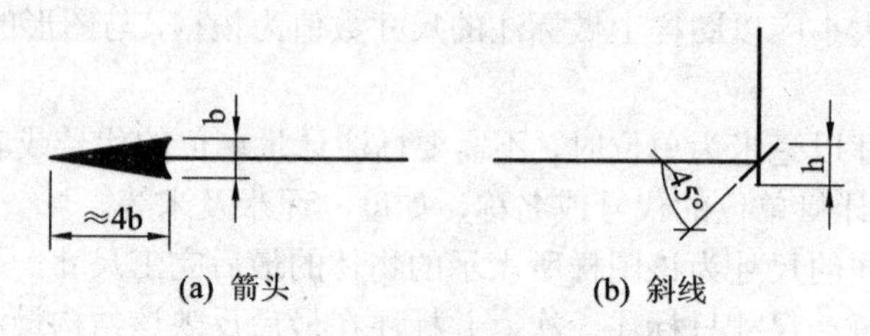

图 7-2　尺寸终端的两种形式

7.2 尺寸样式

本节任务：

✧　设置尺寸线、尺寸界线、箭头、圆心标记的格式和位置。
✧　设置标注文字的外观、位置和对齐方式。
✧　了解 AutoCAD 2006 放置标注文字和尺寸线的规则。

✧ 设置全局标注比例。
✧ 设置主单位、换算单位和角度标注单位的格式与精度。
✧ 设置公差的格式和精度。

在 AutoCAD 2006 中，使用“标注样式”可以控制标注的格式和外观，建立强制执行的绘图标准，并有利于对标注格式及用途进行修改。本节将着重介绍如何使用“标注样式管理器”对话框创建标注样式。

7.2.1 新建或修改尺寸样式

尺寸样式的修改是通过在“标注样式管理器”对话框设置来完成的。

【执行方式】

菜单：“格式”→“标注样式”。

工具栏：“标注”→“标注样式”。

【功能及说明】

打开“标注样式管理器”对话框，如图 7-3 所示。利用此对话框可方便直观地设置和浏览尺寸标注样式，包括建立新的尺寸标注样式、修改已存在的样式、设置当前尺寸标注样式、重命名样式以及删除一个已存在的样式等。

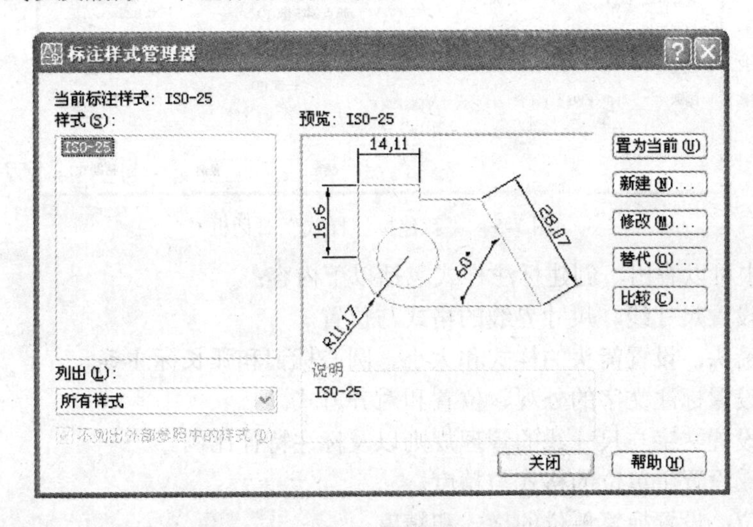

图 7-3 “标注样式管理器”对话框

在“标注样式管理器”对话框中，单击“新建”按钮，打开的“创建新标注样式”对话框创建新标注样式如图 7-4 所示，各选项的功能如下：

- “新样式名”文本框：输入新样式的名称。
- “基础样式”下拉列表框：选择一种基础样式，新样式将在该基础样式的基础上进行修改。
- “用于”下拉列表框：制定新建标注样式的适用范围，包括“所有标注”、“线性标注”、“角度标注”、“半径标注”、“直径标注”、“坐标标注”和“引线与公差”等选项。

设置了新样式的名称、基础样式和适用范围后，单击该对话框中的“继续”按钮，将打开“新建标注样式”对话框，如图 7-5 所示。

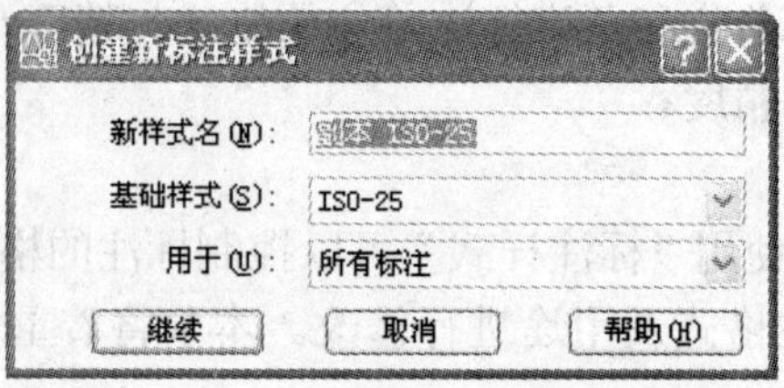

创建新标注样式
新样式名(N)：副本 ISO-25
基础样式(S)：ISO-25
用于(U)：所有标注
继续 取消 帮助(H)

图 7-4 “创建新标注样式”对话

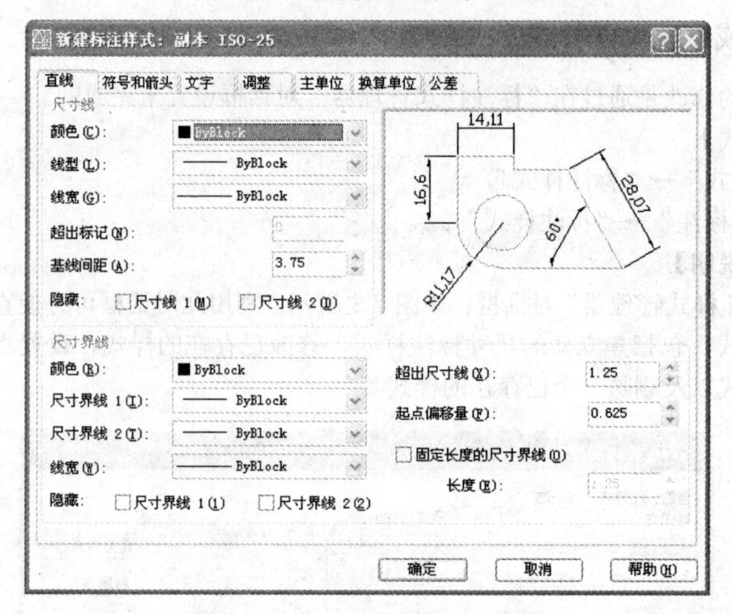

图 7-5 “新建标注样式”对话框

从图 7-5 中可以看出，创建标注样式包括以下内容：

- 直线：设置尺寸线、尺寸界线的格式与位置。
- 符号和箭头：设置箭头的样式和大小、圆心标记和弧长标注等。
- 文字：设置标注文字的外观、位置和对齐方式。
- 调整：设置文字与尺寸线的管理规则以及标注特征比例。
- 主单位：设置主单位的格式与精度。
- 换算单位：设置换算单位的格式和精度。
- 公差：设置公差的格式和精度。

7.2.2 直线

在“新建标注样式”对话框中，可以使用“直线和箭头”选项卡设置尺寸标注的尺寸线、尺寸界线的格式和位置。

1. 设置尺寸线

在“尺寸线”选项区中，可以设置尺寸线的颜色、线宽、超出标记以及基线间距等属性，各选项功能如下：

• 颜色：设置尺寸线的颜色。默认情况下，尺寸线的颜色随块。

• 线型：设置尺寸线的线型。

• 线宽：设置尺寸线宽度，默认情况下，尺寸线的线宽随块。

• 超出标记：当尺寸线的箭头采用倾斜、建筑标记、小点、积分或无标记等样式时，使用该文本框可以设置尺寸线超出尺寸界线的长度。如图 7-6 所示，当箭头设置为倾斜时，超出标记为 0 和 3 的效果。

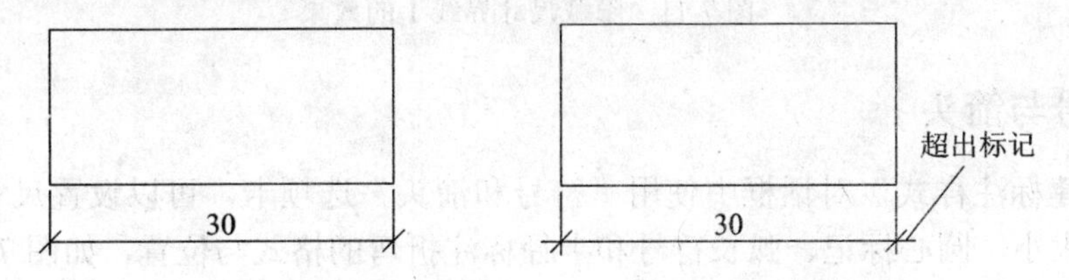

图 7-6　设置不超出标记与设置超出标记的效果比较

• 基线间距：进行基线尺寸标注时，设置各尺寸线之间的距离，如图 7-7 所示。

• 隐藏：通过选择“尺寸线 1”或“尺寸线 2”复选框，可以隐藏第一段或第二段及其相应的箭头，如图 7-8 所示。

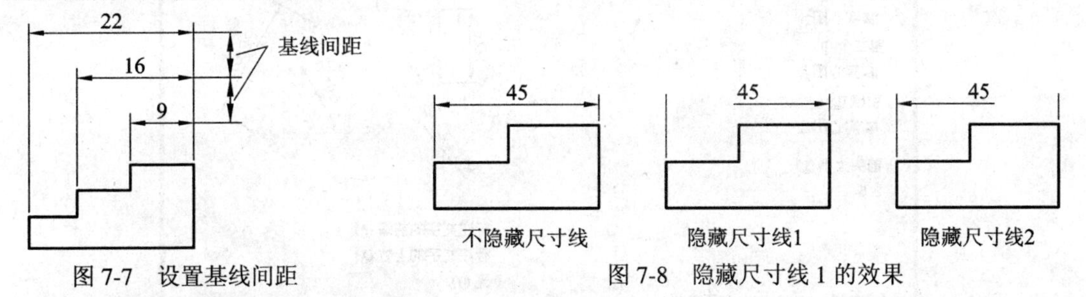

图 7-7　设置基线间距　　图 7-8　隐藏尺寸线 1 的效果

2．设置尺寸界线

在“尺寸界线”选项区中，可以设置尺寸界线的颜色、线宽、超出尺寸线的长度、起点偏移量与隐藏控制等属性，各选项功能如下：

• 颜色：设置尺寸界线的颜色。

• 尺寸界线 1：设置尺寸界线 1 的线型。

• 尺寸界线 2：设置尺寸界线 2 的线型。

• 线宽：设置尺寸界线的线宽度。

• 超出尺寸线：设置尺寸界线超出尺寸线的距离，如图 7-9 所示。

• 起点偏移量：用于设置尺寸界线的起点与标注定义点的距离，如图 7-10 所示。

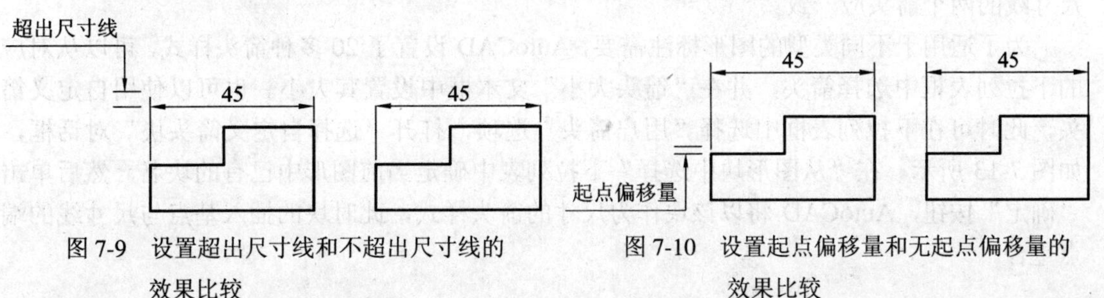

图 7-9　设置超出尺寸线和不超出尺寸线的效果比较　　图 7-10　设置起点偏移量和无起点偏移量的效果比较

- 隐藏：通过选择“尺寸界线 1”或“尺寸界线 2”，可隐藏尺寸界线，如图 7-11 所示。

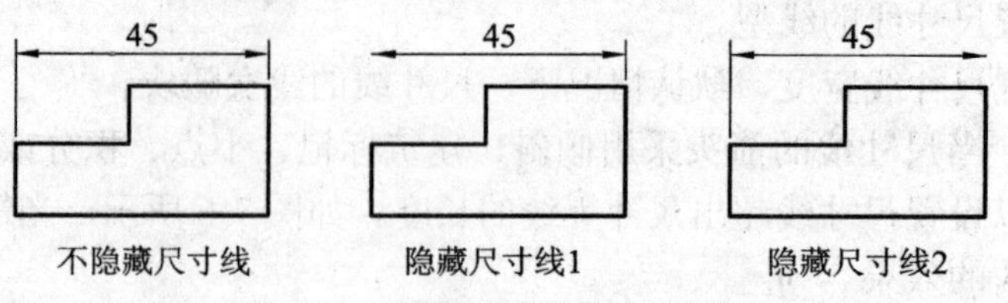

图 7-11 隐藏尺寸界线 1 的效果

7.2.3 符号与箭头

在“新建标注样式”对话框中使用“符号和箭头”选项卡，可以设置尺寸线和引线箭头的类型及大小、圆心标记、弧长符号和半径标注折弯的格式与位置，如图 7-12 所示。

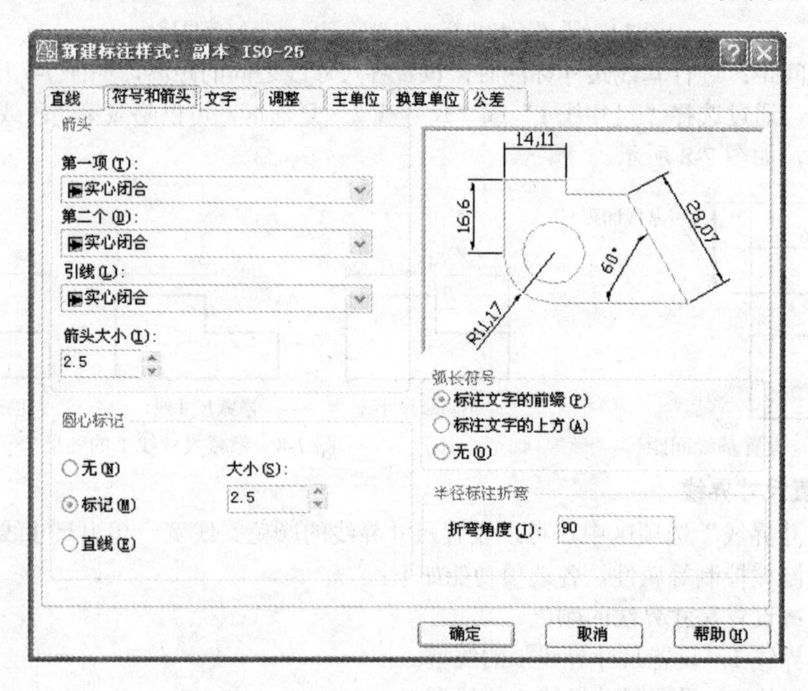

图 7-12 “符号和箭头”选项卡

1. 设置箭头

在“箭头”选项组中，可以设置尺寸线和引线箭头的类型及尺寸大小等。通常情况下，尺寸线的两个箭头应一致。

为了适用于不同类型的图形标注需要，AutoCAD 设置了 20 多种箭头样式，可以从对应的下拉列表框中选择箭头，并在“箭头大小”文本框中设置其大小。也可以使用自定义箭头，此时可在下拉列表框中选择“用户箭头”选项，打开“选择自定义箭头块”对话框，如图 7-13 所示。在“从图形块中选择”下拉列表中确定当前图形中已有的块名，然后单击“确定”按钮，AutoCAD 将以该块作为尺寸的箭头样式，此时块的插入基点与尺寸线的端点重合。

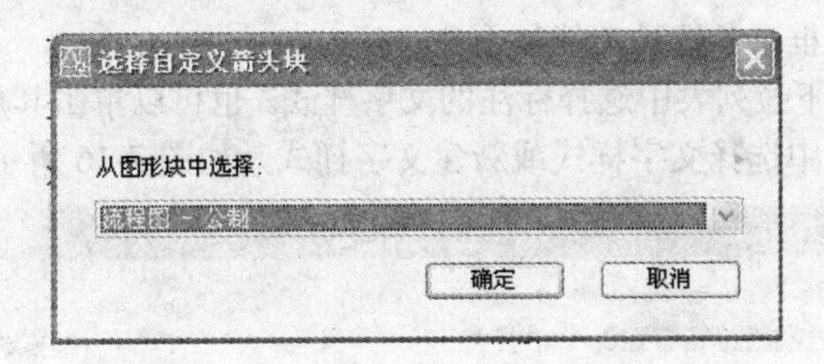

图7-13 “选择自定义箭头块”对话框

2. 圆心标记

在“圆心标记”选项区中，可以设置圆心标记的类型和大小，如图7-14所示。

- 类型：用于设置圆或圆弧的圆心标记的类型，如标记、直线等。

标记：对圆或圆弧绘制圆心标记。

直线：对圆或圆弧绘制中心线。

无：不做任何标记。

- 大小：用于设置圆心标记的大小。

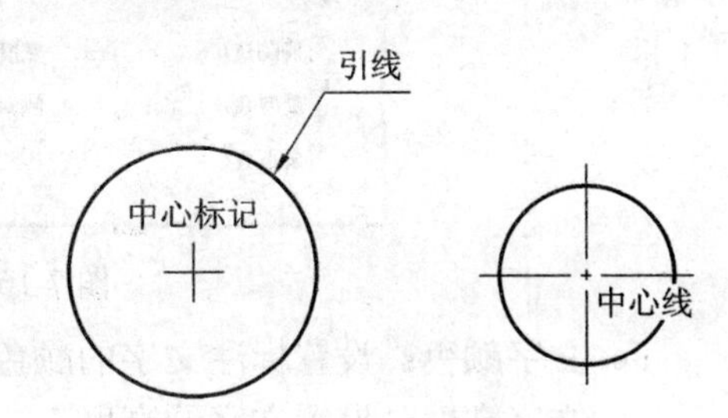

图7-14 引线和中心标记

7.2.4 尺寸文本

在“新建标注样式”对话框中，可以使用“文字”选项卡设置标注文字的外观、位置和对齐方式，如图7-15所示。

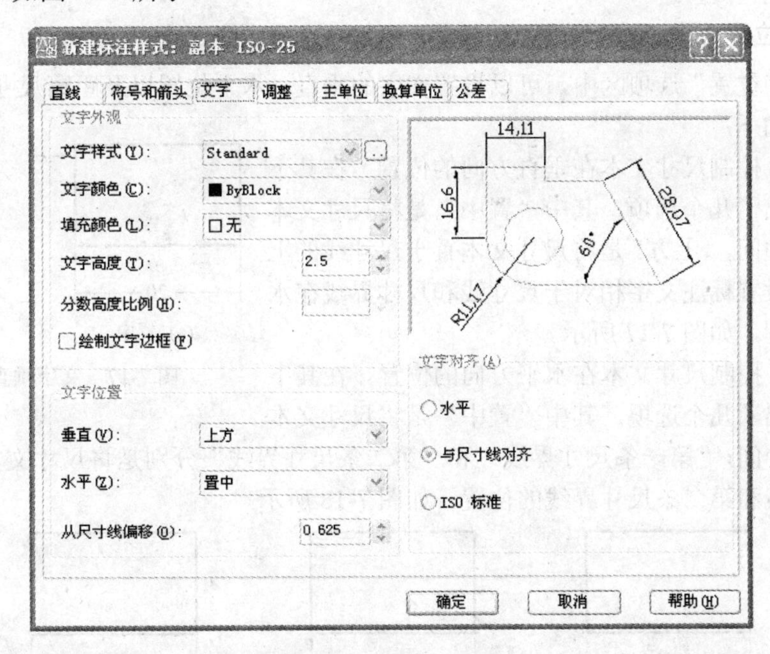

图7-15 “文字”选项卡

1. 文字外观

在“文字外观”选项区中，可以设置文字的样式、颜色、高度和分数高度比例，以及控制是否绘制文字边框，各选项功能如下：

• 文字样式：从下拉列表中选择标注的文字样式。也可以单击其后边的按钮，打开“文字样式”对话框，从中选择文字样式或新建文字样式，如图 7-16 所示。

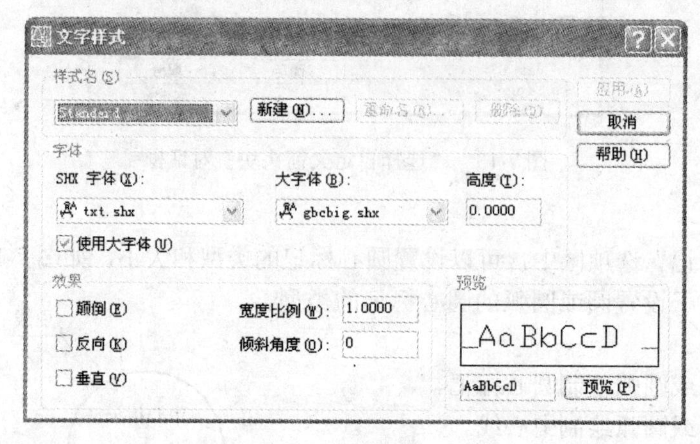

图 7-16　“文字样式”对话框

• 文字颜色：设置标注文字的颜色。

• 文字高度：设置文字的高度。

• 分数高度比例：设置标注文字中的分数相对于其他标注文字的比例，AutoCAD 将该比例值与标注文字高度的乘积作为分数的高度。

• 绘制文字边框：设置是否给标注文字加边框。

2. 文字位置

在“文字位置”选项区中，可以设置文字的垂直、水平位置以及距离尺寸线的偏移量，各选项功能如下：

• 垂直：控制尺寸文本在垂直方向的位置。在其下拉列表中列出了几个选项，其中“置中”是将尺寸文本置于尺寸线中间，“上方”是将尺寸文本置于尺寸线的上方，水平是设置标注文字相对于尺寸线和尺寸界线在水平方向的位置，如图 7-17 所示。

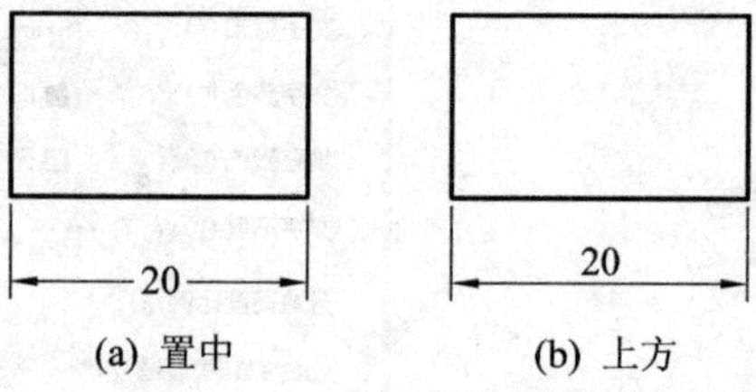

(a) 置中　　(b) 上方

图 7-17　文字垂直位置设置

• 水平：控制尺寸文本在水平方向的位置。在其下拉列表中列出了几个选项，其中“置中”是将尺寸文本置于尺寸线中间，“第一条尺寸界线”和“第二条尺寸界线”分别是将尺寸文本置于靠近第一条尺寸界线和第二条尺寸界线的位置，如图 7-18 所示。

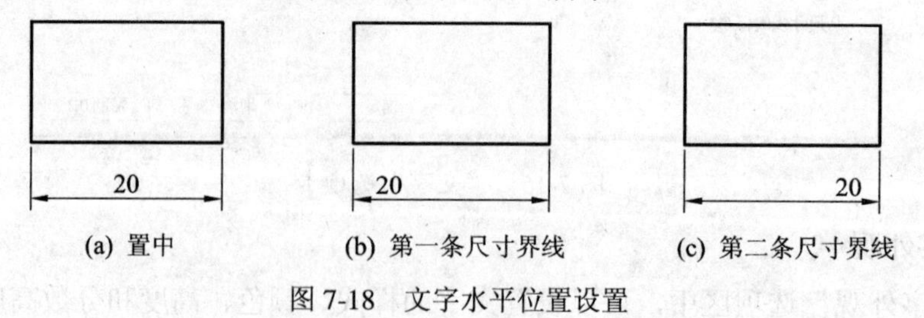

(a) 置中　　(b) 第一条尺寸界线　　(c) 第二条尺寸界线

图 7-18　文字水平位置设置

• 从尺寸线偏移：设置标注文字与尺寸线之间的距离。如果标注文字位于尺寸线的中间，则表示断开处尺寸线端点与尺寸文字的间距；若标注文字带有边框，则可以控制文字边框与其中文字的距离。

3. 文字对齐

在“文字对齐”选项区域中，可以设置标注文字是保持水平还是与尺寸线平行，各选项功能如下：

• 水平：标注文字将水平放置。

• 与尺寸线对齐：标注文字方向与尺寸线方向一致。

• ISO 标准：标注文字按 ISO 标准放置。当标注文字在尺寸界线之内时，它的方向与尺寸线方向一致，而在尺寸界线之外时将水平放置。

各对齐方式如图 7-19 所示。

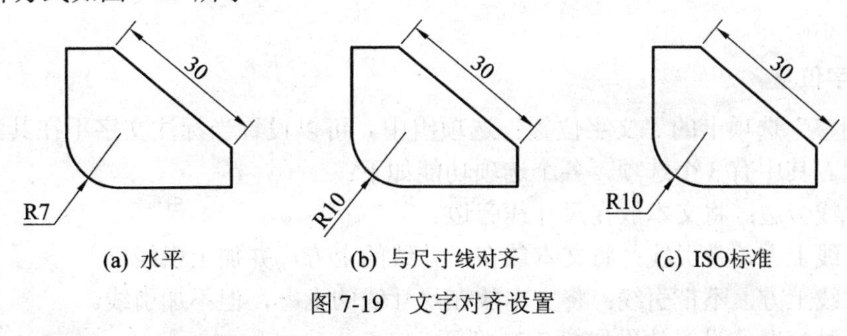

图 7-19 文字对齐设置

7.2.5 调整设置

在“新建标注样式”对话框中打开“调整”选项卡，如图 7-20 所示。该选项卡中分为 4 个选项组，可以对标注文字和箭头进行各项调整设置。

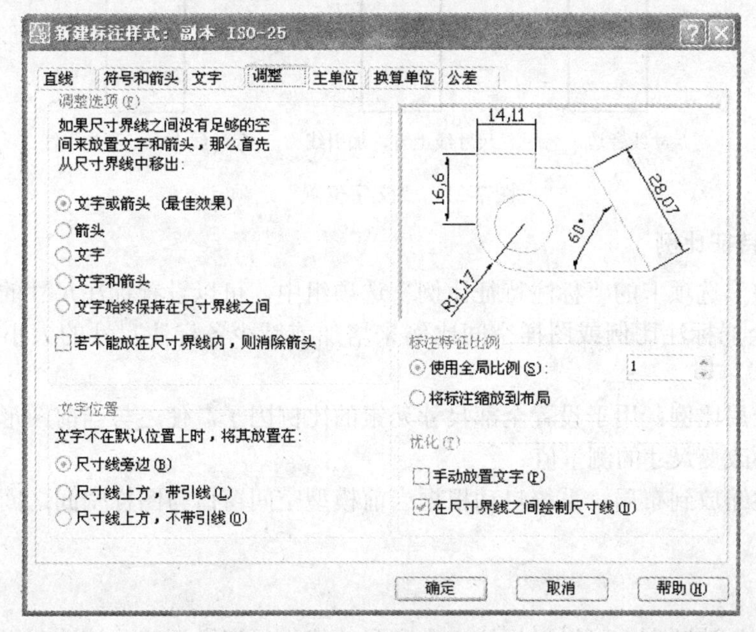

图 7-20 “调整”选项卡

1. 调整选项

当尺寸界线之间的距离足够大时，AutoCAD 2006 通常将尺寸文字和箭头放置于尺寸界线之间，然而当尺寸界线之间没有足够空间时，为了清楚表达视图，需要将尺寸文字或箭头移到其他位置。在“调整”选项卡的“调整选项”选项组中，可以设置在尺寸界线之间没有足够空间时标注文字和箭头的放置位置，共有 5 个单选按钮和 1 个复选框可供选择：

- 文字或箭头(最佳效果)：AutoCAD 2006 按最佳效果自动选择文字和箭头的放置。
- 箭头：当空间不够时，首先将箭头移出。
- 文字：当空间不够时，首先将文字移出。
- 文字和箭头：当空间不够时，将文字和箭头都移出。
- 文字始终保持在尺寸界线之间：将文字始终保持在尺寸界线之内。
- 若不能放在尺寸界线内，则消除箭头：如果不能将箭头和文字放在尺寸界线内，则箭头不予显示。

2. 文字位置

在“调整”选项卡的“文字位置”选项组中，可以设置当标注文字不在其默认位置时的放置位置。其中有 3 个选项，各个选项功能如下：

- 尺寸线旁边：将文本放在尺寸线旁边。
- 尺寸线上方，带引线：将文本放在尺寸线的上方，并加上引线。
- 尺寸线上方，不带引线：将文本放在尺寸线的上方，但不加引线。

上述 3 种情况的设置效果如图 7-21 所示。

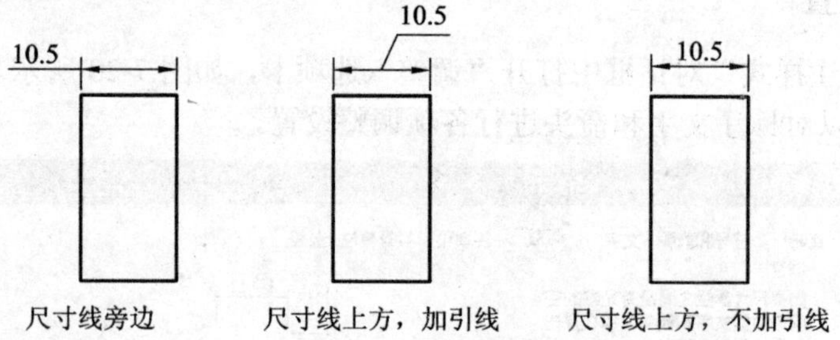

10.5 10.5 10.5

尺寸线旁边 尺寸线上方，加引线 尺寸线上方，不加引线

图 7-21 “文字位置”选项

3. 标注特征比例

在“调整”选项卡的“标注特征比例”选项组中，可以设置标注尺寸的特征比例，以便通过设置全局标注比例或图样空间比例来增加或减少各标注尺寸的大小，各选项功能如下：

- 使用全局比例：用于设置全部尺寸元素的比例因子，使之与当前图形的比例因子相符，该比例不改变尺寸的测量值。
- 将标注缩放到布局：系统自动根据当前模型空间窗口与图样空间之间的缩放关系设置比例。

4. 优化

在“优化”选项中，可以对标注文本和尺寸线进行细微调整，该选项组包括以下两个复选框：

- 手动放置文字：忽略标注文字的水平设置，在标注时可以将标注文字放置在用户指定的位置上。
- 在尺寸界线之间绘制尺寸线：即使把箭头放在测量点之外，也会在测量点之内绘制出尺寸线。

7.2.6　主单位

在“新建标注样式”对话框中，使用“主单位”选项卡可设置主单位的格式与精度等属性，如图7-22所示。

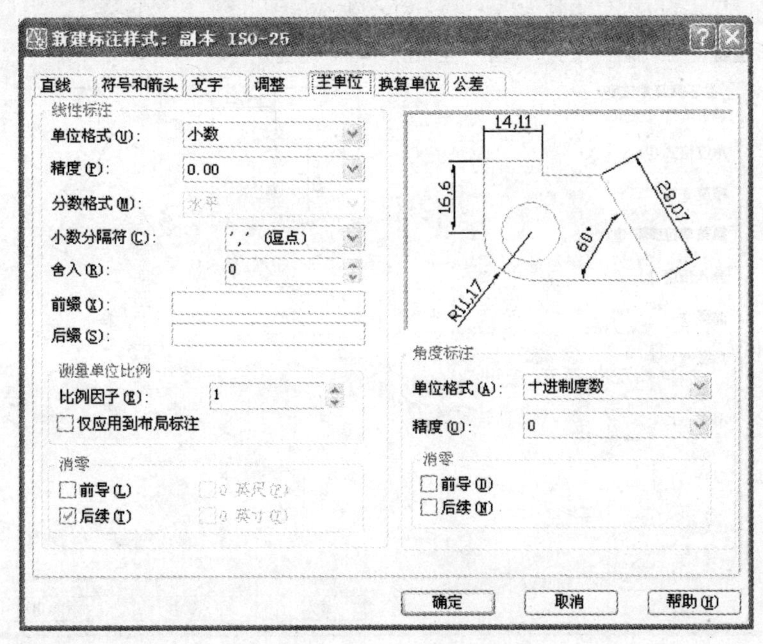

图7-22　“主单位”选项卡

1. 线性标注

在“线性标注”选项组中，可以设置线性标注的单位格式与精度，其主要选项功能如下。

- 单位格式：设置除角度标注之外其余各标注类型的尺寸单位，包括“科学”、“小数”、“工程”、“建筑”、“分数”及“Windows桌面”等选项。
- 精度：设置除角度标注之外其他标注尺寸的保留小数位数。
- 分数格式：只有当“单位格式”为“分数”时，可以设置分数的格式，包括“水平”、“对角”和“非堆叠”三种方式。
- 小数分隔符：用于设置小数的分隔符，包括“逗号”、“句号”和“空格”三种方式。
- 舍入：用于设置除角度标注外的尺寸测量值的舍入值。
- 前缀和后缀：设置标注文字的前缀和后缀，用户在相应的文本框中输入字符即可。
- 测量单位比例：使用“比例因子”文本框，可以设置测量尺寸的缩放比例。
- 消零：设置是否显示尺寸标注中“前导”和“后续”的零。

2. 角度标注

在“角度标注”选项组中，可以使用“单位格式”下拉列表框设置标注角度时的单位，使用“精度”下拉列表框设置标注角度的尺寸精度，使用“消零”选项组设置是否消除角度尺寸前导和后续的零。

7.2.7 换算单位

在“新建标注样式”对话框中使用“换算单位”选项卡，可以设置换算单位的格式，如图 7-23 所示。

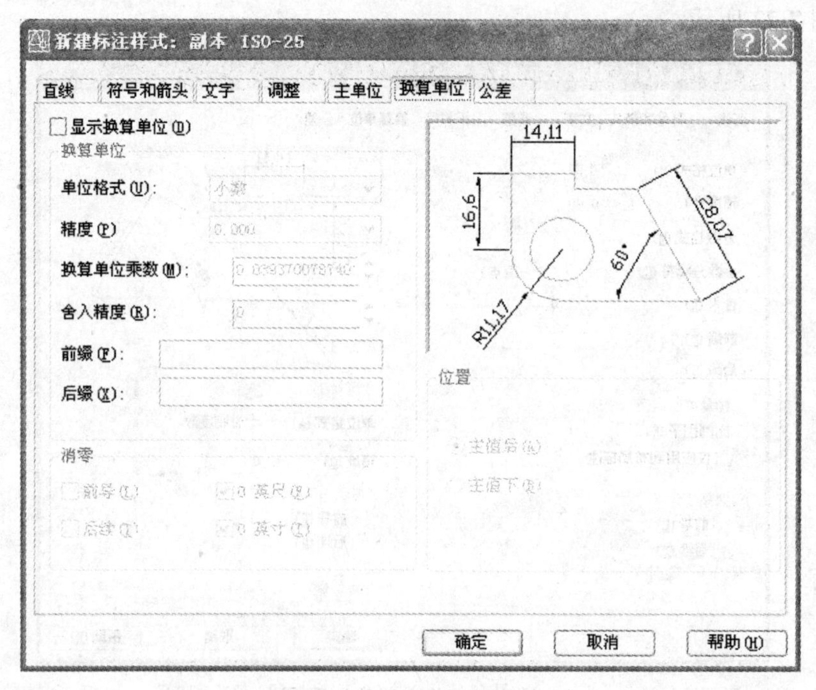

图 7-23 “换算单位”选项卡

在 AutoCAD 2006 中，通过换算标注单位，可以转换使用不同测量单位制的标注，通常是显示英制标注的等效公制标注，或公制标注的等效英制标注。在标注文字中，换算标注单位显示在主单位旁边的方括号[ ]中，如图 7-24 所示。

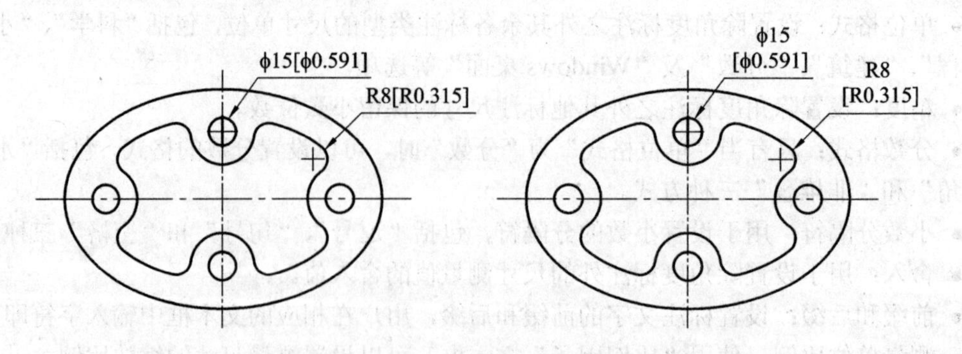

图 7-24 使用换算单位

选中“显示换算单位”复选框后，对话框的其他选项才可用，可以在“换算单位”选项组中设置换算单位的“单位格式”、“精度”、“换算单位乘数”、“舍入精度”、“前缀”及“后缀”等，方法与设置主单位的方法相同。

在“位置”选项组中可以设置换算单位的位置，包括“主值后”和“主值下”两种方式。

7.2.8 公差

在“新建标注样式”对话框中，可以使用“公差”选项卡设置是否标注公差，以及以何种方式进行标注，如图7-25所示。

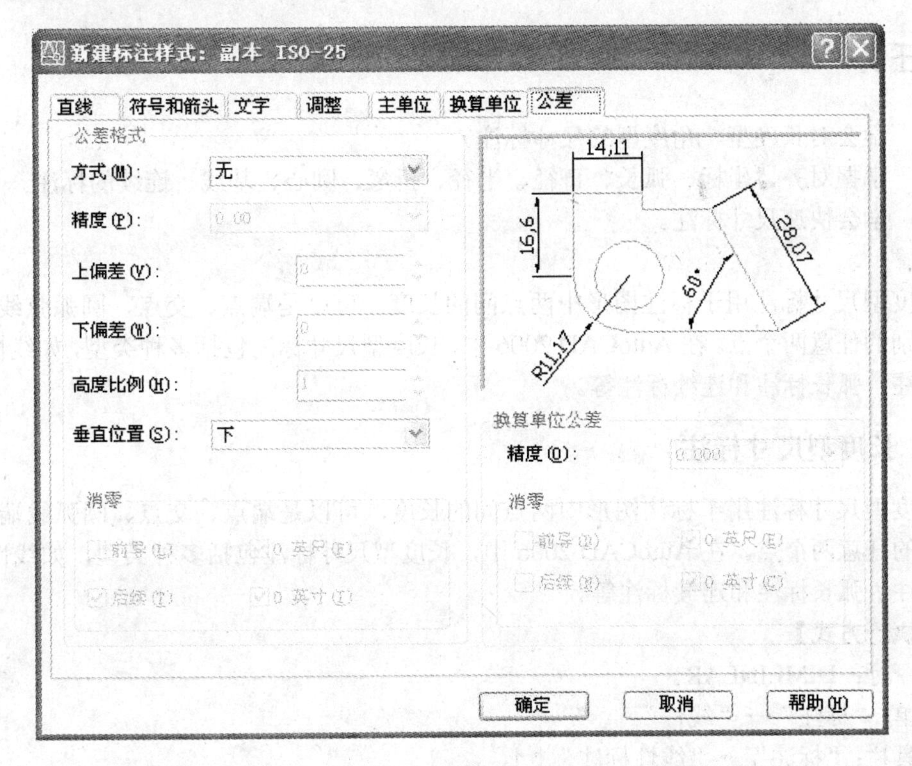

图7-25 “公差”选项卡

在“公差格式”选项组中可以设置公差的标注格式，各选项的功能说明如下：

- 方式：确定以何种方式标注公差，包括“无”、“对称”、“极限偏差”、“极限尺寸”和“基本尺寸”选项。效果如图7-26所示。

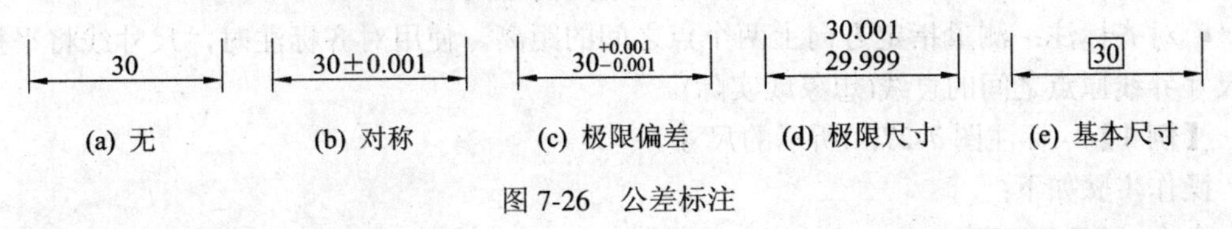

图7-26 公差标注

- 精度：设置尺寸公差的精度。
- 上偏差、下偏差：设置尺寸的上偏差、下偏差。

• 高度比例：确定公差文字的高度比例因子。确定后，AutoCAD 2006 将该比例因子与尺寸文字高度之积作为公差文字的高度。

• 垂直位置：控制公差文字相对于尺寸文字的位置，包括“上”、“中”、“下”三种方式。

• 消零：设置是否消除公差值前导或后续的零。

• 换算单位公差：当标注换算单位时，可以设置换算单位的精度和是否消零。

7.3 标注尺寸

本节任务：

✧ 学会对长度型、角度型的尺寸标注。

✧ 掌握对齐、坐标、弧长、直径、半径、折弯、圆心、基线、连续的标注。

✧ 学会快速尺寸标注。

长度型尺寸标注用于标注图形中两点间的长度，可以是端点、交点、圆弧弦线端点或能够识别的任意两个点。在 AutoCAD 2006 中，长度型尺寸标注包括多种类型，如线性标注、对齐标注、弧长标注和连续标注等。

7.3.1 长度型尺寸标注

长度型尺寸标注用于标注图形中两点间的长度，可以是端点、交点、圆弧线端点或能够识别的任意两个点。在 AutoCAD 2006 中，长度型尺寸标注包括多种类型，如线性标注、对齐标注、弧长标注和连续标注等。

【执行方式】

命令行：DIMLINEAR。

菜单：“标注”→“线性”。

工具栏：“标注”→“线性标注”⊢⊣。

【功能及说明】

线性标注表示两个点之间距离的测量值。线性标注有如下三种类型：

• 水平标注：测量平行于 X 轴的两个点之间的距离。

• 垂直标注：测量平行于 Y 轴的两个点之间的距离。

• 对齐标注：测量指定方向上两个点之间的距离。使用对齐标注时，尺寸线将平行于两尺寸界线原点之间的直线(想象或实际)。

【例 1】 标注图 7-27(a)所示的尺寸。

操作步骤如下：

命令：DIMLINEAR↵

指定第一条尺寸界限原点或[选择对象]：　　//选 P1 点。

指定第二条尺寸界线原点：　　//选 P2 点。

指定尺寸线位置或[多行文字(M)/文字(T)/角度(A)/水平(H)/垂直(V)/旋转(R)]： //用鼠标单击 P3 点附近(此时在 P3 点附近标注出图示尺寸，其中尺寸文本是系统提供的，未对其进行修改)。

【例 2】 标注图 7-27(b)所示的尺寸。

操作步骤如下：

命令：DIMLINEAR↵

指定第一条尺寸界限原点或[选择对象]： //选 P1 点。

指定第二条尺寸界线原点： //选 P2 点。

指定尺寸线位置或[多行文字(M)/文字(T)/角度(A)/水平(H)/垂直(V)/旋转(R)]：T

输入标注文字<29.48>： %%c30

指定尺寸线位置或[多行文字(M)/文字(T)/角度(A)/水平(H)/垂直(V)/旋转(R)]： //用鼠标单击 P3 点附近。

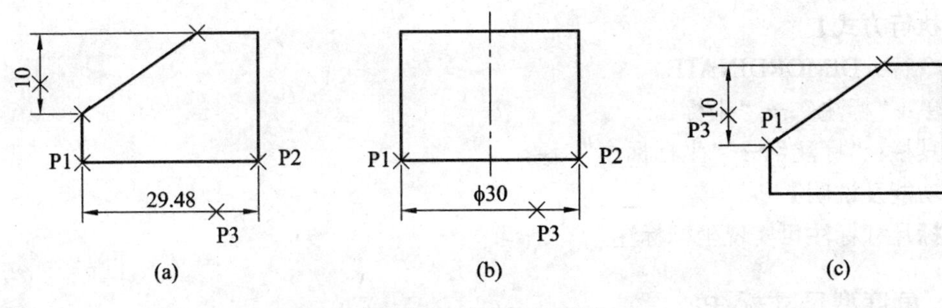

图 7-27 线性标注示例

【例 3】 标注图 7-27(c)所示的尺寸。

操作步骤如下：

命令：DIMLINEAR↵

指定第一条尺寸界限原点或[选择对象]： //选 P1 点。

指定第二条尺寸界线原点： //选 P2 点。

指定尺寸线位置或[多行文字(M)/文字(T)/角度(A)/水平(H)/垂直(V)/旋转(R)]：V

指定尺寸线位置或[多行文字(M)/文字(T)/角度(A)]：T

输入标注文字<9.68>：10

指定尺寸线位置或[多行文字(M)/文字(T)/角度(A)]： //用鼠标单击 P3 点附近。

7.3.2 对齐标注

对齐标注是将尺寸线与二尺寸线原点的连线相平行。

【执行方式】

命令行：DIMALIGNED。

菜 单："标注"→"对齐"。

工具栏："标注"→"对齐标注"。

【功能及说明】

对齐标注所标注的尺寸与所标注轮廓线平行，标注的是起始点到终点之间的距离尺寸。

【例 4】 标注图 7-28 所示的尺寸。

操作步骤如下：

命令：LINEALIGNED↵

指定第一条尺寸界线原点或[选择对象]：　　//选 P1 点。

指定第二条尺寸界线原点：　　//选 P2 点。

指定尺寸线位置或[多行文字(M)/文字(T)/角度(A)]：T

输入标注文字<23.4>：24

指定尺寸线位置或[多行文字(M)/文字(T)/角度(A)]：　　//在 P3 点附近单击鼠标。

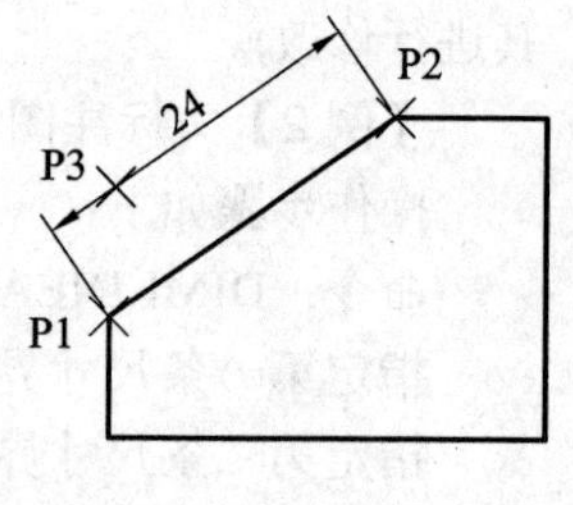

图 7-28　对齐标注示例

7.3.3　坐标尺寸标注

坐标尺寸标用于标注相对于坐标原点的坐标。

【执行方式】

命令行：DIMORDINATE。

菜单：“标注”→“坐标”。

工具栏：“标注”→“坐标标注”。

【功能及说明】

坐标尺寸标注可实现坐标标注。

7.3.4　角度型尺寸标注

角度型尺寸标注用于标注角度尺寸，角度尺寸线为圆弧。此命令可标注两条直线所夹的角、圆弧的中心角及三点确定的角。

【执行方式】

命令行：DIMANGULAR。

菜单：“标注”→“角度”。

工具栏：“标注”→“角度标注”。

【功能及说明】

图 7-29 列出了角度标注的四种情况

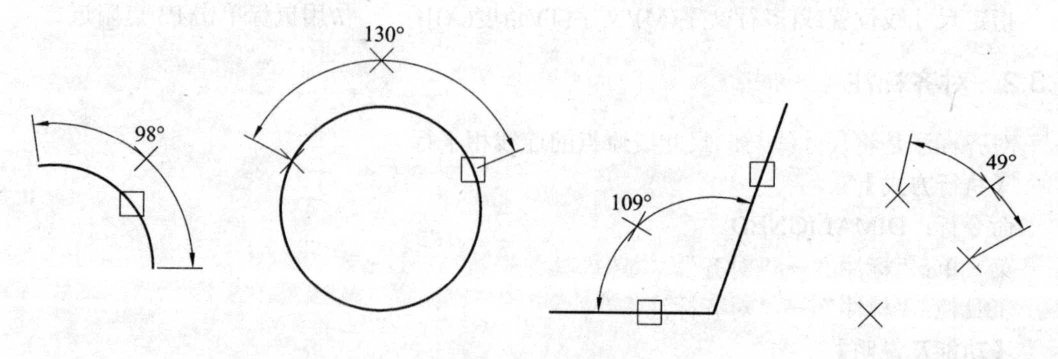

图 7-29　角度尺寸标注

操作步骤如下：

命令：DIMANGULAR ↵ //执行角度命令。

选择圆弧、圆、直线或<指定顶点>： //选择一条直线。

选择第二条直线： //选择角的第二条边。

指定标注弧线位置或[多行文字(M)/文字(T)/角度(A)]： //确定尺寸弧的位置。

标注文字=60

7.3.5 弧长标注

弧长标注命令用于标注圆弧的长度。

【执行方式】

命令行：DIMARC。

菜单："标注"→"弧长"。

工具栏："标注"→"弧长标注"。

【功能及说明】

弧长标注可为圆弧标注长度尺寸。

操作步骤如下：

命令：DIMARC ↵ //执行弧长命令。

选择弧线段或多段线弧线段： //选择圆弧段。

指定弧长标注位置或[多行文字(M)/文字(T)/角度(A)/部分(P)/引线(L)]： //确定圆弧的位置。

7.3.6 直径标注

直径标注可以标注圆的直径。

【执行方式】

命令行：DIMDIAMETER。

菜单："标注"→"直径"。

工具栏："标注"→"直径标注"。

【功能及说明】

直径标注可在圆或圆弧上标注直径尺寸，并自动带直径符号"ϕ"。

操作步骤如下：

命令：DIMDIAMETER ↵ //执行直径命令。

选择圆弧或圆： //选择要标注直径的圆弧或圆。

指定尺寸线位置或[多行文字(M)/文字(T)/角度(A)]： //确定圆弧或圆的位置。

【例5】 标注图7-30所示圆的直径尺寸。

命令：DIMDIAMETER ↵

选择圆弧或圆： //选取圆。

指定尺寸线位置或[多行文字(M) / 文字(T) / 角度(A)]： //在合适位置选取一点放置尺寸。

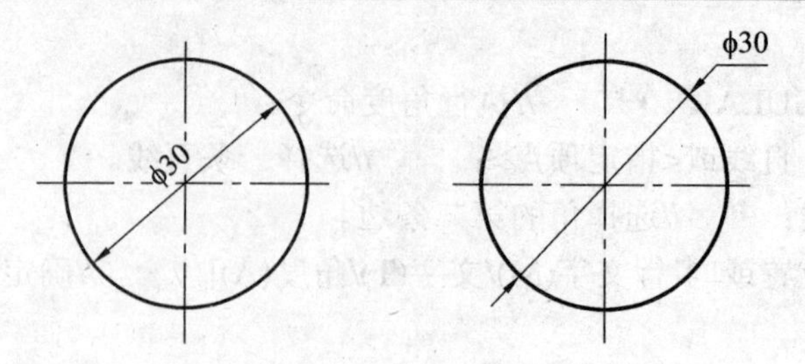

图 7-30 直径标注示例

7.3.7 半径标注

半径标注的方法与直径标注相同，可以标注圆和圆弧的半径。

【执行方式】

命令行：DIMRADIUS。

菜单："标注"→"半径"。

工具栏："标注"→"半径标注"。

【功能及说明】

半径标注用于标注圆或圆弧的半径，并自动带半径符号"R"。图 7-31 是半径标注示例。

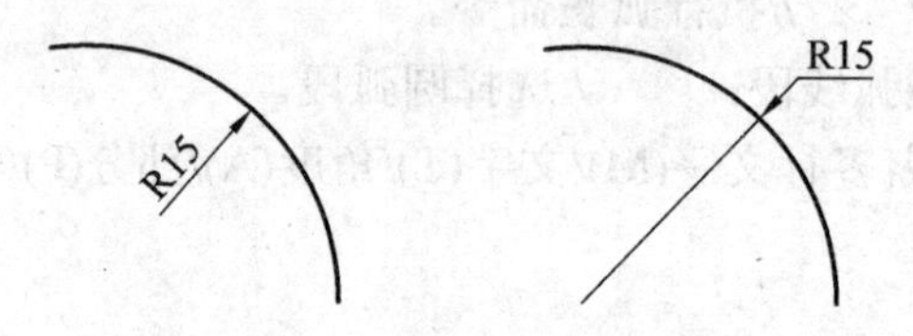

图 7-31 半径尺寸标注

操作步骤如下：

命令：DIMRADIUS ↵ //执行半径命令。

选择圆弧或圆： //选择要标注半径的圆或圆弧。

指定尺寸线位置或[多行文字(M)/文字(T)/角度(A)]： //确定尺寸线的位置，尺寸线总是指向或通过圆心。

7.3.8 折弯标注

折弯标注指为圆或圆弧创建折弯标注。

【执行方式】

命令行：DIMJOGGED。

菜单："标注"→"折弯"。

工具栏："标注"→"折弯标注"。

【功能及说明】

操作步骤如下：

命令：DIMJOGGED ↵ //执行折弯命令。

选择圆弧或圆： //选择需标注尺寸的圆弧或圆。

指定中心位置替代： //指定折弯半径标注的新中点，以替代圆弧或圆的实际中心点。

指定尺寸线位置或[多行文字(M)/文字(T)/角度(A)]：　　//确定尺寸线的位置，或进行其他设置。

指定折弯位置：　　//指定折弯位置。

7.3.9　圆心标记

圆心标记为指定的圆或圆弧绘制圆心标记或中心线。

【执行方式】

命令行：DIMCENTER。

菜单："标注"→"圆心标记"。

工具栏："标注"→"圆心标记"。

【功能及说明】

圆心标记是十字还是中心线，由标注样式管理器的"直线和箭头"选项卡中的"圆心标记"来设定。中心标记和中心线仅适用于直径和半径标注，且仅在将尺寸线置于圆或圆弧之外时才绘制它。

操作步骤如下：

命令：DIMCENTER ↵　　//执行圆心标记命令。

选择圆或圆弧：　　//选择需标注尺寸的圆或圆弧。

7.3.10　基线标注

基线标注用于标注有公共的第一条尺寸界线(作为基线)的一组尺寸互相平行的线性尺寸或角度尺寸。

【执行方式】

命令行：DIMBASELINE。

菜单："标注"→"基线"。

工具栏："标注"→"基线标注"。

【功能及说明】

必须先标注第一个尺寸后才能使用此命令。

操作步骤如下：

命令：DIMBASELINE　↵　　//执行基线命令。

指定第二条尺寸界线原点或[放弃(U)/选择(S)]<选择>：　　//按回车键后选择作为基准的尺寸标注。

【例 6】　图 7-32(a)中尺寸 15 已标出，要求标注尺寸 30、45(假定尺寸 15 是图形中绘制的最后一个尺寸，并且其右侧的尺寸界线是第一条尺寸界线)。

命令：DIMBASELINE　↵

移动鼠标可以看到，系统自动以尺寸 15 的第一条尺寸界线作为基准生成了基线标注的第一条尺寸线，同时命令行出现如下提示：

指定第二条尺寸界线原点或[放弃(U)/选择(S)] <选择>：　　//选 P1 点，生成尺寸 30。

指定第二条尺寸界线原点或[放弃(U)/选择(S)] <选择>：　　//选 P2 点，生成尺寸 45。

点击鼠标右键，在快捷菜单中选择"确认"或按【Esc】键结束命令，即可完成标注。

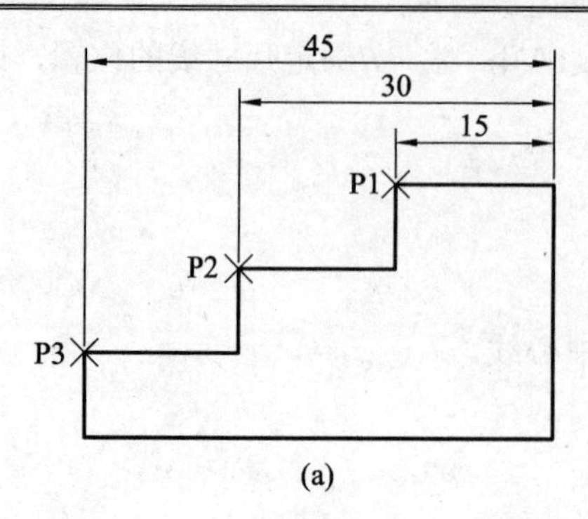

(a)

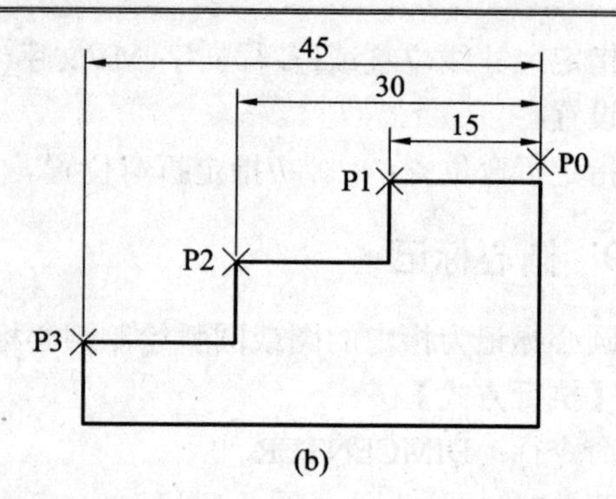

(b)

图 7-32 基线标注示例

【例 7】 图 7-32(b)中尺寸 15 已标出，现要求标注尺寸 30、45(假定尺寸 15 不是图形中绘制的最后一个尺寸)。

命令：DIMBASELINE ↵

移动鼠标可以看到，系统自动以图形中某尺寸的第一条尺寸界线作为基准生成了基线标注的第一条尺寸线，同时命令行出现如下提示：

指定第二条尺寸界线原点或 [放弃(U)/选择(S)] <选择>：S

选择基准标注： //选择尺寸 15 右侧的尺寸界线或尺寸线上靠右的某点，此时移动鼠标可以看到，系统自动以尺寸 15 的第一条尺寸界线作为基准生成了基线标注的第一条尺寸线。

指定第二条尺寸界线原点或[放弃(U)/选择(S)] <选择>： //选 P1 点，生成尺寸 30。

指定第二条尺寸界线原点或[放弃(U)/选择(S)] <选择>： //选 P2 点，生成尺寸 45。

点击鼠标右键，在快捷菜单中选择“确认”或按【Esc】键结束命令，即可完成标注。

7.3.11 连续标注

连续标注用于标注尺寸线连续或链状的一组线性尺寸或角度尺寸。

【执行方式】

命令行：DIMCONTINUE。

菜单：“标注”→“连续”。

工具栏：“标注”→“连续标注” 。

【功能及说明】

操作步骤如下：

命令：DIMCONTINUE ↵ //执行连续命令。

指定第二条尺寸界线原点或[放弃(U)/选择(S)]<选择>： //回车选择作为基准的尺寸标注。

选择连续标注：

指定第二条尺寸界线原点或[放弃(U)/选择(S)]<选择>：

【例 8】 图 7-33 中尺寸 10 已标出，要求标注尺寸 15、20。

操作步骤如下：

命令：DIMBASELINE ↵

移动鼠标可以看到，系统自动以图形中某尺寸的某条尺寸界线作为基准生成了基线标注的第一条尺寸线，同时命令行出现如下提示：

指定第二条尺寸界线原点或[放弃(U)/选择(S)] <选择>：S

选择基准标注：　　//选择尺寸 10 左侧的尺寸界线或尺寸线上靠左的某点，此时移动鼠标可以看到，系统自动以尺寸 10 的左侧尺寸界线作为基准生成了连续标注的第一条尺寸线。

指定第二条尺寸界线原点或[放弃(U)/选择(S)] <选择>：　　//选 P2 点，生成尺寸 15。

指定第二条尺寸界线原点或[放弃(U)/选择(S)] <选择>：　　//选 P3 点，生成尺寸 20。

点击鼠标右键，在快捷菜单中选择“确认”或按【Esc】键结束命令，即可完成标注。

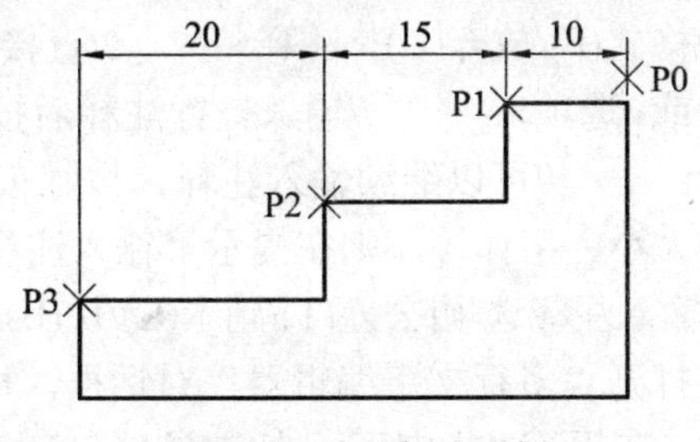

图 7-33　连续标注示例

7.3.12　快速尺寸标注

一次选择多个对象，可同时标注多个相同类型的尺寸，这样大大节省时间，提高工作效率。

【执行方式】

命令行：QDIM。

菜单：“标注”→“快速标注”。

工具栏：“标注”→“快速标注”。

【功能及说明】

系统默认状态为指定尺寸线的位置，通过拖动鼠标可以确定调整尺寸线的位置。

操作步骤如下：

命令：QDIM ↵　　//执行快速标注命令。

选择要标注的几何图形：　　//选择需要标注的对象，按回车键则结束选择。

指定尺寸线位置或[连续(C)/并列(S)/基线(B)/坐标(O)/半径(R)/直径(D)/基准点(P)/编辑(E)/设置(T)]<连续>：　　//确定尺寸标注的位置。

7.4　引线标注

本节任务：

✧ 使用 LEADER 命令进行引线标注。

✧ 使用 QLEADER 命令进行引线标注。

1. 利用 LEADER 命令进行引线标注

【执行方式】

命令行：LEADER。

【功能及说明】

该命令可完成带文字的注释或形位公差标注。

操作步骤如下：

命令：LEADER ↵

指定引线起点：

指定下一点：

指定下一点或[注释(A)/格式(F)/放弃(U)]<注释>：　　//直接按回车键，则输入文字注释。

输入注释文字的第一行或<选项>：　　//输入一行注释后按回车键。

输入注释文字的下一行：　　//可以继续输入注释，按回车键则结束注释的输入。

若需要改变文字注释的大小、字体等，则在提示“输入注释文字的第一行或<选项>：”下直接按回车键，在提示“输入注释选项[公差(T)/副本(C)/块(B)/无(N)/多行文字(M)]<多行文字>：”后继续按回车键，将打开“多行文字编辑器”对话框，可由此输入和编辑注释。

如果需要修改标注格式，在提示“指定下一点或[注释(A)/格式(F)/放弃(U)]<注释>：”下选择选项格式(F)，则后续提示“输入引线格式选项[样条曲线(S)/直线(ST)/箭头(A)/无(N)]<退出>：”。

其中各选项说明如下：

- 样条曲线(S)：设置引线为样条曲线。
- 直线(ST)：设置引线为直线。
- 箭头(A)：在引线的起点绘制箭头。
- 无(N)：绘制不带箭头的引线。

2. 利用 QLEADER 命令进行引线标注

【执行方式】

命令行：QLEADER。

菜单：“标注”→“引线”。

工具栏：“标注”→“快速引线”。

【功能及说明】

利用引线标注，用户可以标注一些注释、说明等，也可以为引线附着块参照和特征控制框。

操作步骤如下：

命令：QLEADER ↵

指定第一个引线点或[设置(S)]<设置>：　　//选 P1 点。

指定下一点：　　//选 P2 点。

指定下一点：

指定文字宽度<O>：

输入注释文字的第一行<多行文字(M)>：　　//按回车键，打开多行文字编辑器。

输入注释文字的下一行：　　　//在提示“指定第一个引线点或[设置(S)]<设置>：”(选 P1 点)。

结果如图 7-34 所示。

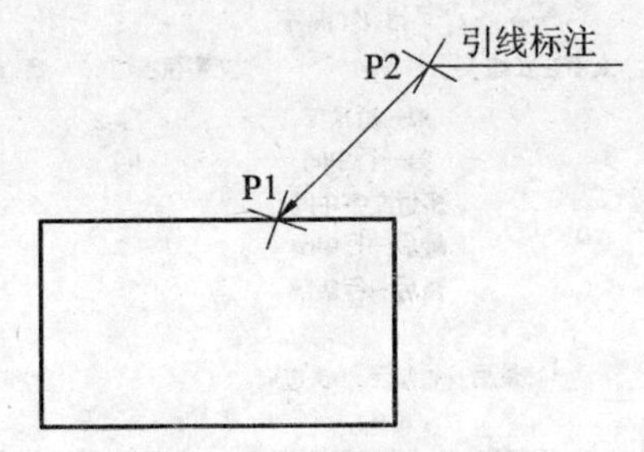

图 7-34　引线标注示例

在引线设置对话框中有三个选项卡，通过选项卡可以设置引线标注的具体格式，如图 7-35～图 7-37 所示。

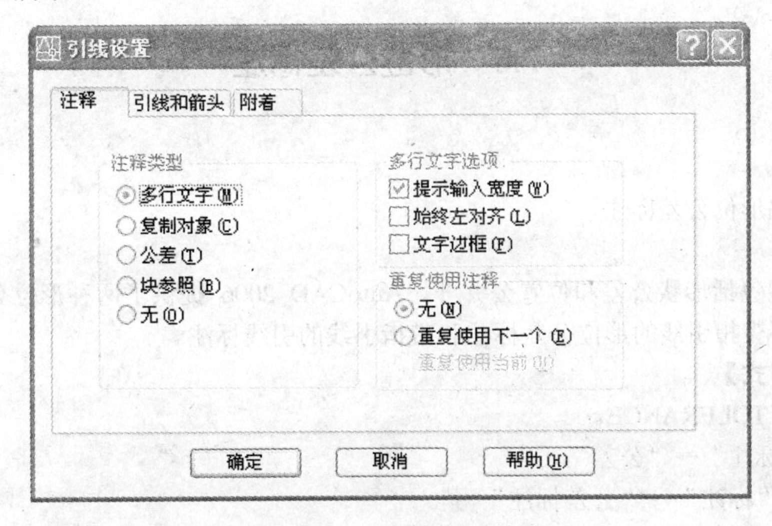

图 7-35　“注释”选项卡

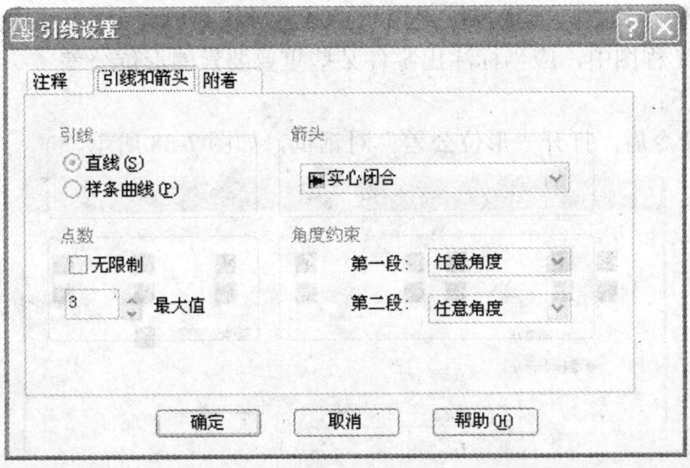

图 7-36　“引线和箭头”选项卡

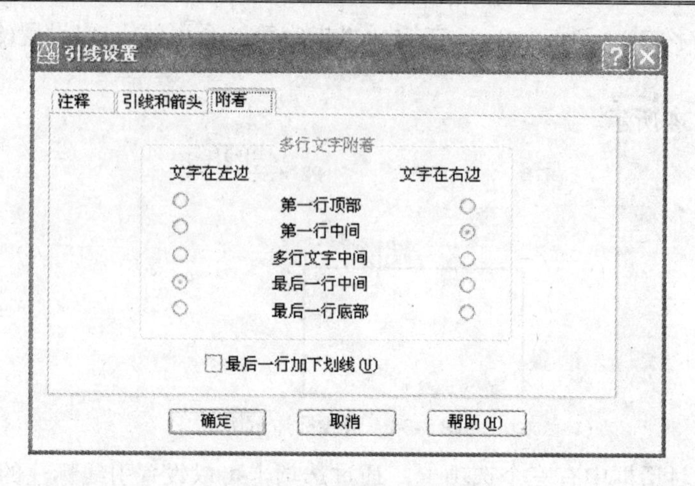

图 7-37 “附着”选项卡

7.5 形位公差标注

本节任务：

✧ 掌握形位公差标注。

形位公差包括形状公差和位置公并非，AutoCAD 2006 提供了两种形位公差的标注方法，分别是不带指引线的形位公差标注和带指引线的引线标注。

【执行方式】

命令行：TOLERANCE。

菜单：“标注”→“公差”。

工具栏：“标注”→“公差标注”。

【功能及说明】

对于一个零件，其实际形状和位置相对于理想形状和位置存在一定的误差，该误差称为形位公差。在工程图中，应当标注出零件某些重要要素的形位公差。

操作步骤如下：

(1) 启动该命令后，打开“形位公差”对话框，如图 7-38 所示。

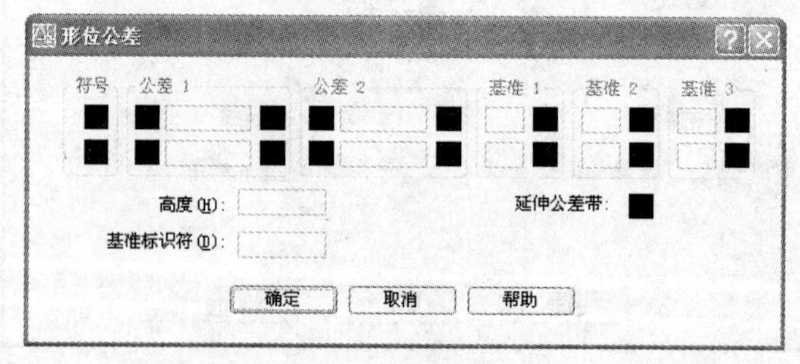

图 7-38 “形位公差”对话框

(2) 在对话框中，单击“符号”下面的黑色方块，打开“特征符号”对话框，如图 7-39 所示，通过该对话框可以设置形位公差的代号。在该对话框中，选择某个符号则单击该符号，若不进行选择，则单击右下角的白色方块或按【Esc】键。

(3) 在“形位公差”对话框“公差 1”输入区的文本框中输入公差数值，单击文本框左侧的黑色方块，则设置直径符号φ，单击文本框右侧的黑色方块，则打开“附加符号”对话框，利用该对话框可设置包容条件，如图 7-40 所示。

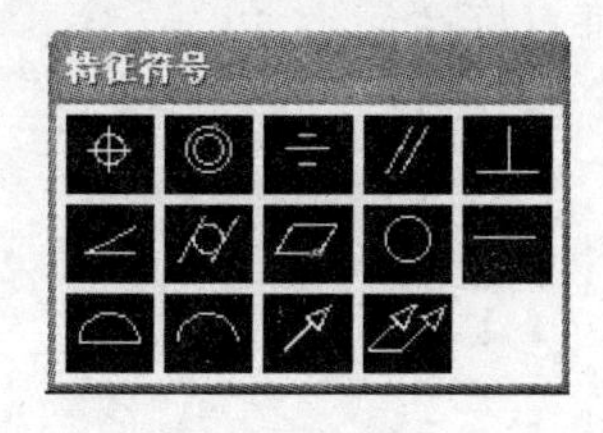

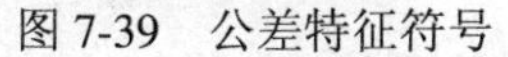

图 7-39 公差特征符号　　图 7-40 选择包容条件

若需要设置两个公差，利用同样的方法在“公差 2”输入区进行设置。

(4) 在“形位公差”对话框的“基准”输入区设置基准，在其文本框内输入基准的代号，单击文本框右侧的黑色方块，则可以设置包容条件。

图 7-41 所示为圆柱轴线的直线度公差标注。

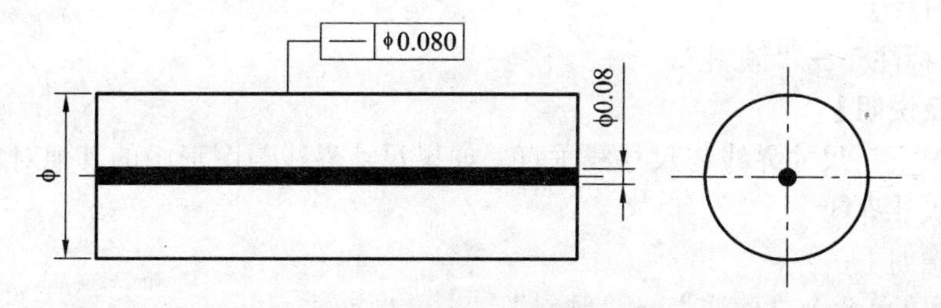

图 7-41 标注圆柱轴线的直线度公差

7.6 编辑尺寸标注

本节任务：

✧ 学会对尺寸标注进行编辑。

编辑尺寸标注是指对已经标注的尺寸标注位置、文字位置、文字内容、标注样式等做出改变的过程。AutoCAD 2006 提供了很多编辑尺寸标注的方式，如编辑命令、夹点编辑、通过快捷菜单编辑、通过“特征”窗口或“标注样式管理器”修改标注的格式，等等。其中，夹点编辑是修改标注最快、最简单的方法。

1. 拉伸标注

【执行方式】

命令行：STRETCH。

菜单："修改"→"拉伸"。

【功能及说明】

可以使用夹点或者 STRETCH 命令拉伸标注。使用该命令时，必须使用交叉窗口和交叉多边形选择标注。文字移出尺寸界线则不需要拆分尺寸线，尺寸线将被重新连接。当图形具有不同方向的尺寸时，拉伸图形顶点，则会同时拉伸与该顶点相关的尺寸。标注的定义点要包含在交叉选择窗口中，此时拉伸不改变标注样式(对齐、水平或垂直等)，AutoCAD 2006 重新对齐和重新测量对齐标注，然后重新测量垂直标注。

操作步骤如下：

(1) 从"修改"菜单中选择"拉伸"命令。

(2) 使用交叉选择窗口，选择所有要拉伸的标注。

(3) 指定位移的基点。

(4) 指定位移的第 2 点。

在 AutoCAD 2006 中，标注的尺寸与标注的对象是关联的。如果标注的尺寸值是按自动测量值标注，且尺寸标注是按尺寸关联模式标注的，改变被标注对象的大小后相应的标注尺寸也将发生变化。因此，当用户编辑图形时，相关的标注将自动更新。

2．倾斜尺寸界线

【执行方式】

菜单："标注"→"倾斜"。

【功能及说明】

默认情况下，尺寸界线与尺寸线垂直。如果尺寸界线与图形中的其他对象发生冲突，则创建倾斜尺寸界线。

操作步骤如下：

(1) 选择菜单命令"标注"→"倾斜"。

(2) 选择需要倾斜的尺寸标注对象，若不再选择则按回车键确认。

(3) 在命令提示行中输入倾斜的角度，如 60°，按回车键确认，这时倾斜后的标注见图 7-43。

3．调整标注位置

创建标注后，用户可以随时根据需要利用夹点编辑的方法调整标注的位置，如果希望对标注文字的位置进行各种调整，可首先单击选中该标注，然后右击该标注，并从弹出的快捷菜单中选择一个合适的文字位置选项。

4．编辑标注文字

【执行方式】

命令行：DDEDIT。

菜单："修改"→"特性"。

工具栏："标注"→"特性"。

操作步骤如下：

(1) 选择"标注"工具。

(2) 选择菜单命令“修改”→“特性”。

(3) 在“特性”窗口的“文字”区中的“文字替代”文本框中，输入或编辑标注文字。其中，给标注测量值添加前缀和后缀时，可以在尖括号< >内表示原尺寸，然后在尖括号的前面或后面输入适当的内容。

“特征”窗口的“文字替代”文本框中，输入的文字总是替代“测量单位”框中显示的实际标注测量值。

5．替代当前样式

【执行方式】

菜单：“标注”→“样式”。

【功能及说明】

对于某个标注，用户可能想不显示标注的尺寸界线，或者修改文字和箭头位置使它们不与图形中的集合重叠，但又不想创建新标注样式，只是临时修改尺寸标注的系统变量，并按该设置修改尺寸标注。这种情况下用户只能为当前样式创建替代标注样式。当用户将其他标注样式设置为当前样式后，替代标注样式将被自动删除。可以将替代标注样式重命名为新的标注样式，或者把替代标注样式的设置保存到当前标注样式中。

操作步骤如下：

(1) 选择菜单命令“标注”→“样式”。

(2) 在“标注样式管理器”中单击“替代”按钮，打开“替代当前样式”对话框，如图7-42 所示。

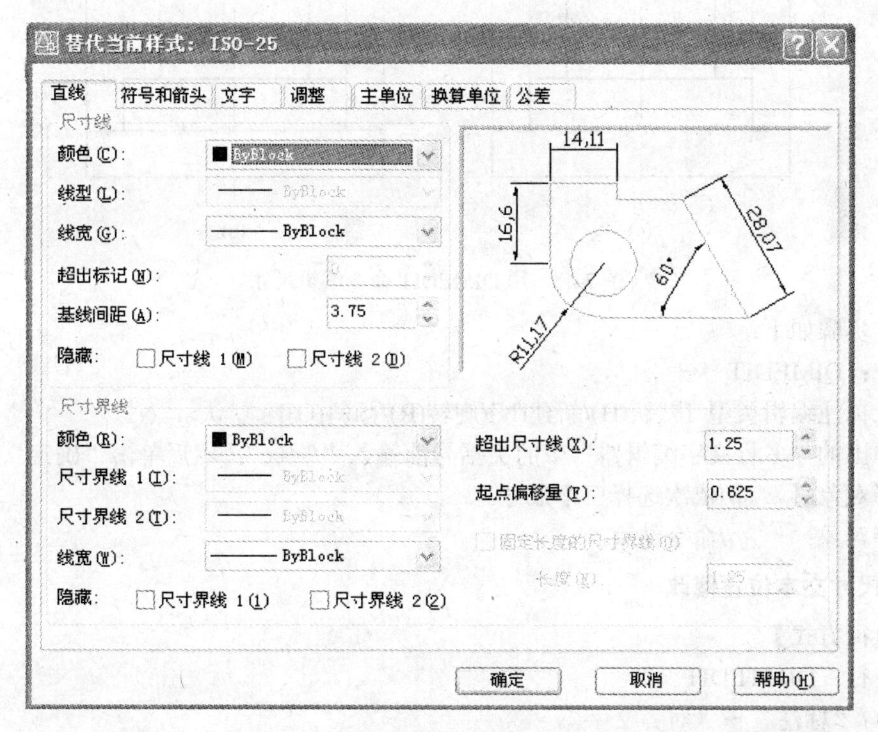

图 7-42　“替代当前样式”对话框

(3) 在“替代当前样式”对话框中调整替代样式，然后单击“确定”按钮。

6. 尺寸编辑

【执行方式】

命令行：DIMEDIT。

工具栏："标注"→"编辑标注"。

【功能及说明】

此命令可以修改尺寸文字、调整尺寸文字的位置、转角和尺寸界限倾斜角。

操作步骤如下：

命令：DIMEDIT ↵

输入标注编辑类型[默认(H)/新建(N)/旋转(R)/倾斜(O)]<默认>： //输入标注编辑类型即可。

- 默认：将标注文字恢复到标注样式所指定的位置和角度。
- 新建：更新标注文字。可在"多行文字管理器"中进行修改。
- 旋转：旋转标注文字行。
- 倾斜：将线性尺寸标注的尺寸界线倾斜一个指定的角度(该尺寸是尺寸界线与 X 轴之间的夹角)。尺寸线保持原方向，避免尺寸界线与图形相交。

【例 9】 将图 7-43(a)中的尺寸修改为 7-43(b)所示的形式。

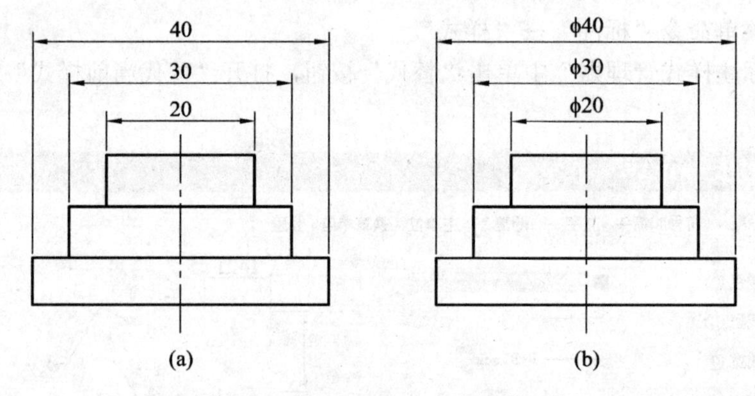

图 7-43 用 DIMEDIT 命令编辑尺寸

操作步骤如下：

命令：DIMEDIT ↵

输入标注编辑类型 [默认(H)/新建(N)/旋转(R)/倾斜(O)] <默认>：N

在弹出的"多行文字编辑器"中的尖括号前输入"%%c"，然后单击"确定"按钮。

选择对象： //依次选择三个尺寸。

选择对象： //命令结束。

7. 尺寸文本位置修改

【执行方式】

命令行：DIMTEDIT。

菜单："标注"→"对齐文字"。

工具栏："标注"→"编辑标注文字"。

【功能及说明】

本命令可以修改标注尺寸文字沿尺寸线的位置和角度。

7.7 实 训

实训1 线性标注

已知直线长度BC=30、AB=38，标注水平距离或垂直距离，如图7-44所示。

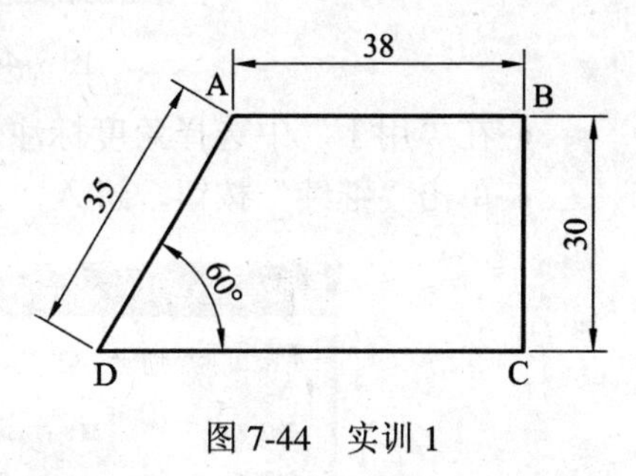

图7-44 实训1

1. 目的要求

掌握线性标注的方法和作图技巧。

2. 操作提示

(1) 通过以下两种方法激活线性标注：

① 通过捕捉两个点的具体位置。

- 对象捕捉确定第一点B。
- 对象捕捉确定第二点C。
- 移动光标确定标注的最终位置。

② 通过选择对象进行线性标注。

- 按回车键以确认默认的“选择对象”选项。
- 选择标注对象AB直线。
- 移动光标以确定标注的最终位置。

(2) 使用对齐标注功能标注倾斜距离。

(3) 角度标注功能标注角度为60°，步骤如下：

① 创建“角度标注样式”。

- 单击工具栏中的“标注”→“标注样式”命令，弹出“标注样式管理器”对话框，如图7-45所示。

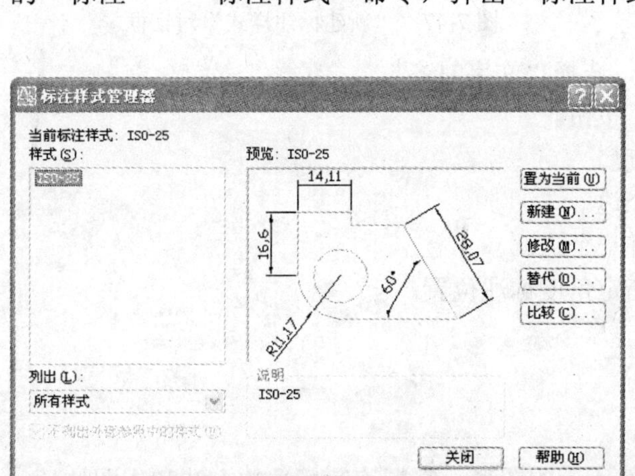

图7-45 “标注样式管理器”对话框

• 单击“新建”按钮，弹出“创建新标注样式”对话框，如图 7-46 所示。

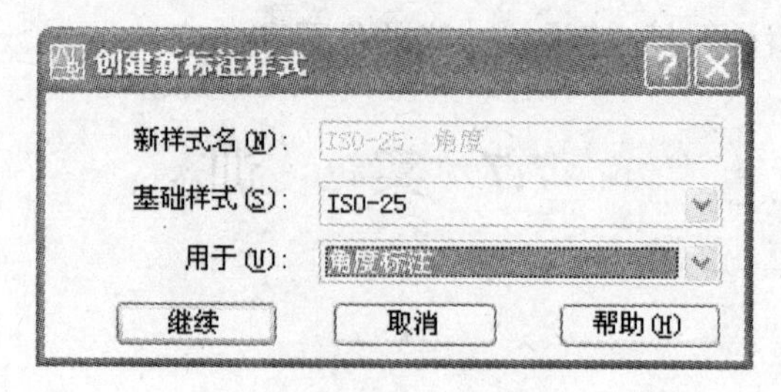

图 7-46 “创建新标注样式”对话框

• 在“用于”中选择角度标注。
• 单击“继续”按钮，进入“新建标注样式”对话框，如图 7-47 所示。

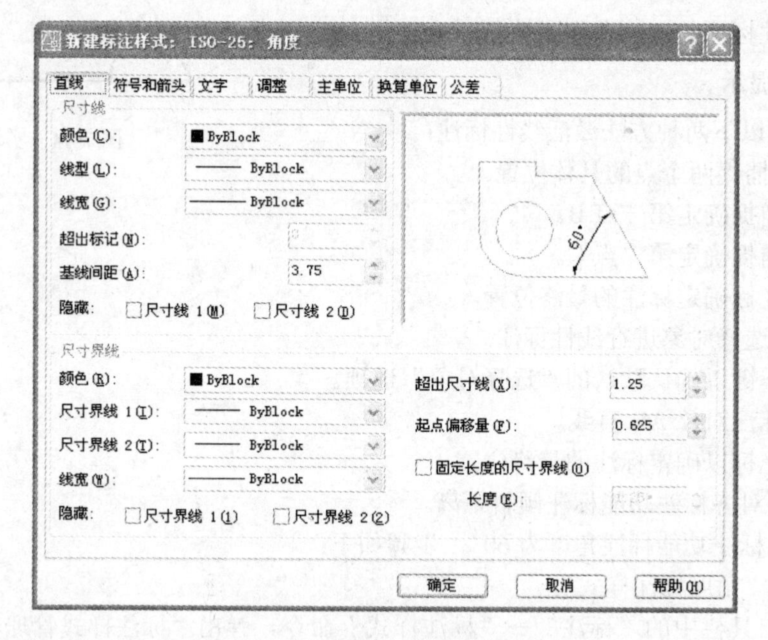

图 7-47 “新建标注样式”对话框

• 单击“文字”，选择“文字对齐”。
• 单击“确定”按钮。

② 标注直线角度。

• 拾取角的一个边。
• 拾取角的另外一个边。
• 移动光标，指定角度标注位置。

实训 2 连续标注

1. 目的要求

通过绘制图 7-48 所示的图形，掌握连续标注的方法和作图技巧。

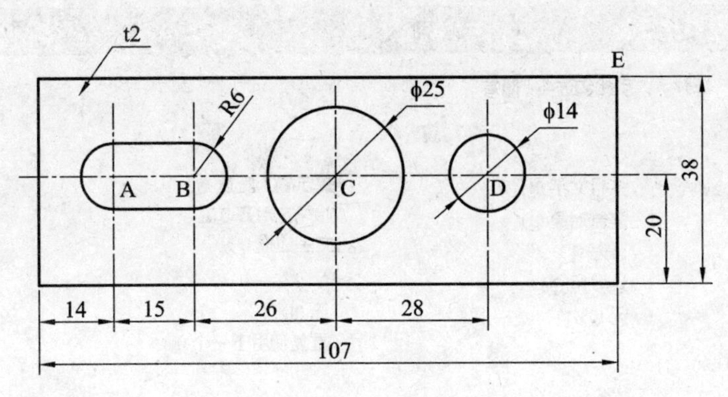

图 7-48　实训 2

2. 操作提示

(1) 使用连续标注功能标注串联尺寸(14，15，26，28)，步骤如下：

① 线性标注 14。

② 激活连续标注命令。

③ 对象捕捉 B 点，标注 15。

④ 对象捕捉 C 点，标注 26。

⑤ 对象捕捉 D 点，标注 28。

⑥ 按回车键以结束命令。

(2) 使用基线标注功能标注并联尺寸(20，38)，步骤如下：

① 线性标注 20。

② 激活基线标注命令。

③ 对象捕捉 B 点，标注 38。

(3) 使用半径标注功能标注圆或圆弧的半径(半径 R6)，步骤如下：

① 选择圆或圆弧。

② 移动光标指定半径标注位置。

(4) 使用直径标注功能标注圆或圆弧的直径(ϕ25、ϕ14)，步骤如下：

① 拾取圆或圆弧。

② 移动光标，指定半径标注位置。

(5) 使用快速引线标注功能，标注板厚为 t2，步骤如下：

① 在“指定第一个引线点或[设置(S)]<设置>：”命令行中按回车键，弹出“引线设置”对话框，如图 7-49 所示。

② 在“注释”选项卡中设置引线注释类型，指定多行文字选项。

③ 在“引线和箭头”选项卡中设置引线和箭头格式：引线(直线)；箭头(无)。

④ 在“附着”选项卡中，选择“最后一行加下划线”。

⑤ 选定第一个引线点。

⑥ 在“指定下一点：”命令行中用光标指定一点。

⑦ 在“指定下一点：”命令行中按回车键。

⑧ 在“指定文字宽度<0.0>：”命令行中按回车键。

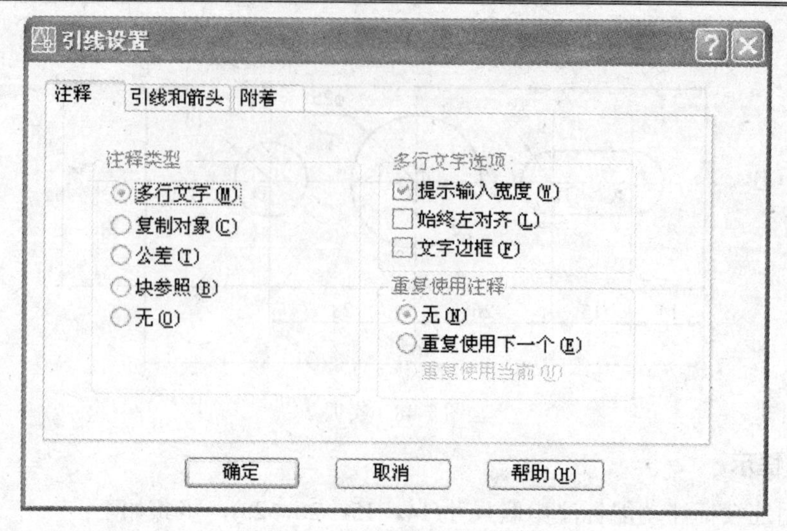

图 7-49 “引线设置”对话框

实训 3 盘类零件尺寸标注

1. 目的要求

通过绘制图 7-50 所示的图形，掌握连续标注的方法和作图技巧。

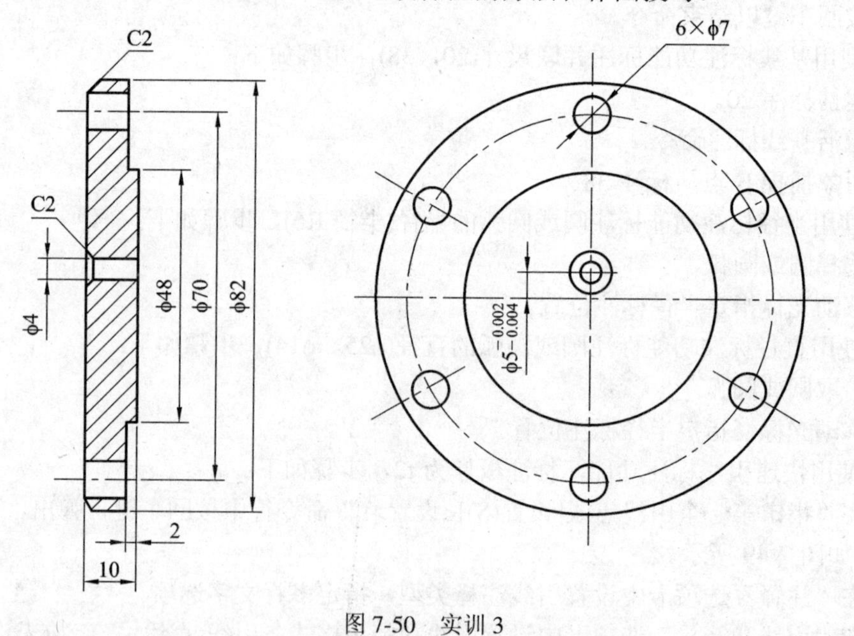

图 7-50 实训 3

2. 操作提示

(1) 标注线性尺寸(2，10，4，48，70，82)。

(2) 输入直径符号“ϕ”，步骤如下：

① 在命令行中输入“ed”，按回车键。

② 选择注释对象“48”，弹出“多行文字编辑器”对话框。

③ 单击“符号”按钮，选择直径(I)并输入%%C。

④ 单击“确定”按钮。

(3) 标注均布小孔“6×ϕ7”，步骤如下：

① 单击工具栏上的“标注”→“直径标注”。

② 选择圆，标注“ϕ7”。

③ 在“命令行：”中输入“ed”，按回车键。

④ 选择注释对象“ϕ 7”，弹出“多行文字编辑器”对话框。

⑤ 输入“6×”，单击“确定”按钮。

(4) 标注快速引线(C2、2×45°)，步骤如下：

① 单击工具栏上的“标注”→“快速引线标注”。

② 按回车键，弹出“引线设置对话框”。

③ 单击“引线和箭头”选项，设置“引线”为“直线”，“箭头”为“无”，单击“确定”按钮。

④ 单击“附着”选项，选择“最后一行下划线”，单击“确定”按钮。

⑤ 指定第一点。

⑥ 指定第二点。

⑦ 按回车键，弹出“多行文字编辑器”对话框。

⑧ 使用相同的方法输入“2×45°”与“C2”。

⑨ 标注公差“$\phi 5^{-0.002}_{-0.004}$”。

- 单击工具栏上的“标注”→“标注样式”。
- 单击“替代”按钮，弹出“替代当前样式”对话框。
- 单击“公差”按钮，弹出“公差格式”对话框，设置如下：

方式：极限偏差；精度：0.000；上偏差：−0.002；下偏差：−0.004。

高度比例：0.5；垂直比例：下。

- 单击“确定”按钮。
- 标注线性尺寸 5。

7.8 思考与练习

一、选择题

1．标注倾斜直线的长度时，应该选择(　　)。

A. 线型标注　　B. 对齐标注　　C. 快速标注　　D. 基线标注

2．在一个线性标注数值前面加直径符号ϕ，可以(　　)。

A. 用直径标注

B. 用 2 次半径标注

C. 编辑文字命令后插入特殊符号%%C

D. 用文字命令创建直径符号ϕ

3．当标注数值和用户设计尺寸不同时，(　　)。

A. 用编辑文字命令直接修改标注数值

B. 检查几何图形，修改图形达到要求后再进行标注

C. 修改标注样式达到数值要求

D. 更新标注样式达到数值要求

4．快速引线后不可以尾随的注释对象是(　　)。

A. 多行文字　　B. 公差　　C. 单行文字　　D. 复制对象

5．对齐标注可以标注(　　)。

A. 水平距离　　B. 垂直距离　　C. 倾斜距离　　D. 特殊点的X、Y距离

二、简答题

1．在AutoCAD 2006中，如何创建标注样式？

2．在AutoCAD 2006中，尺寸标注类型有哪些？各有什么特点？

三、操作题

1．绘制图7-51所示的图形，并进行尺寸标注。

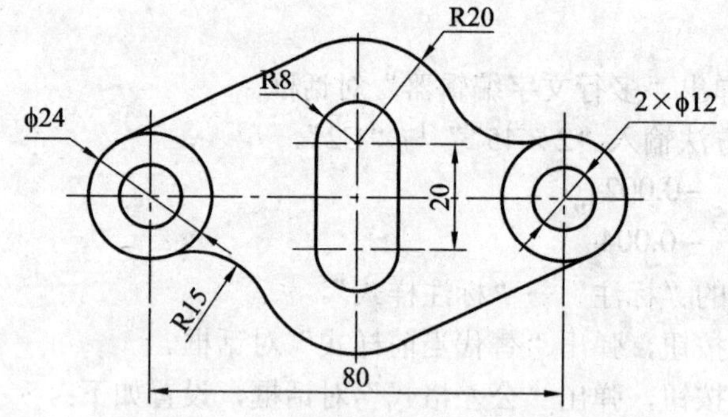

图7-51　零件

2．绘制图7-52所示的图形，并进行尺寸标注。

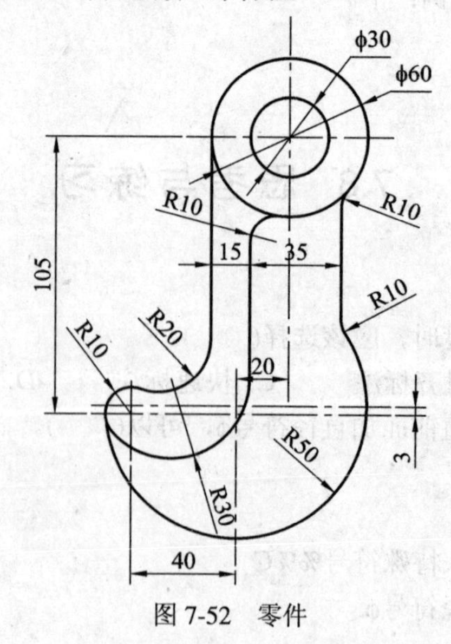

图7-52　零件

第 8 章　图块及设计中心

本章学习目标：

- ✧ 熟悉图块的概念。
- ✧ 掌握创建、插入图块的方法。
- ✧ 掌握以矩形阵列的形式插入图块的方法。
- ✧ 熟悉动态块。
- ✧ 掌握定义、修改图块属性的方法。
- ✧ 熟悉提取属性数据的方法。

在绘制工程图的过程中，经常需要使用相同或类似的图形对象，如表面粗糙度、螺栓、螺母等，如果用户每次需要这些图形时都需重新绘制，不仅耗时费力，而且容易出错。此时用户可将这些相同的图形对象定义为图块，然后根据需要将图块按照指定的缩放比例和旋转角度反复插入到当前图形的任意位置，从而大大提高了绘图效率。

当然，用户也可以把已有的图形文件插入到当前图形中，或是通过 AutoCAD 设计中心浏览、查找、预览、使用和管理 AutoCAD 图形、块、外部参照等不同的资源文件。

8.1　图 块 操 作

本节任务：

- ✧ 熟悉图块及其属性。
- ✧ 掌握创建和插入图块的方法。
- ✧ 掌握以矩形阵列的形式插入图块。
- ✧ 熟悉动态块的创建。

8.1.1　定义图块

图块是指一个或多个图形对象的集合。组成图块的图形对象都有自己的图层、线性、颜色等属性。图块一旦创建好，就是一个整体即单一的对象。在 AutoCAD 中，使用图块可以提高绘图速度，节省存储空间，便于修改图形以及添加属性。

要使用图块，必须首先创建块。利用“块”命令来创建图块，此图块只能存在于定义该块的图形中，而其他图形文件不能使用该图块，有一定的局限性。

【执行方式】

命令行：BLOCK。

菜单：“绘图”→“块”→“创建”。

工具栏：“绘图”→“创建块”。

利用上述任意一种方法启用“块”命令后，可打开“块定义”对话框，如图 8-1 所示。

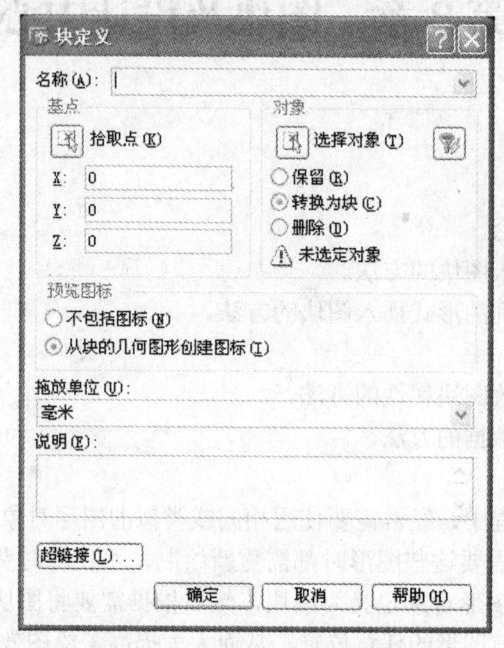

图 8-1　“块定义”对话框

【功能及说明】

- “名称”列表框：输入要定义的图块名称。
- “基点”选项组：设置块的插入基点。可以单击“拾取点”按钮，直接在绘图窗口指定插入点，也可以通过输入 X、Y、Z 坐标值来设置插入点。
- “对象”选项组：用于选择构成图块的图形对象，以及创建以后是否保留选定的对象，或将它们转换成块。
- “选择对象”按钮：单击该按钮，即可在绘图窗口中选择构成图块的图形对象。
- “快速选择”按钮：单击该按钮，打开“快速选择”对话框，即可通过该对话框进行快速过滤来选择满足条件的实体目标。
- “保留”单选项：选择该选项，则在创建图块后，所选图形对象仍保留并且属性不变。
- “转换为块”单选项：选择该选项，则在创建图块后，所选图形对象转换为图块。
- “删除”单选项：用于确定是否随块定义一起保存预览图标并指定图标源文件。
- “预览图标”选项组：选择该选项，则不创建图标。
- “拖放单位”列表框：用于设置将块插入到图形中时的缩放单位。
- “说明”文本框：用于输入图块的说明文字。
- “超链接”按钮：用于插入超链接文档。

☺ 任务：将“表面粗糙度符号”创建成块。

操作步骤如下：

(1) 在绘图区域绘制表面粗糙度符号，如图 8-2 所示。

(2) 选择菜单命令："绘图"→"块"→"创建"。

(3) 在名称列表框中输入块的名称"粗糙度"。

(4) 单击"拾取点"按钮，在该图形符号上选择一点作为图块插入的基点。

图 8-2　表面粗糙度符号

(5) 单击"选择对象"按钮，在绘图窗口中选择构成图块的图形对象。

(6) 单击"确定"按钮，完成操作。

8.1.2　将图块保存为图形文件

通过 BLOCK 命令创建的块只能存在于定义该块的图形中，不能应用到其他图形文件中。如果要使当前图形中定义的图块能被其他图形调用，需将该图块作为一个图形文件单独存储到磁盘上，这样就可以被其他图形引用，也可单独被打开。在 AutoCAD 2006 中，用 WBLOCK 命令来实现图块的存盘。

【执行方式】

命令行：WBLOCK。

在命令行中输入"WBLOCK"，按回车键，弹出"写块"对话框，可在对话框中对图块进行定义，如图 8-3 所示。

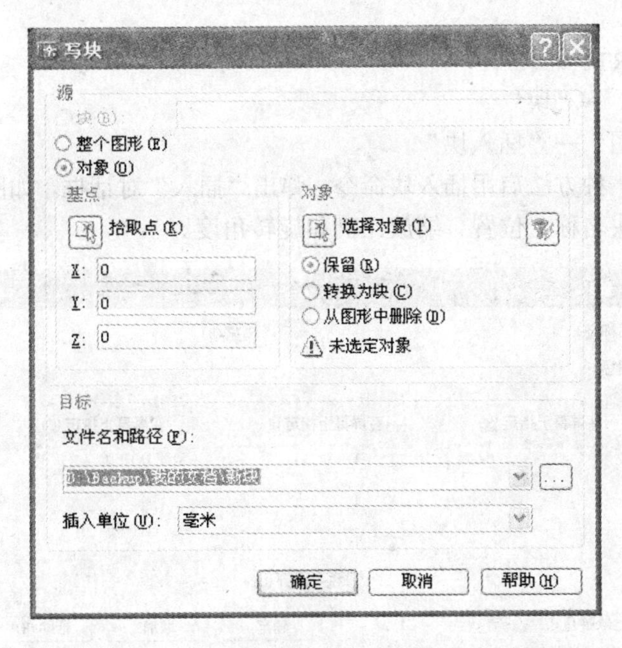

图 8-3　"写块"对话框

【功能及说明】

- "源"选项组：用于选择图块和图形对象，将其保存为文件。
- "块"单选项：用于从列表中选择要保存为图形文件的现有图块。
- "整个图形"单选项：将当前图形作为一个图块，并作为一个图形文件保存。
- "对象"单选项：用于从绘图窗口中设定基点并选择构成图块的图形对象。

• “目标”选项组：用于输入图块文件的名称、确定位置和设定插入图块时使用的测量单位。

• “文件名和路径”列表框：用于输入或选择图块文件的名称、保存位置。单击右侧的按钮，弹出“游览图形文件”对话框，即可指定图块的保存位置，并指定图块的名称。

• “插入单位”下拉列表：用于选择插入图块时使用的测量单位。

☺ 任务：将“表面粗糙度符号”图块写入磁盘。

操作步骤如下：

(1) 在命令行键入命令 WBLOCK，按回车键，打开“写块”对话框。

(2) 在“源”区选择“块”，在下拉列表中选择“粗糙度”。

(3) 在“目标”区输入文件名和路径。

(4) 在“插入单位”下拉列表中选择“毫米”。

(5) 单击“确定”按钮，完成操作。

8.1.3 图块的插入

创建好图块后，当需要应用图块时，可以利用“插入块”命令将已创建的图块插入到当前图形中，就如同在文档中插入图片一样。在插入图块时，用户可根据需要指定图块的名称、插入点、缩放比例和旋转角度等。

【执行方式】

命令行：INSERT。

菜单：“插入”→“块”。

工具栏：“绘图”→“插入块” 。

利用上述任意一种方法启用插入块命令，弹出“插入”对话框，如图 8-4 所示，从中即可设定要插入的图块名称、位置、缩放比例和旋转角度。

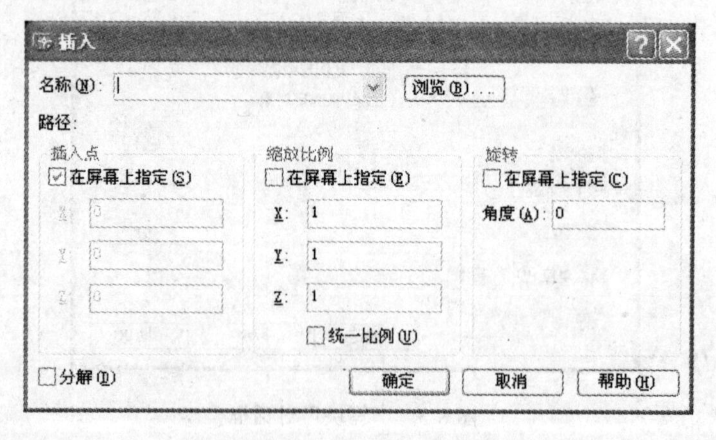

图 8-4 “插入”对话框

【功能及说明】

• “名称”列表框：用于输入或选择插入块的名称。

• “插入点”选项组：用于指定插入点。可以直接在绘图窗口中直接指定，也可以通过输入 X、Y、Z 坐标值来设置插入点。

- “缩放比例”选项组：用于设置插入块的缩放比例。可以直接输入块的 X、Y、Z 方向的比例因子，也可以利用鼠标直接在屏幕上指定。
- “旋转”选项组：用于设置插入块的旋转角度。可以直接在“角度”文本框内输入旋转角度，也可以勾选“在屏幕上指定”选项，用拉动的方法，在屏幕上动态确定旋转角度。
- “分解”复选框：若选择该选项，则将插入的块分解成单独的基本图形对象。

☺ 任务：将“表面粗糙度符号”插入到图形当中。

操作步骤如下：

(1) 选择菜单命令：“插入”→“块”，打开“插入”对话框。

(2) 在名称下拉列表框中选择图块“粗糙度”。

(3) 在“插入点”中选择“在屏幕上指定”选项。

(4) 在“比例缩放”中，将 X、Y、Z 都设为 1。

(5) 在“旋转”中，将角度设置为 0。

(6) 单击“确定”按钮，完成插入块的设置。

(7) 在屏幕上指定插入位置并单击鼠标，完成插入块的操作。

8.1.4　以阵列形式插入图块

要实现以阵列的形式插入图块，用户可以通过 MINSERT 命令同时插入多个块。该命令是插入 INSERT 和矩形阵列 ARRAY 的组合。

【执行方式】

命令行：MINSERT。

以阵列的形式插入图块，首先创建一个图块，并命名保存。再在命令行中输入“MINSERT”，按回车键激活命令后，命令行提示：

(1) 输入要插入的图块名称。

(2) 指定比例(S)或在 X、Y、Z 轴上的比例因子。

(3) 指定插入点。

(4) 确定旋转角度。

(5) 输入行数和列数。

(6) 输入行间距。

(7) 输入列间距。

(8) 确定。

以图 8-5 为例，具体的操作过程如下：

首先，绘制图 8-5 中一小图，将该图创建成一个图块，并命名为“阵列图块”保存。再在命令行中输入“MINSERT”，按回车键激活命令后，命令行提示：

图 8-5　图块的列阵形式

输入块名或[？]<阵列图块>：　　//确定组成矩形列阵的图块。

指定插入点或[基点(B)/比例(S)/X/Y/Z/旋转(R)]：　　//在屏幕上指定插入点。

输入 X 比例因子，指定对角点，或 [角点(C)/XYZ(XYZ)] <1>：0.4　//输入 X 比例因子。

输入 Y 比例因子或<使用 X 比例因子>：0.4　　//输入 Y 比例因子。

指定旋转角度<0>： //按回车键。

输入行数(---) <1>：3 //输入行数。

输入列数(|||) <1>：3 //输入列数。

输入行间距或指定单位单元(---)：50 //输入行间距。

指定列间距(|||)：50 // 输入列间距。

按回车键确定，完成操作。

注意：该块阵列是一个整体，不能分解和编辑。

8.1.5 动态块

在 AutoCAD 2006 中，用户可将整个块系列表示为单个的动态块。在动态块中定义了一些自定义特征，生成动态块之后，在此基础上还可调整块，通过自定义夹点或通过在“特性”选项板中做旋转、拉伸、翻转、缩放和修改等操作，而无需重新定义该块或插入另一个块，从而方便用户使用。

【执行方式】

命令行：BEDIT。

菜单：“工具” → “块编写选项板”。

启用命令后，将打开“块编写选项板”窗口，要成为动态块的块至少必须包含一个参数以及一个与该参数关联的动作，即添加参数和动作，可在图 8-6 所示的窗口内完成设置。

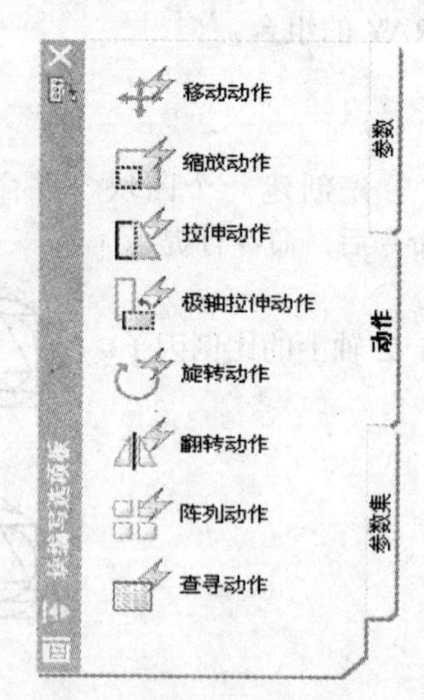

图 8-6 “块编写选项板”窗口

创建动态块的过程如下：

(1) 绘制几何图形。

(2) 添加参数。

(3) 添加动作。

(4) 定义动态块参照的操作方式。

(5) 保存动态块。

8.2 图块的属性

本节任务：

✧ 熟悉图块的属性。

✧ 掌握创建和插入图块的方法。

8.2.1 定义图块属性

图块属性是附加在图块上的文字信息，用于描述块的某些特征或对块进行说明。在 AutoCAD 中经常利用图块属性来定义文字的位置、内容或提示等。如果图块带有属性，则在插入图块的过程中输入不同的文字信息，可以使相同的图块表达不同的信息，如表面粗糙度的参数值就是利用图块属性来改变的。

块属性的操作方法有以下几个步骤：

(1) 创建块属性时，首先应创建描述属性特征的属性定义，特征包括标记、插入块时显示的提示、值的信息、文字格式、位置和可选模式。

(2) 在创建图块时附加属性。

(3) 在插入图块时确定属性值。

【执行方式】

命令行：ATTDEF。

菜单："绘图"→"块"→"属性定义"。

启用命令，打开"属性定义"对话框，如图 8-7 所示，可以定义属性模式、属性标记、属性值、插入点以及属性的文字选项。

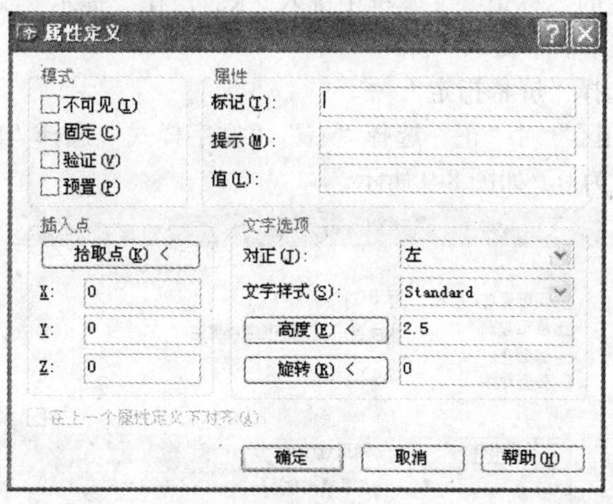

图 8-7　"属性定义"对话框

【功能及说明】

- "模式"选项组：用于设定属性的模式。
- "不可见"复选框：选中此模式将使属性值在块的插入完成以后不被显示也不被打印出来。

- “固定”复选框：当插入块时赋予属性固定值。
- “验证”复选框：当插入块时系统提示验证属性值是否正确。
- “预置”复选框：当插入包含预置属性值的块时，将属性设置为默认。
- “属性”选项组：设置属性。
- “标记”文本框：属性定义的标签，该项是必须要输入的。
- “提示”文本框：输入时提示用户的信息。
- “值”文本框：属性的值。
- “插入点”复选框：设置属性插入位置。可以通过输入坐标值来定位插入点，也可以在屏幕上指定。
- “文字选项”选项组：用于设定属性文字的对正、文字样式、高度或旋转。
- “对正”列表框：下拉列表中包含了所有的文本对正类型，可以从中选择一种对正方式。
- “文字样式”列表框：可以选择已经设定好的文字样式。
- “高度”文本框：定义文本的高度，可以直接由键盘输入。
- “旋转”文本框：设定属性文字行的旋转角度。
- “在上一个属性定义下对齐”复选框：如果前面定义过属性则该项可以使用。将当前属性定义的插入点和文字样式继承上一个属性的性质，不需要再定义。

☺ 任务：完成表面粗糙度符号图块。

操作步骤如下：

(1) 在绘图区绘制表面粗糙度符号的图形，如图 8-8 所示。

图 8-8 表面粗糙度符号

(2) 选择菜单命令：“绘图”→“块”→“属性定义”，打开“属性定义”对话框。

(3) 在“属性”区的“标记”文本框中键入“Ra”，在“提示”文本框中键入“表面粗糙度值”，在“值”文本框中键入“3.2”。

(4) “插入点”选择“屏幕指定”。

(5) 在“文字选项区”对“正”选择“右”，“文字样式”选择“Standard”，“高度”键入“5”，“旋转”角度为 0，如图 8-9 所示。

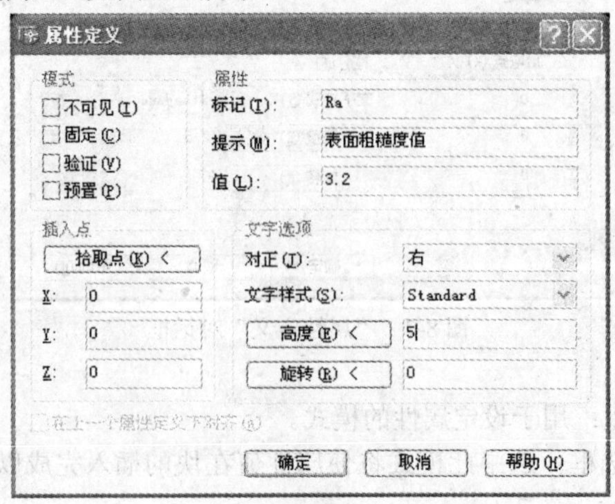

图 8-9 设置属性定义

(6) 单击“确定”按钮，在屏幕符号上取点，如图 8-10 所示，完成属性定义操作。

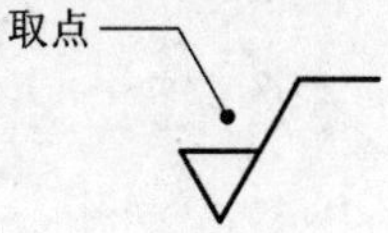

取点

图 8-10

(7) 在命令行中键入 WBLOCK，打开“写块”对话框。

(8) 在“源”区选择“对象”。

(9) 点取“拾取点”按钮，在绘图区通过捕捉模式在图形下端点处单击，作为基点。

(10) 点取“选择对象”按钮，将图形和文字全部选中，再按回车键。

(11) 为新块确定路径和名称“D: \ Program Flies\ AutoCAD 2006\ Sample \ 粗糙度.dwg”。插入单位下拉列表中选择“毫米”。

(12) 单击“确定”按钮，完成创建块属性的操作。

将该图块保存在磁盘中，当插入“粗糙度”图块时，具有属性的图块即可插入到当前图形中。

8.2.2　修改属性的定义

在创建块的属性后以及未生成图块之前，可以对属性定义进行修改，包括修改属性项中的名称、提示信息和属性值。

【执行方式】

命令行：DDEDIT。

菜单：“修改”→“对象”→“文字”→“编辑”。

启动命令后，选择需要修改的属性，弹出“编辑属性定义”对话框，如图 8-11 所示。

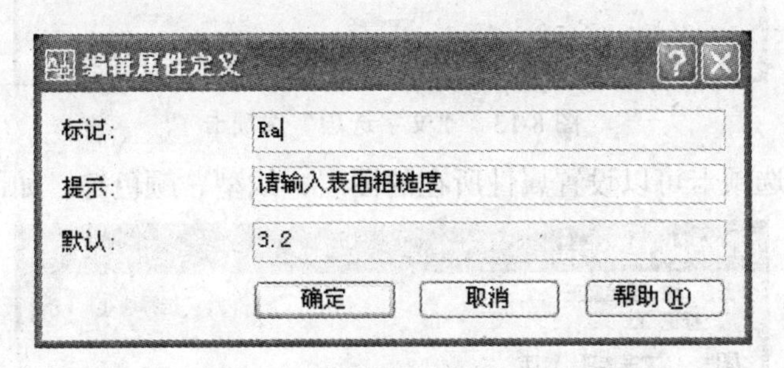

图 8-11　“编辑属性定义”对话框

8.2.3　编辑图块属性

在插入图块后，为了让用户随意修改属性，AutoCAD 2006 提供了属性编辑功能。利用“增强属性管理器”可以对属性文本的内容和格式进行修改。

【执行方式】

命令行：EATTEDIT。

菜单：“修改”→“对象”→“属性”。

启用命令后，选择带属性的图块，打开“增强属性管理器”对话框，如图 8-12 所示。在“属性”选项卡中显示了每个属性的标记、提示和值，其中只能修改属性值。

增强属性编辑器
块: 粗糙度正
标记: RA
选择块(B)
属性
文字选项
特性
标记
提示
值
RA
请输入表面粗糙...
1.6
值(V):
应用(A)
确定
取消
帮助(H)

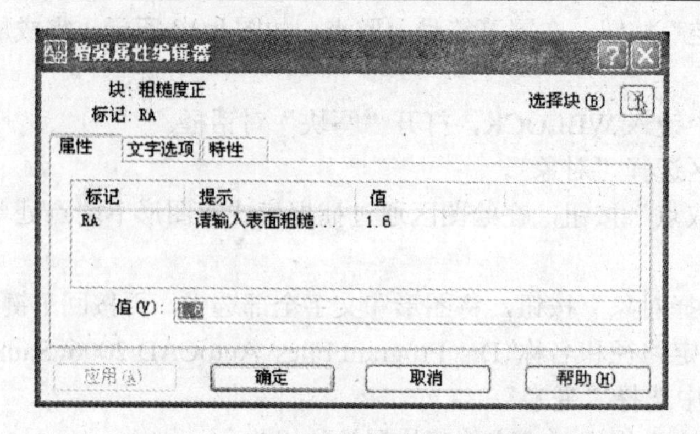

图 8-12 “增强属性管理器”对话框

在“文字选项”选项卡中，可以编辑属性文字的格式，包括文字样式、对正、高度、旋转、反向、颠倒、宽度比例和倾斜角度等，如图 8-13 所示。

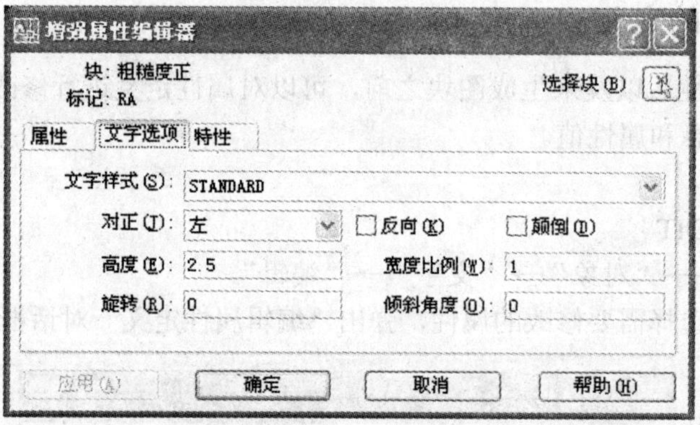

增强属性编辑器
块: 粗糙度正
标记: RA
选择块(B)
属性
文字选项
特性
文字样式(S):
STANDARD
对正(J):
左
反向(K)
颠倒(D)
高度(E):
2.5
宽度比例(W):
1
旋转(R):
0
倾斜角度(O):
0
应用(A)
确定
取消
帮助(H)

图 8-13 “文字选项”选项卡

使用“特性”选项卡可以设置属性所在的图层、线型、颜色等，如图 8-14 所示。

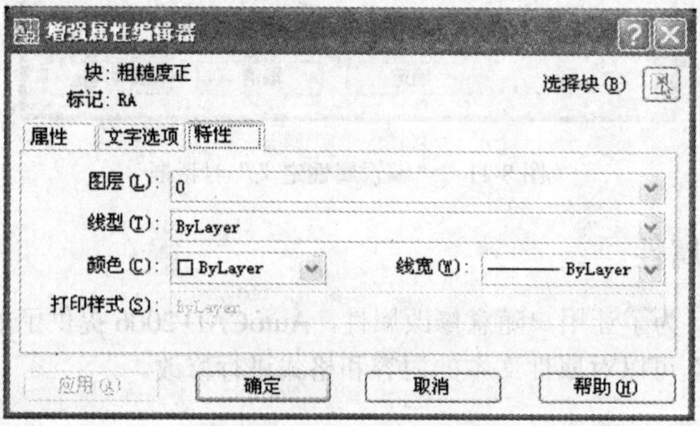

增强属性编辑器
块: 粗糙度正
标记: RA
选择块(B)
属性
文字选项
特性
图层(L):
0
线型(T):
ByLayer
颜色(C):
ByLayer
线宽(W):
ByLayer
打印样式(S):
ByLayer
应用(A)
确定
取消
帮助(H)

图 8-14 “特性”选项卡

8.2.4 提取属性数据

通常属性中可能保存有许多重要的数据信息，为了使用户能够更好地利用这些信息，AutoCAD 2006 提供了属性提取命令，用于以指定格式来提取图形中包含在属性里的数据信息，并将其保存到表或外部文件中。用户可通过属性提取向导来完成提取属性数据。此向导逐步说明了如何从当前图形或其他图形的块属性中提取信息。

【执行方式】

命令行：EATTEXT。

菜单："工具"→"属性提取"。

启用命令后，将会显示"属性提取"向导，如图 8-15 所示。该向导提供了从当前图形或其他图形的块属性中提取信息的操作步骤。

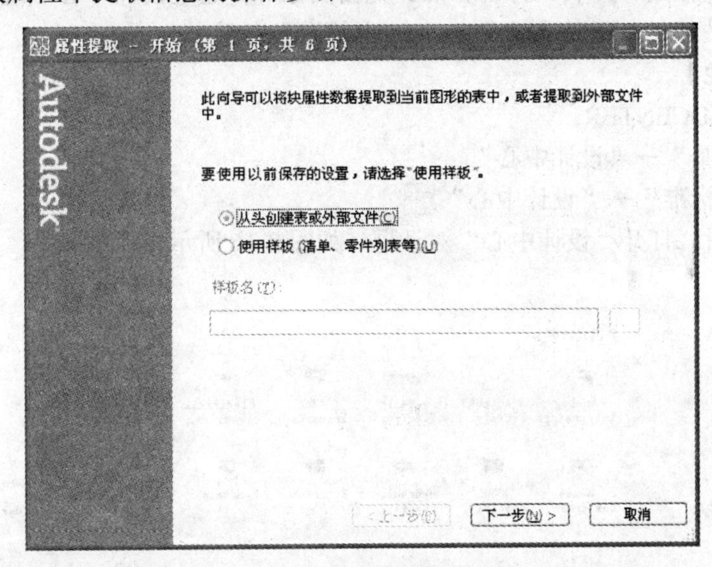

图 8-15　"属性提取"向导

【功能及说明】

"属性提取"向导包含以下页面：

- "开始"页面：提供了用于指定新设置以提取属性的选项，或使用以前保存在属性提取样板(BLK)文件中的设置的选项。
- "选择图形"页面：指定从中提取信息的图形文件和块。
- "选择属性"页面：指定要提取的块、属性和特性。
- "结束输出"页面：列出提取的块和属性，并提供格式化信息的方法。
- "表格样式"页面：控制表的外观。
- "完成"页面：完成提取属性。

注意：如果将属性数据提取到表格中，那么该表就会被插入到当前图形和当前空间(模型空间或图纸空间)中，并位于当前图层上。

8.3　AutoCAD 设计中心

本节任务：

✧　了解 AutoCAD 设计中心。

✧ 掌握利用 AutoCAD 设计中心复制图形内容。

8.3.1 浏览及打开图形

AutoCAD 设计中心(AutoCAD Design Center，ADC)为用户提供了一个直观且高效的工具，它与 Windows 资源管理器类似，用于在多文档和多人协同设计环境下管理众多的图形资源。这些图形资源包括：AutoCAD 文件、构成 AutoCAD 图形文件的图层、文字样式、线型样式、标注样式、图块、外部参照、光栅图像等。通过设计中心，既可以管理本机上的图形资源，又可以管理局域网或 Internet 上的图形资源。

【启动方式】

命令行：ADCENTER。

菜单："工具"→"设计中心"。

工具栏："标准"→"设计中心"。

启用命令后，打开"设计中心"对话框，如图 8-16 所示。

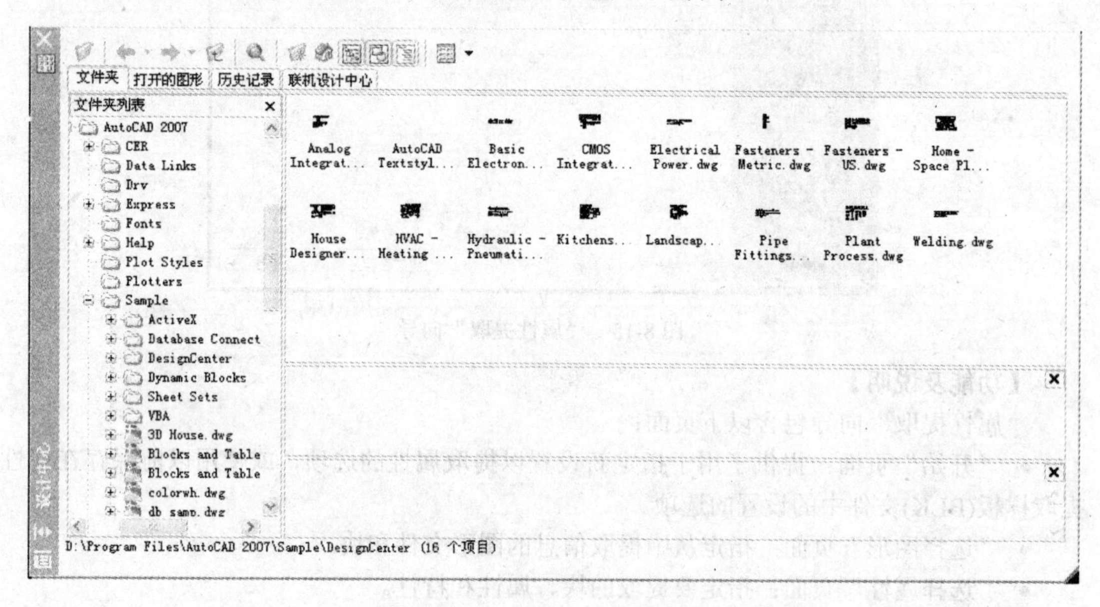

图 8-16 "设计中心"对话框

"设计中心"窗口左侧的树状图和四个设计中心选项卡可以帮助用户查找内容并将内容加载到内容区中。

【功能及说明】

- "文件夹"选项卡：显示设计中心的资源。
- "打开的图形"选项卡：显示当前打开的图形的列表。单击某个图形文件，然后单击列表中的一个定义表，可以将图形文件的内容加载到内容区中。
- "历史记录"选项卡：显示设计中心中以前打开的文件的列表。双击列表中的某个图形文件，可以在"文件夹"选项卡中的树状视图中定位此图形文件，并将其内容加载到内容区中。
- "联机设计中心"选项卡：提供联机设计中心 Web 页中的内容，包括块、符号库、制造商目录和联机目录。

- "加载"按钮：显示"加载"对话框(标准文件选择对话框)。使用"加载"浏览本地和网络驱动器或 Web 上的文件，然后选择内容加载到内容区域。
- "搜索"按钮：显示"搜索"对话框，从中可以指定搜索条件以便在图形中查找图形、块和非图形对象。搜索也显示保存在桌面上的自定义内容。
- "收藏夹"按钮：在内容区域中显示"收藏夹"文件夹的内容。"收藏夹"文件夹包含经常访问项目的快捷方式。在"收藏夹"中添加项目时，可以在内容区域或树状图中的项目上单击右健，然后单击"添加到收藏夹"。删除"收藏夹"中的项目时，可以使用快捷菜单中的"组织收藏夹"选项，然后使用快捷菜单中的"刷新"选项。
- "树状图切换"按钮：显示和隐藏树状视图。如果绘图区域需要更多的空间，则隐藏树状图。树状图隐藏后，可以使用内容区域浏览容器并加载内容。
- "预览"按钮：显示和隐藏内容区域窗格中选定项目的预览。如果选定项目没有保存的预览图像，"预览"区域将为空。
- "说明"按钮：显示和隐藏内容区域窗格中选定项目的文字说明。如果同时显示预览图像，文字说明将位于预览图像下面。如果选定项目没有保存的说明，"说明"区域将为空。
- "视图"按钮：为加载到内容区域中的内容提供不同的显示格式。可以从"视图"列表中选择一种视图，或者重复单击"视图"按钮在各种显示格式之间循环切换。

8.3.2　将图形文件的块、图层等对象插入到当前图形中

直接插入图形资源，是设计中心最实用的功能。可以直接将某个 AutoCAD 图形文件作为外部块或者外部参照插入到当前文件中，也可以直接将某图形文件中已经存在的图层、线型、样式等直接插入到当前文件中。

1. 插入块

将块插入到绘图区时，块的定义说明也被插入到图形中。AutoCAD 设计中心系统提供了两种方法插入块：一种是自动换算比例和旋转插入法，即通过自动缩放比较图形和块使用的单位；另一种是定义坐标、比例和旋转角度插入法。

(1) 自动换算比例和旋转插入块：比较图形文件和所插入的单位比例，并以此比例缩放插入块的尺寸。当插入该块时，AutoCAD 自动按"单位"对话框的单位值缩放块。

操作方法：插入块时，首先从"项目列表"或"查找"对话框中选择要插入的块，并将其拖动到绘图窗口中。当鼠标指针在绘图窗口移动时，所插块也随之移动。当移到所插位置时，松开鼠标，则块以默认的比例和旋转角度插入到绘图区。

注意：当其他命令处于激活状态时不能向绘图区插入块，并且一次只能插入和引用一个块，当块按自动比例方式插入时，块所标注的尺寸不再准确。

(2) 定义坐标、比例和旋转角度插入块：自动比例换算插入块容易造成块内的尺寸发生错误，可以采用定义坐标、比例和旋转角度的方式插入块，这时可在"项目列表"和"查找"对话框中选择要插入的块，用鼠标右键将块拖到绘图窗口，并释放鼠标右键。在绘图区任意位置右击可弹出插入快捷菜单，选择"插入块"命令，打开"插入"对话框，如图

8-17 所示。

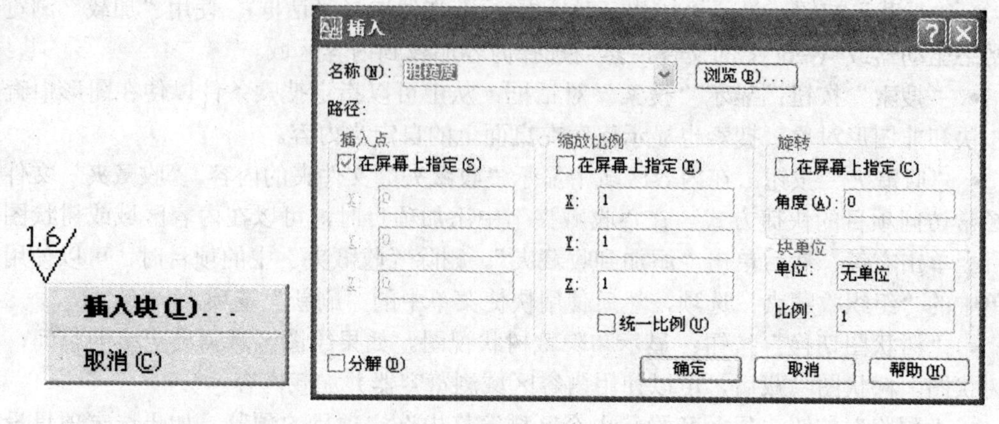

图 8-17 利用 AutoCAD 设计中心将图块插入到当前图形中

在“插入”对话框中，分别确定插入基点、比例和旋转角度，或在屏幕上拾取确定以上参数，然后单击“确定”按钮，即可将选定的块按确定的参数插入到绘图区，在块插入过程中，还可以选择“分解”复选框，将块分解后再插入。

2. 在图形中复制图层

在绘图过程中，为管理方便，一般将具有相同特征的对象放在同一个图层上。例如，一个图形文件 A 中包含所有标准图层的定义，在建立新的图形文件时，可将图形文件 A 中的图层复制到新图形文件中。这样既可节省时间，又可保持不同图形文件结构的一致性。

利用 AutoCAD 设计中心，用户通过拖放操作可将图层从一个图形复制到另一个图形。在“项目列表”或“查找”对话框中，选择一个或多个图层并将其拖到打开的图形中，然后释放鼠标即可完成图层的复制，如图 8-18 所示。

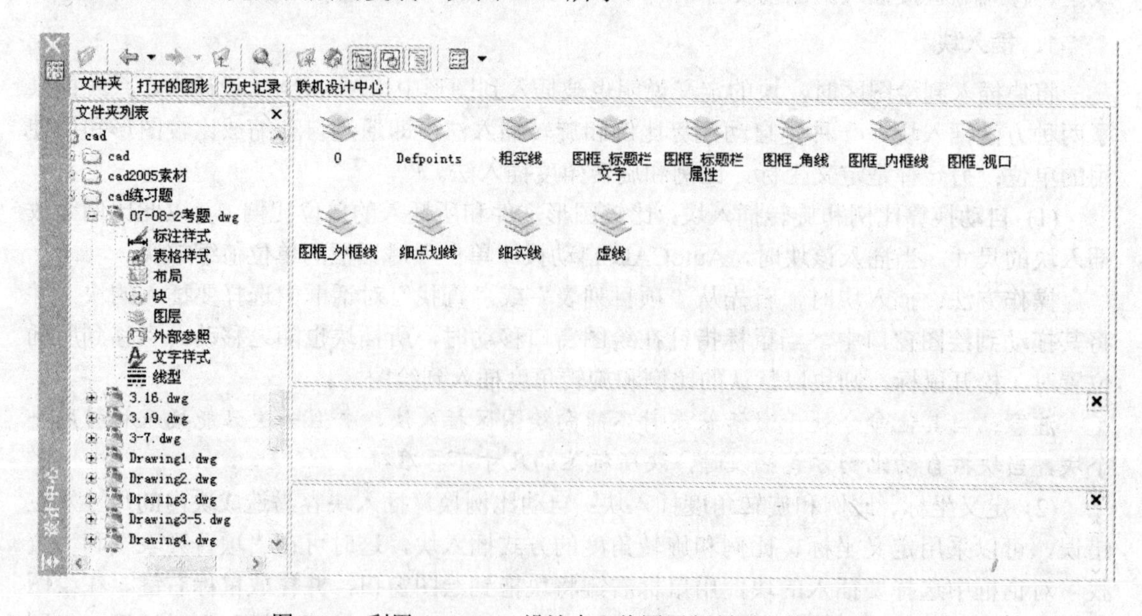

图 8-18 利用 AutoCAD 设计中心将图层复制到当前图形中

注意：在复制图层之前，应保证复制图层的图形文件当前是打开的，并解决图层的重名问题。

8.4 实　训

实训 1　将圆柱头螺钉创建成图块

1. 目的要求

掌握图块的创建方法。

2. 操作提示

(1) 绘制圆柱头螺钉，如图 8-19 所示。

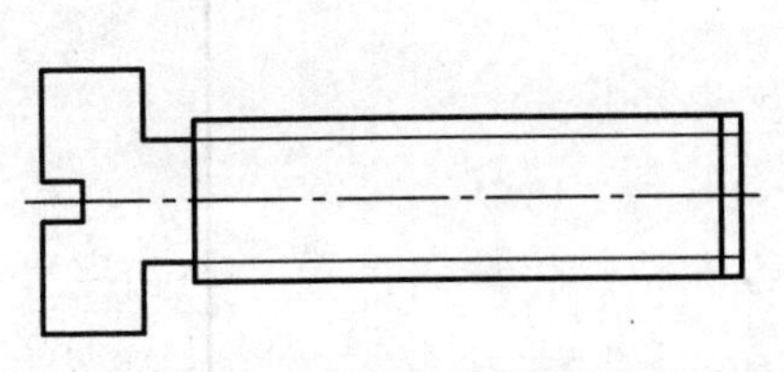

图 8-19　圆柱头螺钉

(2) 选择“绘制”→“块”→“创建”。

(3) 输入块的名称“圆柱头螺钉”。

(4) 选取拾取点。

(5) 选取对象。

(6) 单击“确定”按钮，即完成图块“圆柱头螺钉”的创建。

实训 2　将图块插入到图形中

1. 目的要求

掌握插入图块的方法。

2. 操作提示

(1) 选择“插入”→“块”。

(2) 选择要插入的图块名称。

(3) 指定插入点。

(4) 设置比例和旋转角度。

(5) 单击“确定”按钮，即完成图块的插入。

实训 3　以矩形阵列的形式插入图块

1. 目的要求

掌握将一图块以矩形阵列的形式插入到图形中的方法。

2. 操作提示

(1) 创建图块。

(2) 输入命令“MINSERT”。

(3) 输入要插入的图块名。

(4) 指定比例、插入点和旋转角度。

(5) 输入行数、列数、行间距和列间距。

(6) 确定属性值，按回车键结束操作。

实训 4 将图框和标题栏创建成具有属性的图块

1. 目的要求

掌握定义图块属性的方法。

2. 操作提示

(1) 绘制图框和标题栏，如图 8-20 所示。

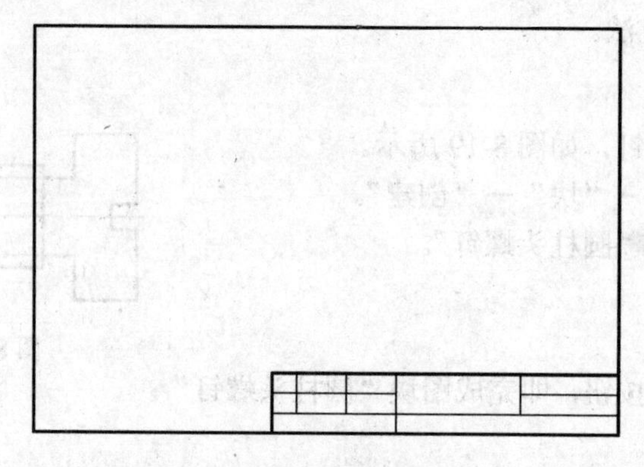

图 8-20 图框和标题栏

(2) 选择“绘制”→“块”→“定义属性”，打开“属性定义”对话框，如图 8-21 所示。

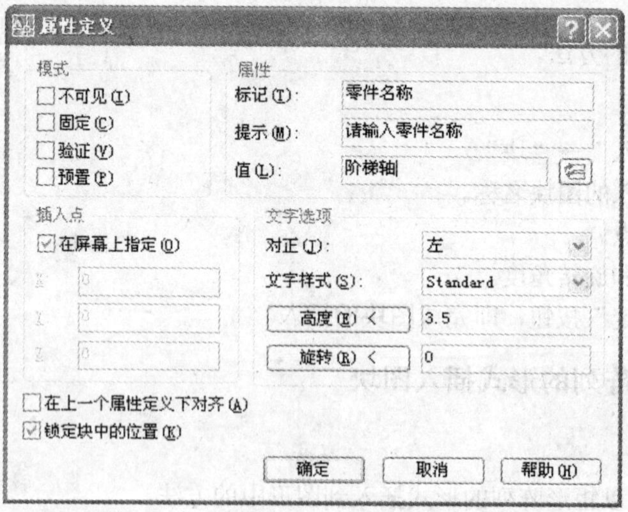

属性定义

模式
不可见(I)
固定(C)
验证(V)
预置(P)

属性
标记(T): 零件名称
提示(M): 请输入零件名称
值(L): 阶梯轴

插入点
在屏幕上指定(O)
X: 0
Y: 0
Z: 0

文字选项
对正(J): 左
文字样式(S): Standard
高度(E) < 3.5
旋转(R) < 0

在上一个属性定义下对齐(A)
锁定块中的位置(K)

确定 取消 帮助(H)

图 8-21 “属性定义”对话框

(3) 单击“确定”按钮，并在屏幕标题栏中指定插入点。

(4) 继续定义图块属性，打开“属性定义”对话框，分别添加其他属性(制图、签名、日期、班级、比例、图号)，参照图 8-22 指定各个插入点位置。

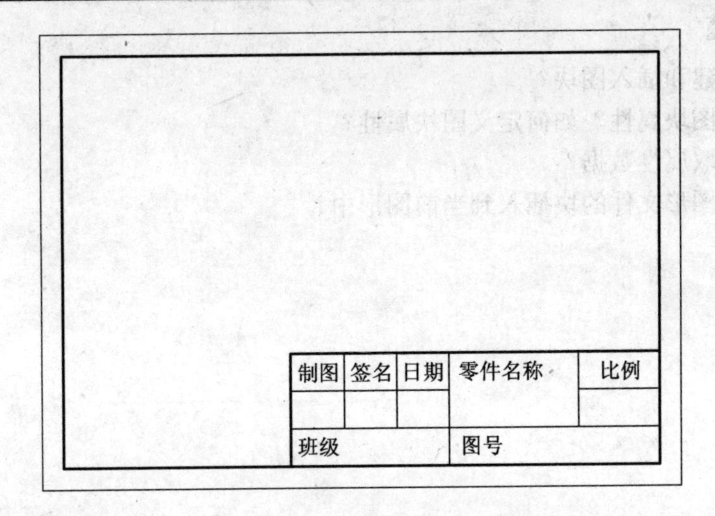

图 8-22　标题栏

(5) 输入“WBLOCK”命令，将图块存储到指定文件夹中。

(6) 单击“确定”按钮，即可将图框和标题栏创建成具有属性的图块。

实训 5　将图形文件的图层复制到当前图形中

1. 目的要求

掌握利用 AutoCAD 设计中心复制图形内容。

2. 操作提示

(1) 选择“工具”→“设计中心”。

(2) 选定被复制图形文件中的图层。

(3) 将需要的图层用鼠标左键拖至当前图形中，即可完成复制。

8.5　思考与练习

一、选择题

1．创建图块的主要目的是_______。

A．建立图形库，避免重复劳动　　B．节省存储空间

C．便于修改和重定义　　D．提取图块中的文本信息

2．对外部块的正确描述是______。

A．用 WBLOCK 命令建立外部块

B．外部块的文件扩展名为 DWG

C．外部块用 INSERT 命令可插入到当前图形文件中

D．外部块只能插入到 0 层

E．外部块插入时也可以缩放或旋转

二、简答题

1．如何创建和插入图块？
2．什么是图块属性？如何定义图块属性？
3．如何提取属性数据？
4．如何将图形文件的块插入到当前图形中？

第 9 章　数据交换与图形输出

本章学习目标：

- ✧ 掌握图形的输入、输出。
- ✧ 掌握打印图形的操作方法。
- ✧ 掌握设置打印参数。
- ✧ 熟悉创建电子图纸。

9.1　输入、输出其他格式的文件

本节任务：

- ✧ 熟悉图形文件的格式。
- ✧ 掌握图形文件输入、输出的方法。

AutoCAD 2006 提供了强大的输入、输出和打印功能。除了可以打开和保存 DWG 格式的图形文件外，还可以输入或输出其他格式的图形文件。

9.1.1　输入不同格式的文件

在 AutoCAD 2006 中，图形文件有以下几种格式：

- 图元文件：此格式以“.wmf”为扩展名，可供不同的 Windows 软件调用，该图形文件在其他的软件中图元的特性不变。
- ACIS：此格式以“.sat”为扩展名，该图形文件为实体对象文件。
- 平板印刷：此格式以“.stl”为扩展名，该图形文件为实体对象立体画文件。
- 封装 PS：此格式以“.eps”为扩展名，该图形文件为 PostScrip 文件。
- DXX 提取：此格式以“.dxx”为扩展名，该图形文件为与设备无关的位图文件，可供图像处理软件调用。
- 3D Studio：此格式以“.3ds”为扩展名，该图形文件为 3D Studio(MAX)软件可接受的格式文件。

• 块：此格式以“.dwg”为扩展名，该图形文件为 CAD 图形文件，可提供不同版本 CAD 软件调用。

启用“输入”命令的方式如下：

工具栏：插入工具栏上的“插入”按钮。

菜单命令：“插入”→“图元文件”。

用户也可以在插入菜单中使用 3D Studio、ACIS 文件等命令，打开相应的对话框，输入所需要的图形文件。启用命令后，打开“输入 WMF”对话框，如图 9-1 所示。

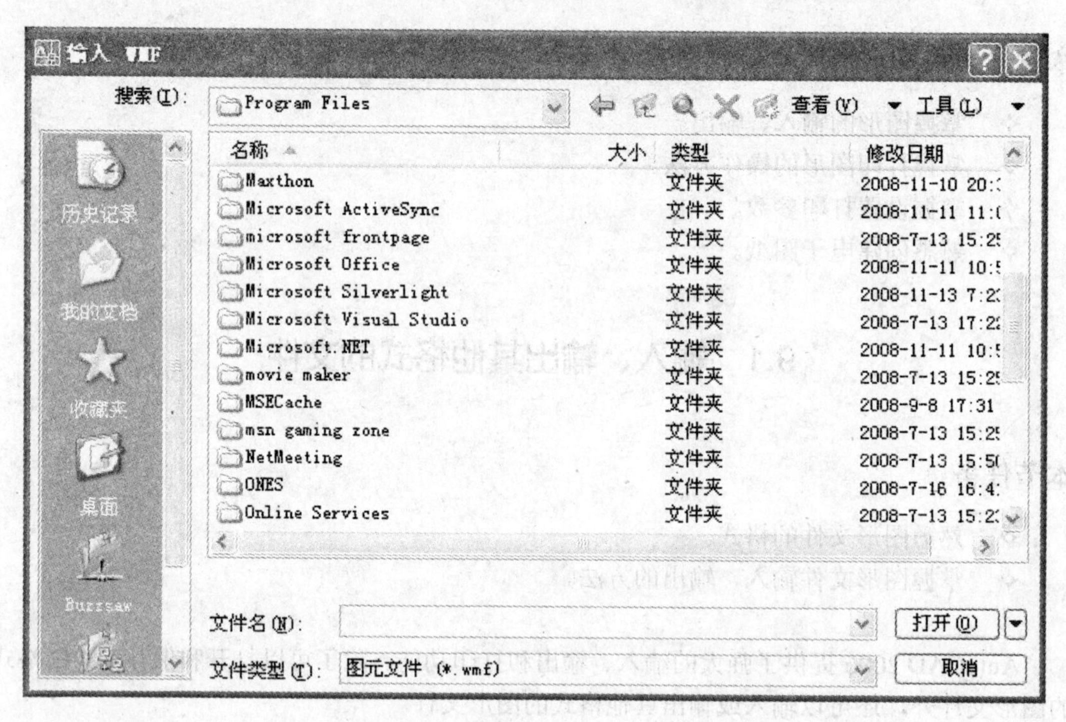

图 9-1 “输入 WMF”对话框

9.1.2 输出不同格式的文件

在 AutoCAD 2006 中，使用“输出”命令可将绘图的图形输出为 BMP、3DS 等格式的文件，并可在其他应用程序中进行使用。

【执行方式】

菜单命令：“文件”→“输出”。

输入命令：EXPORT(EXP)。

利用上述任意一种方法启用“输出”命令，可弹出“输出数据”对话框，指定文件的名称和保存路径，并在“文件类型”选项的下拉列表中选择相应的输入格式，然后单击“保存”按钮，将图形输出为所选格式的文件，如图 9-2 所示。

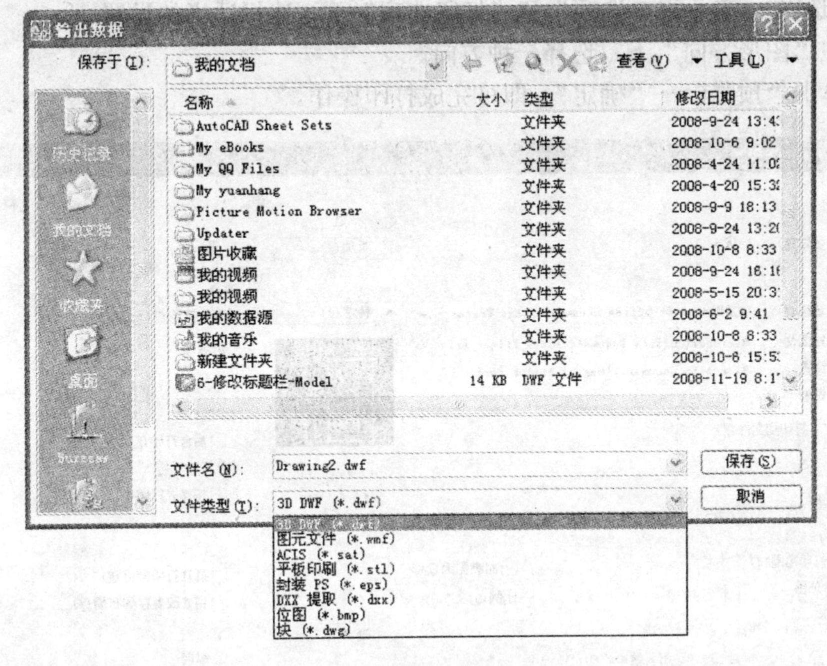

图 9-2　“输出数据”对话框

9.2　打　印

本节任务：

✧　掌握打印图形的操作。
✧　掌握设置打印参数。
✧　熟悉创建电子图纸。

9.2.1　打印图形的过程

打印图形在实际应用中具有重要意义，通常在图形绘制完成后，需要将其打印于图纸上。在打印图形的操作过程中，用户首先需要启用打印命令，弹出“打印-模型”对话框，如图 9-3 所示，然后选择或设置相应的选项即可打印图形。

打印图形的过程如下：

(1) 依次单击“文件”→“打印”。

(2) 在“打印”对话框的“打印机/绘图仪”下，从“名称”列表中选择一种绘图仪。

(3) 在“图纸尺寸”下，从“图纸尺寸”框中选择图纸尺寸。

(4) (可选)在“打印份数”下，输入需打印的份数。

(5) 在“打印区域”下，指定图形中需打印的部分。

(6) 在“打印比例”下，从“比例”框中选择缩放比例。

(7) 在“打印偏移”下，输入偏移坐标。

(8) (可选)在“打印样式表”下，从“名称”框中选择打印样式表。

(9) (可选)在“着色视口选项”和“打印选项”下，选择适当的设置。

(10) 在“图形方向”下，选择一种方向。

(11) 单击“预览”→“确定”，即可完成打印操作。

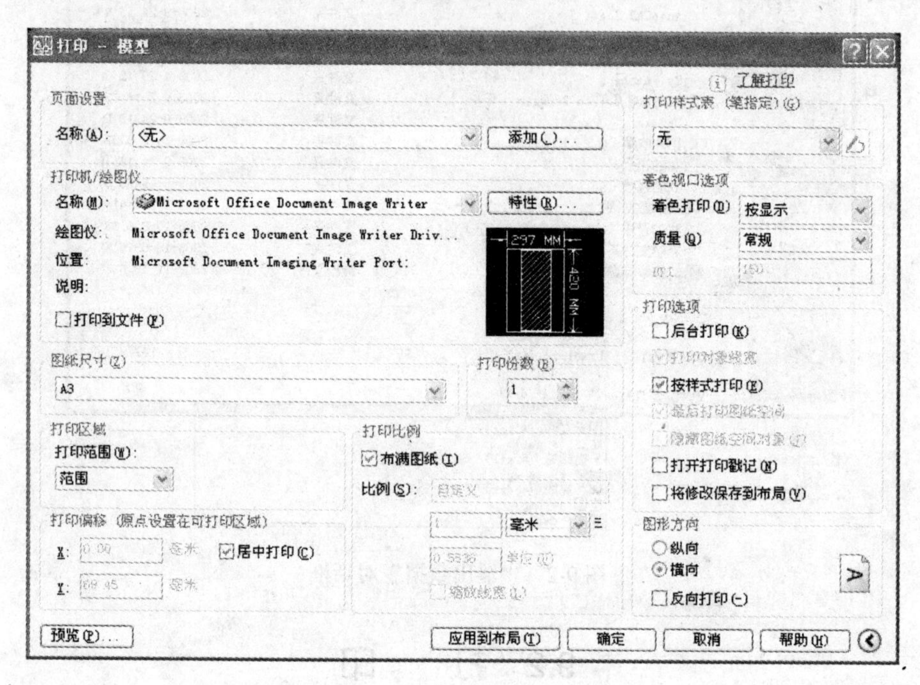

图 9-3　“打印-模型”对话框

9.2.2　设置打印参数

用户在完成图形的设计和绘制工作后，可以使用页面设置指定打印作业的设置。除了选择使用一些设置进行打印外，还可以单独修改设置然后再打印。

【执行方式】

菜单命令：“文件”→“打印”。

输入命令：PLOT。

启用命令后，弹出“打印-模型”对话框，如图 9-3 所示。

【功能及操作】

• “打印机绘图仪”选项组：用于选择打印设备。用户可在“名称”下拉列表中选择打印设备的名称。当用户选定打印设备后，系统将显示该设备的名称、连结方式、网络位置及打印相关的注释信息，同时其右侧特性按钮将变为可选状态。

• “图纸尺寸”选项组：用于选择图纸的尺寸。打开“图纸尺寸”下拉列表，用户便可根据打印的要求选择相应的图纸。

• “打印区域”选项组：用于设置图形的打印范围。打开“打印区域”选项组中的“打印范围”下拉列表，从中可选择要输出的图形的范围。

• 窗口选项：当用户在“打印范围”下拉列表中选择窗口选项时，用户可以选择指定的打印区域。其操作方法是在“打印范围”下拉列表中选择窗口选项，其右侧将出现窗口按钮，单击窗口按钮，系统将隐藏打印模型对话框，此时用户即可在绘图窗口内指定打印的区域。

• 范围选项：当用户在“打印范围”下拉列表中选择选项时，系统可打印出图形中所有的对象。

• 图形界限选项：当用户在“打印范围”下拉列表中选择图形界限选项时，系统将按照用户设置的图形界限来打印图形，此时图形界限范围内的图形对象将打印图纸上。

• 显示选项：当用户在“打印范围”下拉列表中选择显示选项时，系统将打印绘图窗口内显示的图形对象。

• “打印比例”选项组：用于设置图形打印的比例。当用户选择“布满图纸”复选框时，系统将自动按照图纸的大小适当缩放图形，使打印的图形布满整张图纸。选择“布满图纸”复选框后，打印比例选项组的其他选项变为不可选状态。“比例”下拉列表用于选择图形的打印比例。当用户选择相应的比例选项后，系统将在下面的数值框中显示相应的比例数值。

• “打印偏移”选项组：用于设置图纸打印的位置。在缺省值状态下，AutoCAD 将从图纸的左下角打印，原点的坐标是(0，0)。若用户在 X、Y 数值框中输入相应的数值，则可以设置图形打印的原点位置，此时图形将在图纸上沿 X 和 Y 轴移动相应的位置。若选择“居中打印”复选框，则系统将在图纸的正中间打印图形。

• “图形方向”选项组：用于设置图形在图纸上的打印方向。

• 纵向选项：当用户选择“纵向”选项时，图形在图纸上的打印位置是纵向的，即图形的长边为垂直方向。

• 横向选项：当用户选择“横向”选项时，图形在图纸上的打印位置是横向的，即图形的长边为水平方向。

• 反向打印复选框：当用户选择“反向打印”复选框时，可以使图形在图纸上倒置打印。该选项可以与纵向、横向两个单选项结合使用。

• 打印设置完成后，单击“预览”按钮，将显示图纸打印的预览图，若想直接进行打印，则可以单击打印按钮，打印图形。如果设置的打印效果不理想，则可以单击关闭预览按钮，返回打印对话框中进行修改，再进行打印。

9.2.3　打印图形实例

☺ 任务：打印一份传动轴的图纸。

操作步骤如下：

(1) 绘制图 9-4 所示的图形。

(2) 依次单击“文件”→“打印”，弹出“打印-模型”对话框。

(3) 在对话框的“打印机/绘图仪”下，从“名称”列表中选择一种绘图仪。

(4) 在“图纸尺寸”下，从“图纸尺寸”框中选择图纸 A4。

(5) 在“打印区域”下，选择“窗口”选项，并指定图形中要打印的部分。

(6) 在“打印比例”下，选择“布满图纸”选项。

(7) 在“图形方向”下，选择“横向”选项。

(8) 单击“确定”按钮。

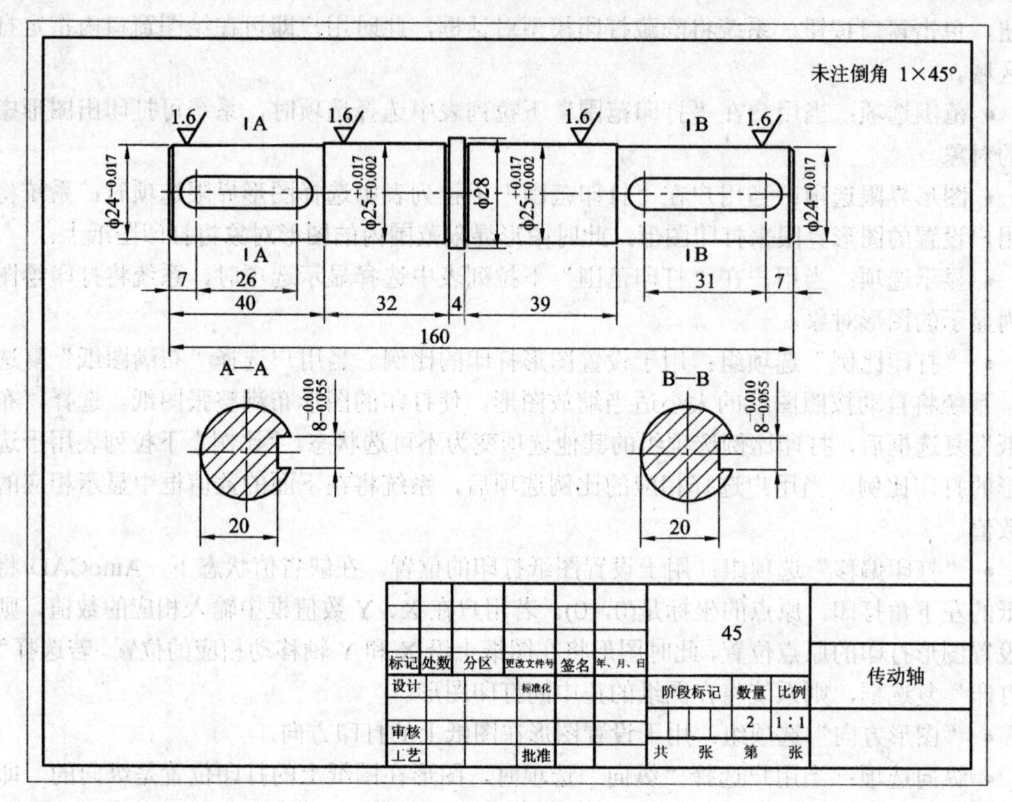

图 9-4　绘制传动轴图纸

9.2.4　将多张图纸布置在一起打印

用户在绘制完图形后，常常需要在一张图纸上打印多个图形，以便节省图纸，具体的操作步骤如下：

(1) 选择“文件”→“新建”菜单命令，创建新的图形文件。

(2) 选择“插入”→“块”菜单命令，弹出“插入”对话框，如图 9-5 所示。单击“浏览”按钮，弹出“选择图形文件”对话框，从中选择要插入的图形文件，单击打开按钮，此时插入对话框的名称文本框内显示所选的文件的名称，单击确定按钮将图形插入到指定的位置。

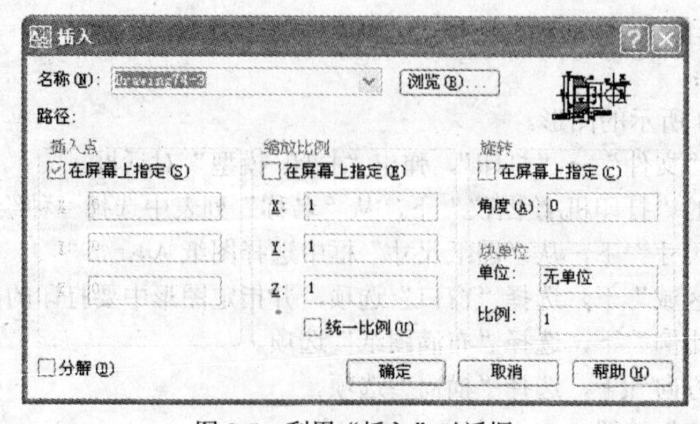

图 9-5　利用“插入”对话框

(3) 使用相同的方法插入其他需要的图形。

(4) 调整各个图形的位置和大小。使用“缩放”工具将图形进行缩放，其缩放比例与打印比例相同，再使用“移动”工具调整位置，以适当地组成一张图纸幅面，如图 9-6 所示。

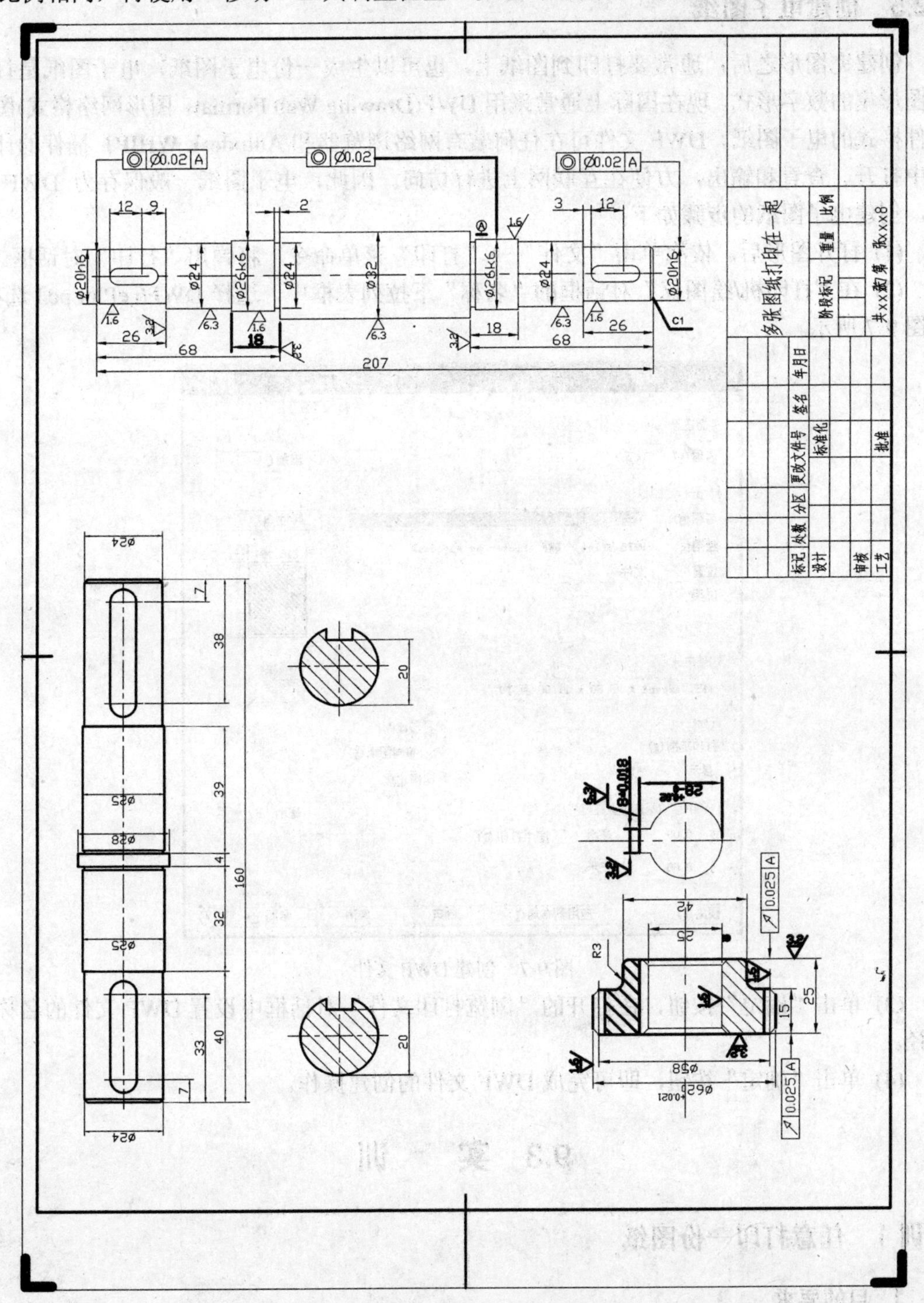

图 9-6　打印在一起的多张图纸效果

(5) 选择“文件”→“打印”菜单命令，弹出“打印”对话框，设置为 1∶1 的比例打印图形即可。

9.2.5 创建电子图纸

创建完图形之后，通常要打印到图纸上，也可以生成一份电子图纸，电子图纸是打印的图形集的数字形式。现在国际上通常采用 DWF(Drawing Web Format，图形网络格式)图形文件格式的电子图纸。DWF 文件可在任何装有网络浏览器和 Autodesk WHIP！插件的计算机中打开、查看和输出，方便在互联网上进行访问。因此，电子图纸一般保存为 DWF 文件。创建电子图纸的步骤如下：

(1) 打开图形后，依次单击“文件”→“打印”菜单命令，将弹出“打印”对话框。

(2) 在“打印机/绘图仪”对话框的“名称”下拉列表框中，选择 DWF6 ePlot.pc3 选项，如图 9-7 所示。

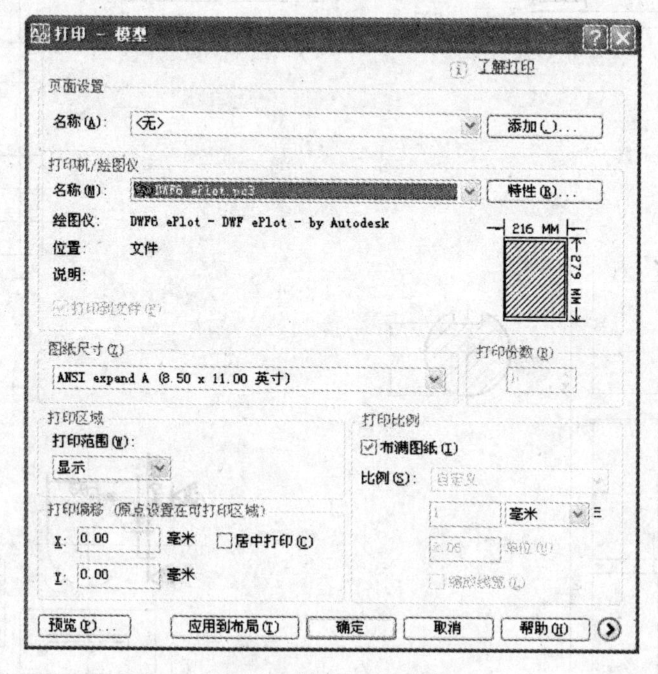

图 9-7 创建 DWF 文件

(3) 单击“确定”按钮，在打开的“浏览打印文件”对话框中设置 DWF 文件的名称和路径。

(4) 单击“确定”按钮，即可完成 DWF 文件的创建操作。

9.3 实 训

实训 1 任意打印一份图纸

1. 目的要求

掌握打印图纸的方法。

2. 操作提示

(1) 打开文件。

(2) 依次单击“文件”→“打印”菜单命令。

(3) 选择打印机、图纸尺寸、打印区域、打印比例和图形方向。

(4) 预览后打印。

实训 2　将几个图形文件打印在一张图纸上

1. 目的要求

掌握在一张图纸上打印多个图形的方法。

2. 操作提示

(1) 选择“文件”→“新建”菜单命令，创建新的图形文件。

(2) 选择“插入”→“块”菜单命令，插入多个图形。

(3) 利用缩放、移动命令调整各个图形布局。

(4) 打印。

9.4 思考与练习

一、选择题

1. 打印图形的键盘命令是(　　)。

A. DO　　B. PLAY　　C. PLOT　　D. DRAW

2. 打印范围的有(　　)。

A. 窗口　　B. 范围　　C. 显示　　D. 图形界限

二、简答题

1. 简述打印图形的过程。

2. 如何创建电子图纸?

第10章 综合应用

本章学习目标：

✧ 掌握使用 AutoCAD 2006 绘制零件图的全过程。

✧ 建立 AutoCAD 2006 绘制平面图样的整体概念，总结绘图技巧，养成良好的作图习惯，提高绘图能力。

10.1 绘制零件图的预备知识

本节任务：

✧ 掌握 AutoCAD 2006 绘制零件图的主要步骤。

✧ 了解 AutoCAD 2006 绘图最应注意的几个问题。

1. AutoCAD 2006 绘制零件图的主要步骤

(1) 分析零件的特点，确定表达方案。

(2) 绘制样板图，具体步骤如下：

① 设置绘图单位和精度。

② 设置图形界限。

③ 设置图层。

④ 设置文字样式。

⑤ 设置尺寸标注样式。

⑥ 绘制图框。

⑦ 绘制标题栏。

⑧ 保存样板图。

提示：AutoCAD 2006 自带了各种样板文件，用户还可以使用系统自带的样板图来建立绘图环境。在样板图中保存了各种标准设置，每当创建新图时，就以样板文件为原型图，将它的设置复制到当前图样中，这样新图就具有与样板图相同的作图环境。为方便使用，用户还可自建一个样板文件库，以后每次绘制图形时，可直接从这个库中打开合适的样板文件进行绘图，而不必每次设置图层、文字样式、标注样式等等，从而提高绘图效率。

(3) 绘制及标注零件图，具体步骤如下：

① 绘制图形对象的定位线及主要作图基准线。

② 画出已知线段。

③ 根据已知线段绘制连接线段。

④ 标注尺寸及书写文字。

(4) 填写标题栏。

2．AutoCAD 2006绘图最应注意的几个问题

(1) 根据需要创建样板图，利用样板图创建新图形，从而保证所有图形的图层、标注样式等项目相同。

(2) 精确绘图，所绘制的图形对象，其大小应是精确无误的。

(3) 分层绘图，不要将所有对象放置在一个图层上。

(4) 不要使多个图形对象重合在一起。

10.2 绘制零件图

本节任务：

✧ 系统掌握AutoCAD 2006绘制零件图的完整过程。

本节以绘制图10-1所示的传动轴零件图为例，介绍使用AutoCAD 2006绘制零件图的全过程。

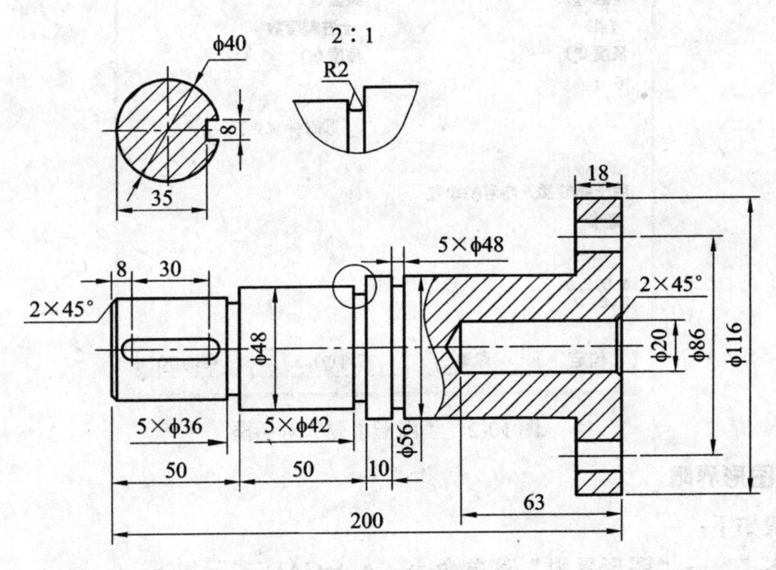

图10-1 轴类零件图

10.2.1 建立样板文件

图10-1所示的图形，其长、宽尺寸约为300 × 220，因而设置当前屏幕大小为420 × 297，即国标A3图纸。

建立样板文下的操作步骤如下：

单击“文件”→“新建”菜单命令，打开“选择样板”对话框，选择文件“acadiso.dwt”，单击 打开(O) 按钮，创建新图形。

10.2.2 绘制样板图

1．设置绘图单位和精度

操作步骤如下：

单击“格式”→“单位”菜单命令，打开“图形单位”对话框，如图 10-2 所示，填充内容如下：

- 长度选项组：

“类型”列表选择“小数”。

“精度”为小数点后一位，即“0.0”。

- 角度选项组：

“类型”列表选择“十进制度数”。

“精度”列表选择“0”。

- 插入比例：选择“毫米”。

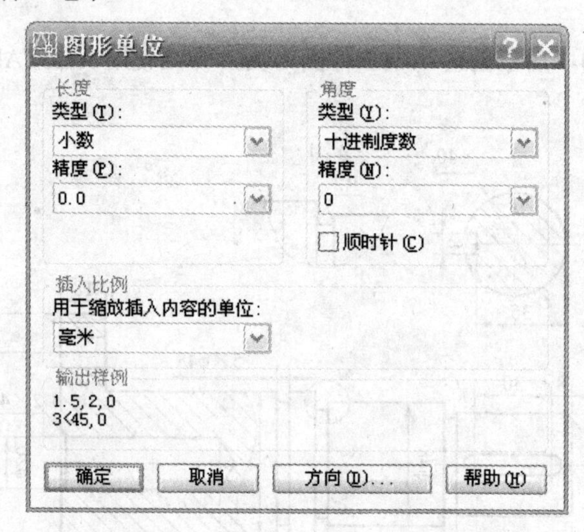

图 10-2 “图形单位”对话框

2．设置图形界限

操作步骤如下：

单击“格式”→“图形界限”菜单命令，AutoCAD 提示如下：

重新设置模型空间界限：

指定左下角点或[开(ON)/关(OFF)] <0.0,0.0>：↵ //按【Enter】键使用默认设置。

指定右上角点<210.0,297.0>: 420,297 //确定图形界限，输入右上角点坐标(420,297)。

3．设置图层

操作步骤如下：

(1) 单击“格式”→“图层”菜单命令，打开“图层特性管理器”对话框，如图 10-3 所示。

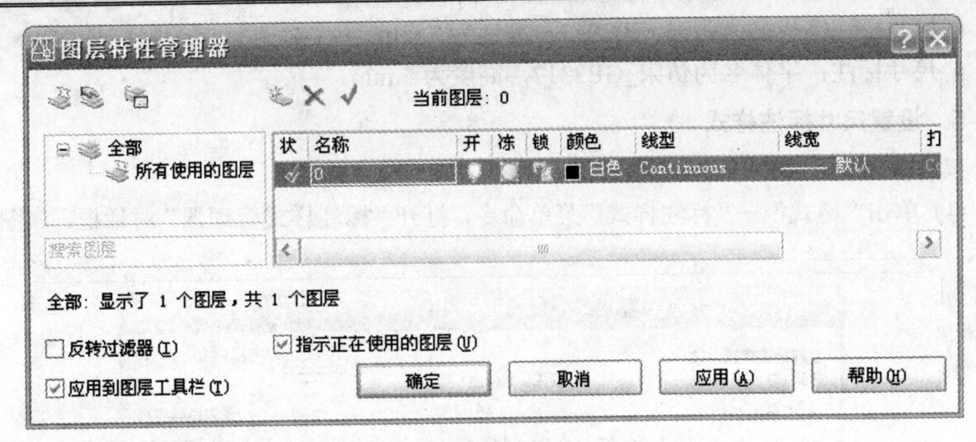

图 10-3　“图层特性管理器”对话框

(2) 分别创建粗实线层、细实线层、中心线层、尺寸标注层、剖面线层和标题栏层。结果如图 10-4 所示。

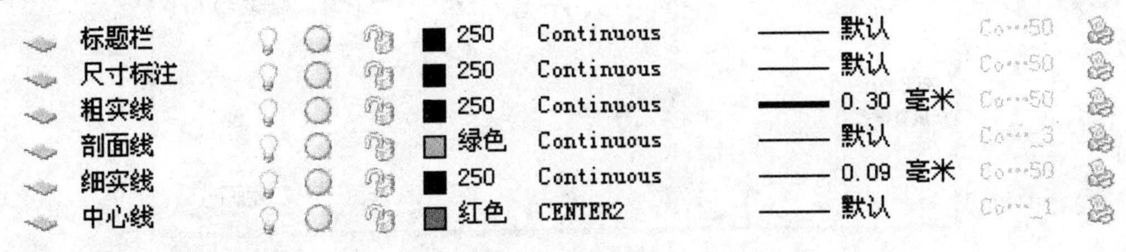

图 10-4　新建图层

4．设置文字样式

操作步骤如下：

(1) 单击“格式”→“文字样式”菜单命令，打开“文字样式”对话框，如图 10-5 所示。

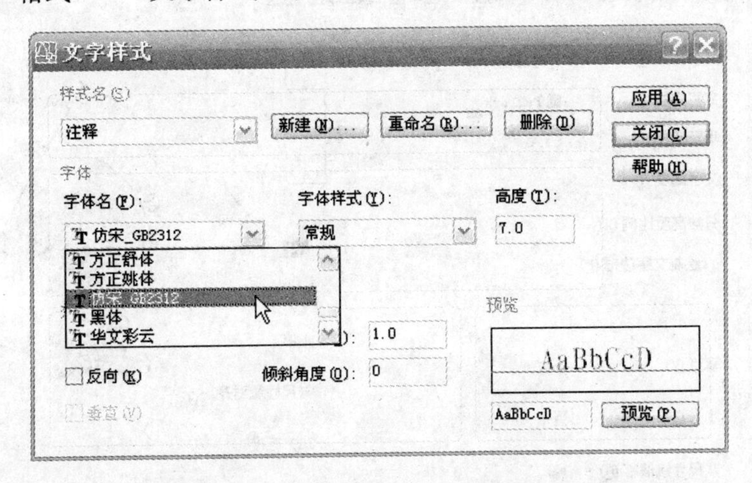

图 10-5　“文字样式”对话框

(2) 分别创建以下文字样式：

- 注释：字体名为仿宋_GB2312，高度为 7 mm。
- 零件名称：字体名为仿宋_GB2312，高度为 10 mm。

- 标题栏：字体名为仿宋_GB2312，高度为 5 mm。
- 尺寸标注：字体名为仿宋_GB2312，高度为 5 mm。

5. 设置尺寸标注样式

操作步骤如下：

(1) 单击“格式”→“标注样式”菜单命令，打开“标注样式管理器”对话框，如图 10-6 所示。

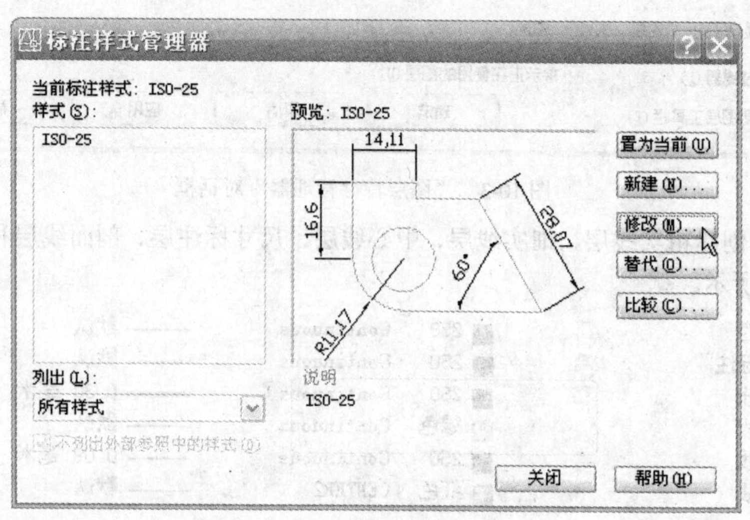

图 10-6 “标注样式管理器”对话框

(2) 单击 修改(M)... 按钮，打开“修改标注样式”对话框，如图 10-7 所示。

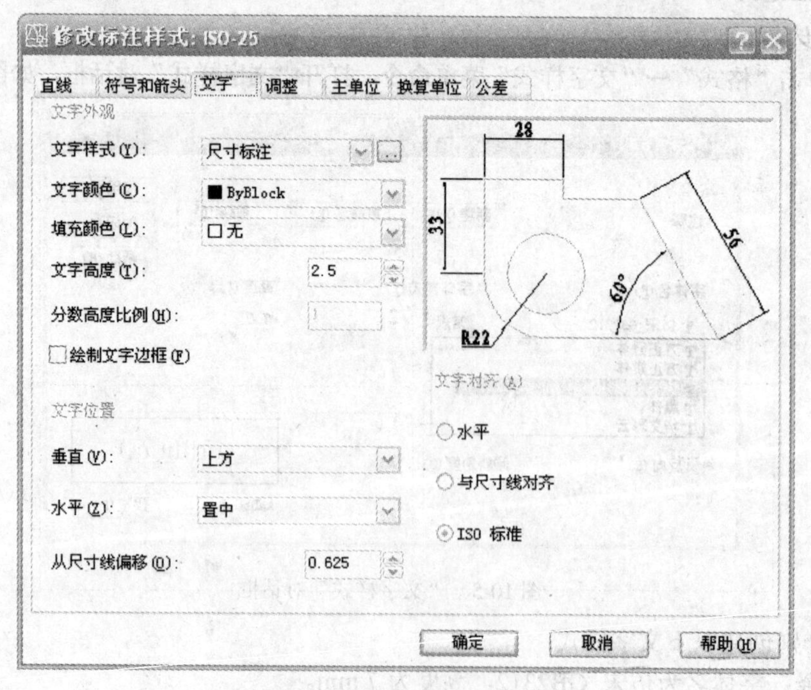

图 10-7 “修改标注样式”对话框

(3) 在图10-7所示对话框中分别作以下修改：

- “文字”选项卡：设置“文字样式”为“尺寸标注”，设置“文字对齐”为“ISO标准”。
- “主单位”选项卡：设置“精度”为“0”，设置“小数分隔符”为“句点”。

6．设置表格样式

操作步骤如下：

(1) 单击“格式”→“表格样式”菜单命令，打开“表格样式”对话框，如图10-8所示。

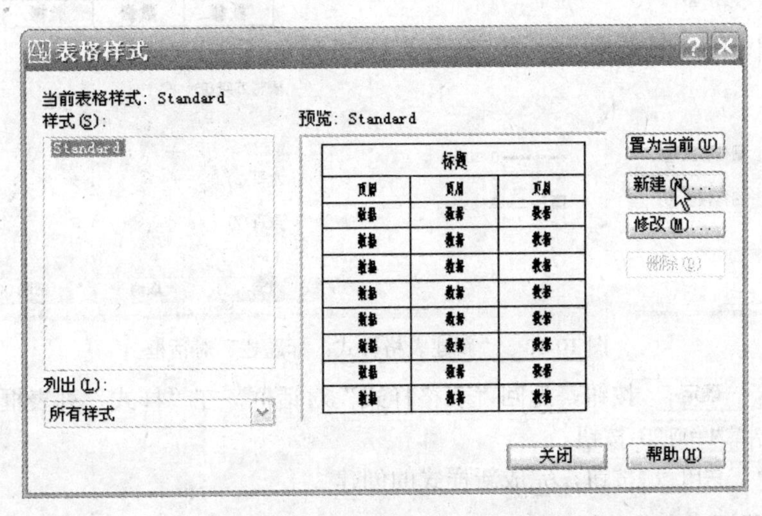

图10-8 “表格样式”对话框

(2) 单击 新建(N)... 按钮，打开“创建新的表格样式”对话框，定义新样式名为标题栏，如图10-9所示。

图10-9 “创建新的表格样式”对话框

(3) 单击 继续 按钮，打开“新建表格样式：标题栏”对话框，分别填充其中内容，如图10-10所示。

- “数据”选项卡：“文字样式”下拉列表框中选择“标题栏”，“对齐”下拉列表框中选择“正中”，“边框特性”选项组中单击“外边框”按钮，并在“栅格线宽”下拉列表框中选择“0.30 mm”。
- “列标题”选项卡：取消对“有标题”复选框的选中。
- “标题”选项卡：取消对“包含标题行”复选框的选中。

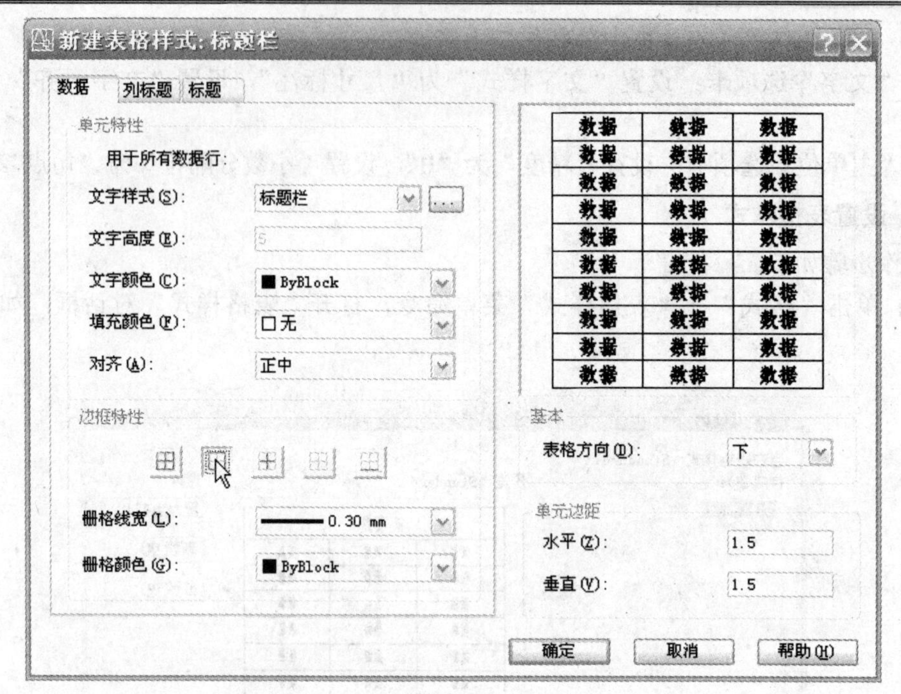

图 10-10 “新建表格样式：标题栏”对话框

(4) 单击 确定 按钮，返回“表格样式”对话框，在“样式”列表框中选中创建的新样式，单击 置为当前(U) 按钮。

(5) 单击 关闭 按钮，完成新样式的创建

7. 绘制图框

操作步骤如下：

(1) 将图层切换到细实线层，单击“绘图”→“矩形”菜单命令，AutoCAD 提示如下：

命令：_RECTANG

指定第一个角点或[倒角(C)/标高(E)/圆角(F)/厚度(T)/宽度(W)]：0,0　　//输入矩形的第一个角点坐标(0,0)。

指定另一个角点或[面积(A)/尺寸(D)/旋转(R)]：420,297　　//输入矩形的另一个角点坐标(420,297)。

(2) 将图层切换到粗实线层，单击“绘图”→“矩形”菜单命令，AutoCAD 提示如下：

命令：_RECTANG

指定第一个角点或[倒角(C)/标高(E)/圆角(F)/厚度(T)/宽度(W)]: 25,5　　//输入矩形的第一个角点坐标(25,5)。

指定另一个角点或[面积(A)/尺寸(D)/旋转(R)]：415,292　　//输入矩形的另一个角点坐标(415,292)。

(3) 命令：Z ZOOM　　//输入“Z”，执行 ZOOM 命令。

指定窗口的角点，输入比例因子(nX 或 nXP)，或者[全部(A)/中心(C)/动态(D)/范围(E)/上一个(P)/比例(S)/窗口(W)/对象(O)] <实时>：“A”　　//输入选项“A”，将绘图区放大至全屏，结果如图 10-11 所示。

图 10-11 绘制完成的图框

8．绘制标题栏

操作步骤如下：

(1) 将图层切换到标题栏层，单击“绘图”→“表格”菜单命令，打开“插入表格”对话框，如图 10-12 所示。

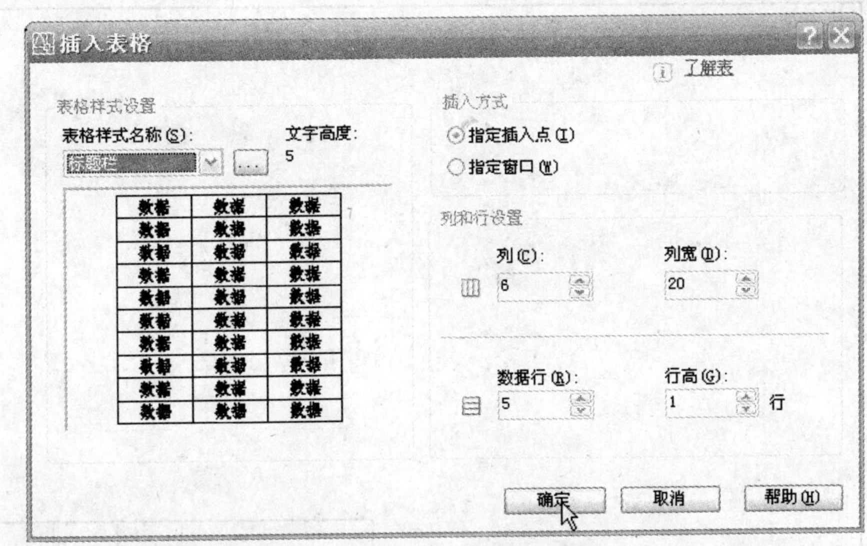

图 10-12 “插入表格”对话框

(2) 按照图 10-12 所示各项进行设置，在绘图区插入一个 5 行 6 列的表格，如图 10-13 所示。

(3) 编辑表格：拖动鼠标选中表中的前 2 行、前 3 列的单元区域，如图 10-14 所示。

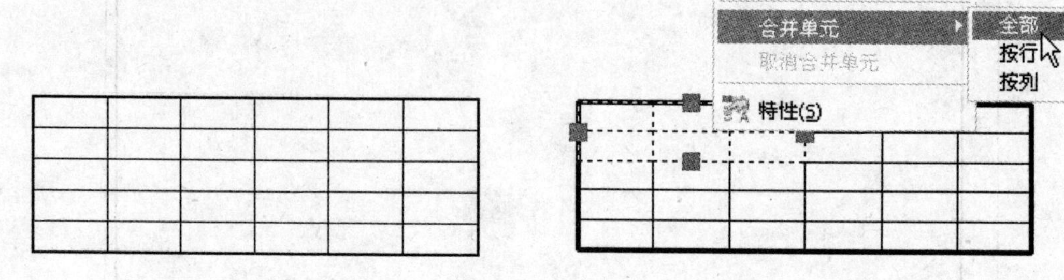

图 10-13 插入表格　　图 10-14 编辑表格

(4) 单击鼠标右键，在弹出的快捷菜单中选择“合并单元”→“全部”，将选中的单元区域合并为一个单元格。

(5) 使用同样的方法，将表格右下角 2 行 3 列的单元格进行合并，完成后如图 10-15 所示。

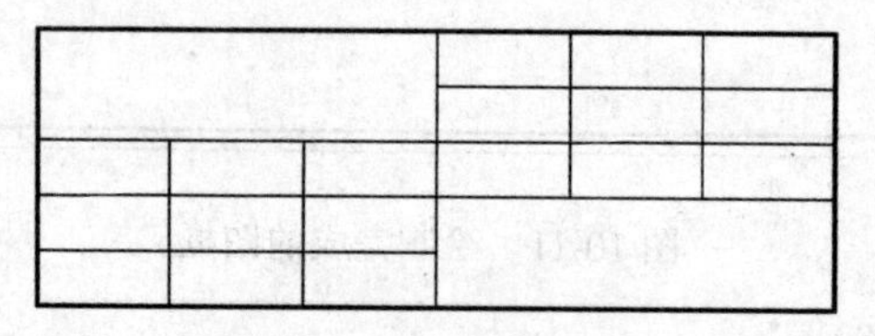

图 10-15 编辑结果

(6) 选中绘制的表格，将其拖放到图框右下角。在状态栏中单击“线宽”按钮，绘制的图框和标题栏如图 10-16 所示。

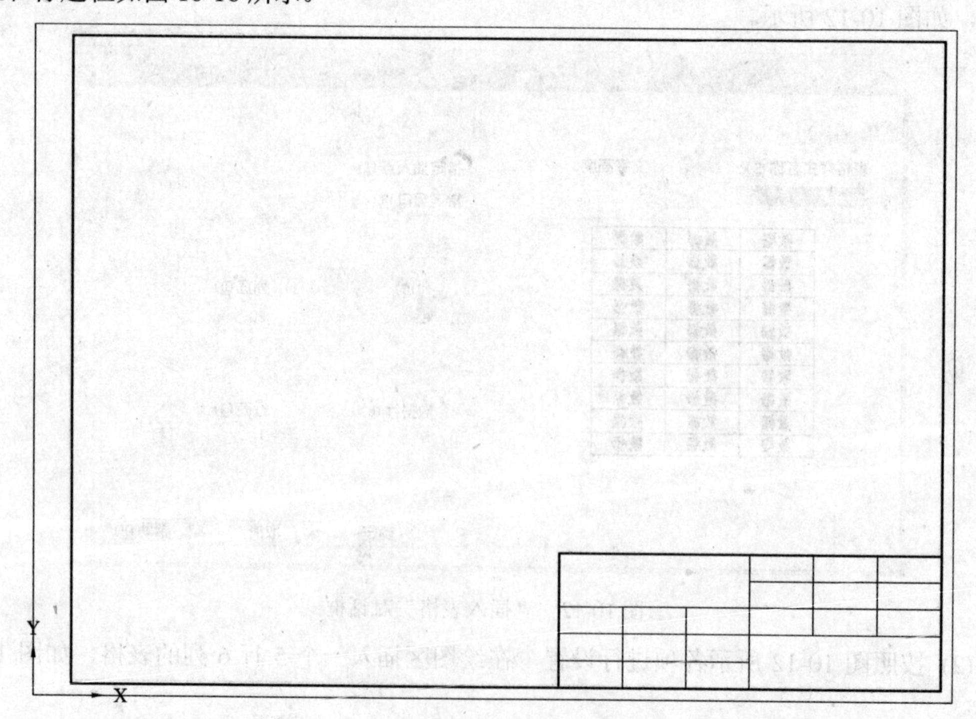

图 10-16 图框和标题栏

9．保存样板图

操作步骤如下：

(1) 单击“文件”→“另存为”菜单命令，打开“图形另存为”对话框，如图 10-17 所示。

图 10-17　“图形另存为”对话框

(2) 在“文件类型”下拉列表框中，选择“AutoCAD 图形样板(*.dwt)”，在“文件名”文本框中输入文件名称“A3”。

(3) 单击“保存”按钮，完成样板文件的创建。

10.2.3　绘制及标注零件图

绘制及标注零件图的操作步骤如下：

(1) 打开新创建的样板文件“A3.dwt”，另存为“轴类零件.dwg”。

(2) 打开极轴追踪、对象捕捉及捕捉追踪功能。设置极轴追踪角度增量为“30”，对象捕捉方式为“端点”、“交点”，沿所有极轴角进行捕捉追踪。

(3) 切换到粗实线层，画出轴线 A、左端面线 B 及右端面线 C。这些线条是绘图的主要基准线，如图 10-18 所示。

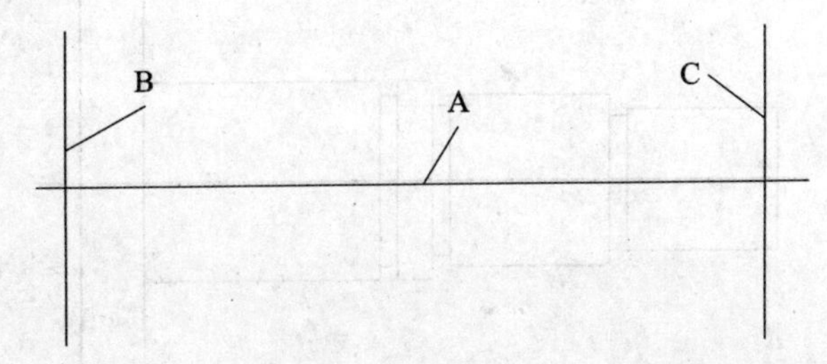

图 10-18　画轴线 A、左端面线 B 及右端面线 C

(4) 绘制轴类零件左边第一段。使用 OFFSET 命令向右平移线段 B，以及向上、向下平移线段 A，如图 10-19 所示。

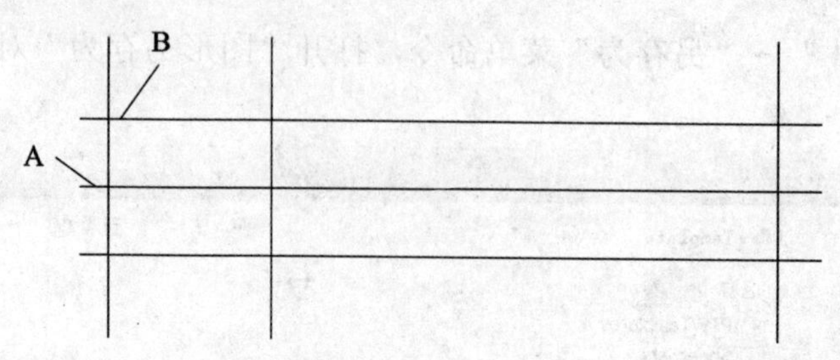

图 10-19 画轴类零件第一段

(5) 修剪多余线条，结果如图 10-20 所示。

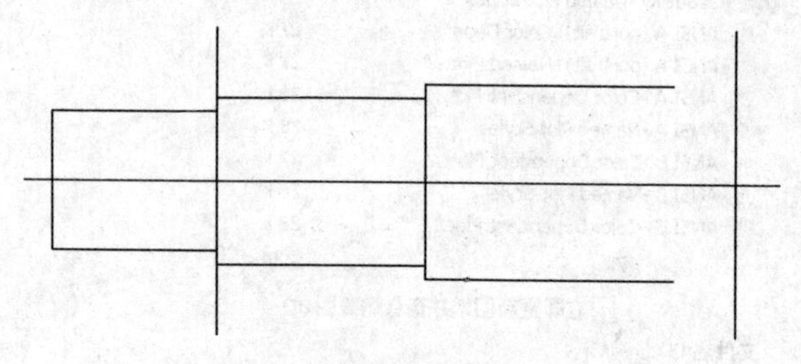

图 10-20 修剪结果

(6) 使用 OFFSET 和 TRIM 命令绘制轴的其余各段，如图 10-21 所示。

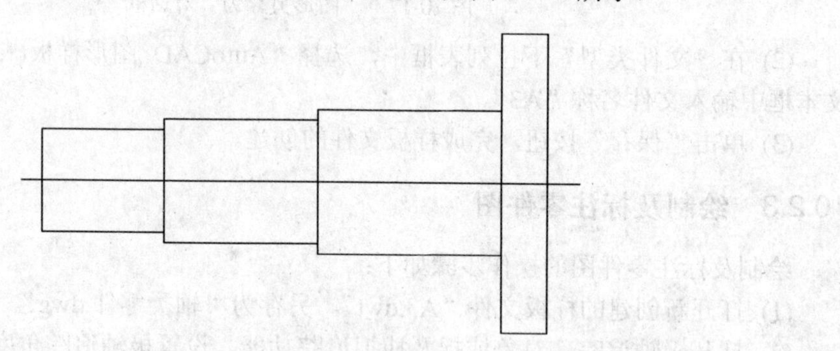

图 10-21 画轴的其余各段

(7) 使用 OFFSET 和 TRIM 命令画退刀槽和卡环槽，如图 10-22 所示。

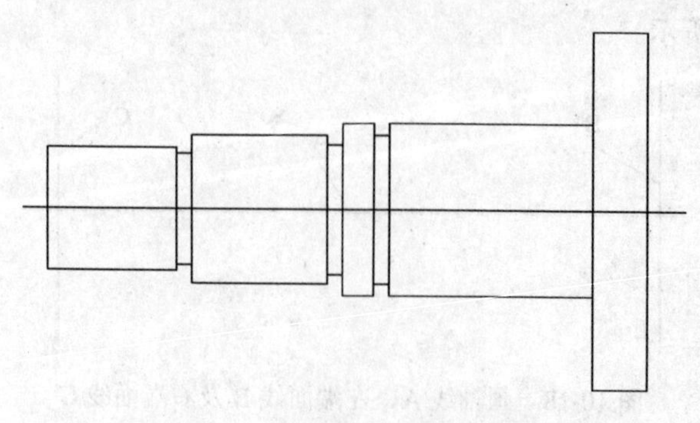

图 10-22 画退刀槽和卡环槽

(8) 使用 LINE、CIRCLE 和 TRIM 命令画键槽，如图 10-23 所示。

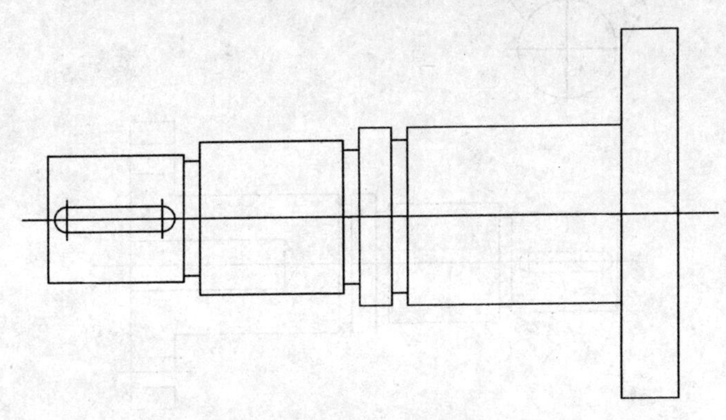

图 10-23 画键槽

(9) 使用 LINE、MIRROR 等命令画孔，如图 10-24 所示。

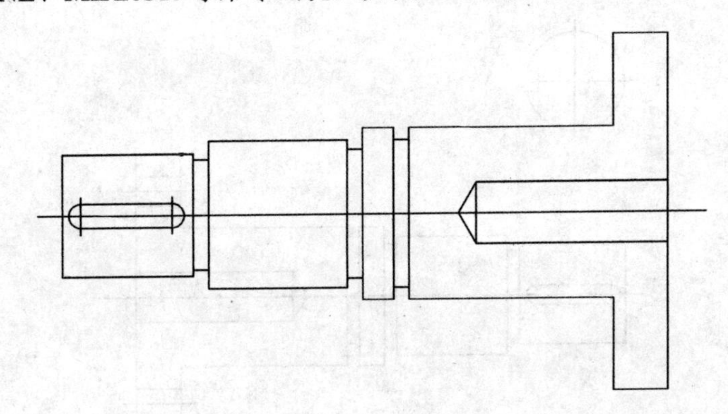

图 10-24 画孔(一)

(10) 使用 OFFSET、TRIM 及 MIRROR 命令画孔，如图 10-25 所示。

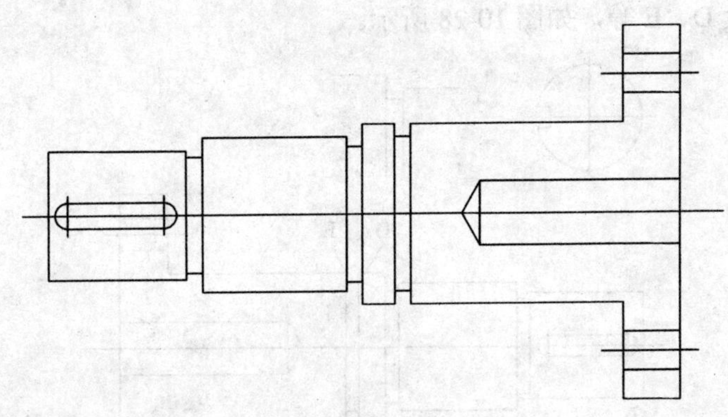

图 10-25 画孔(二)

(11) 画直线 A、B 及圆 C，如图 10-26 所示。

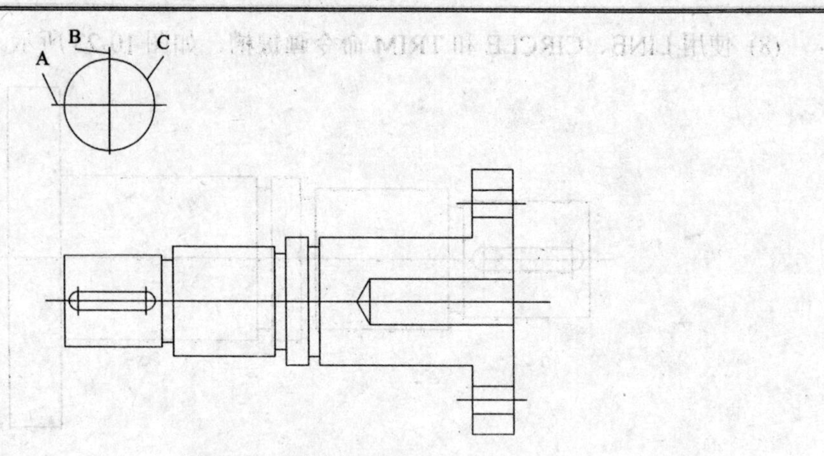

图 10-26 画直线及圆

(12) 使用 OFFSET、TRIM 命令画键槽剖面图，如图 10-27 所示。

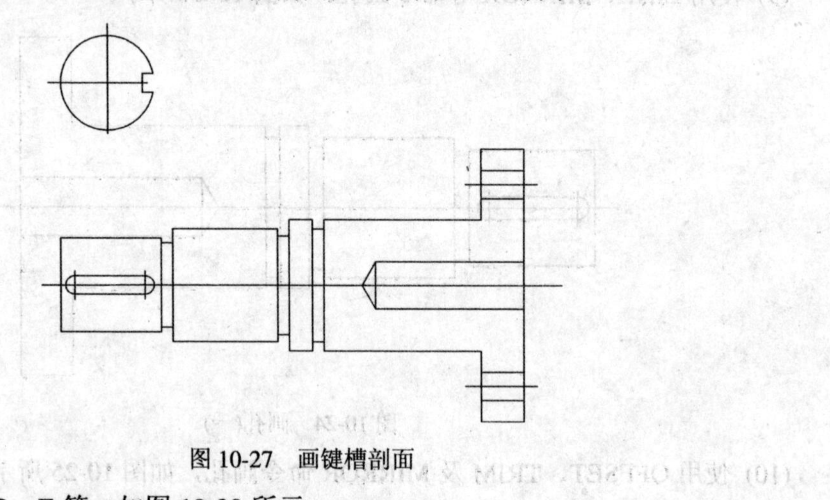

图 10-27 画键槽剖面

(13) 复制线段 D、E 等，如图 10-28 所示。

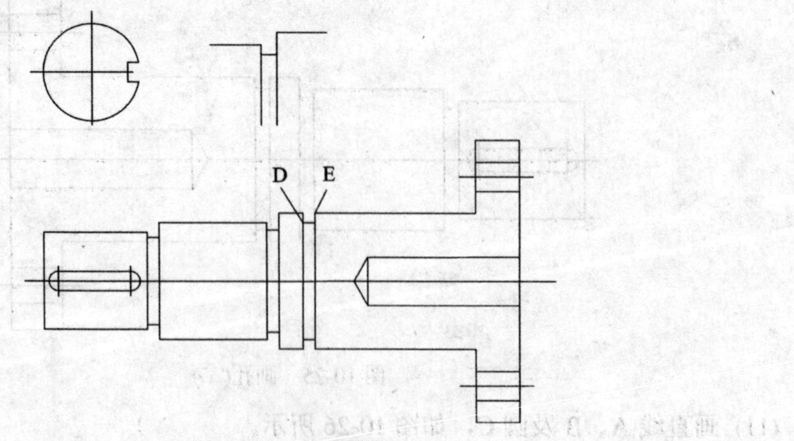

图 10-28 复制线段

(14) 使用 SPLINE 命令画断裂线，再绘制过渡圆角 G，然后使用 SCALE 命令放大图形 H，如图 10-29 所示。

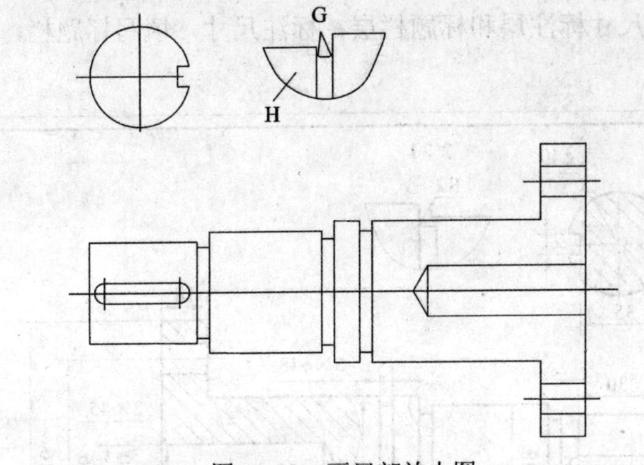

图 10-29 画局部放大图

(15) 画断裂线，倒斜角，画剖面图案，如图 10-30 所示。

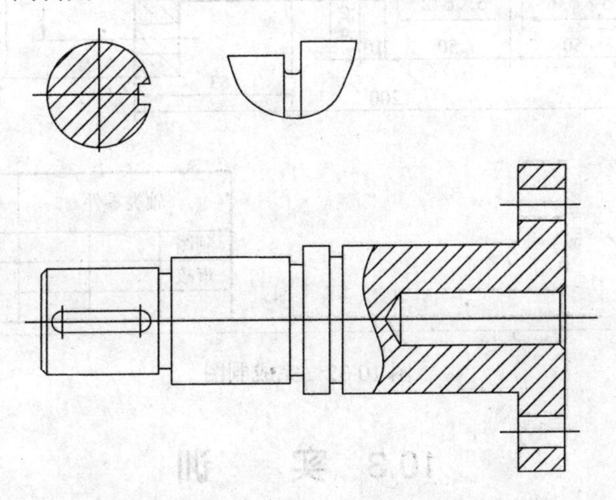

图 10-30 画断裂线、倒斜角并画剖面线

(16) 将轴线、圆的定位线等修改到中心线层上，将剖面图案修改到剖面线层上，以及将断裂线修改到细实线层上，打开线宽显示，如图 10-31 所示。

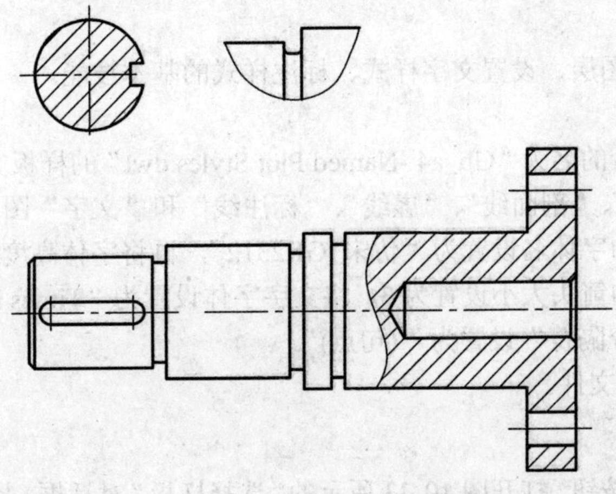

图 10-31 改变对象所在图层

(17) 分别切换到尺寸标注层和标题栏层，标注尺寸，填写标题栏，至此完成全图，如图 10-32 所示。

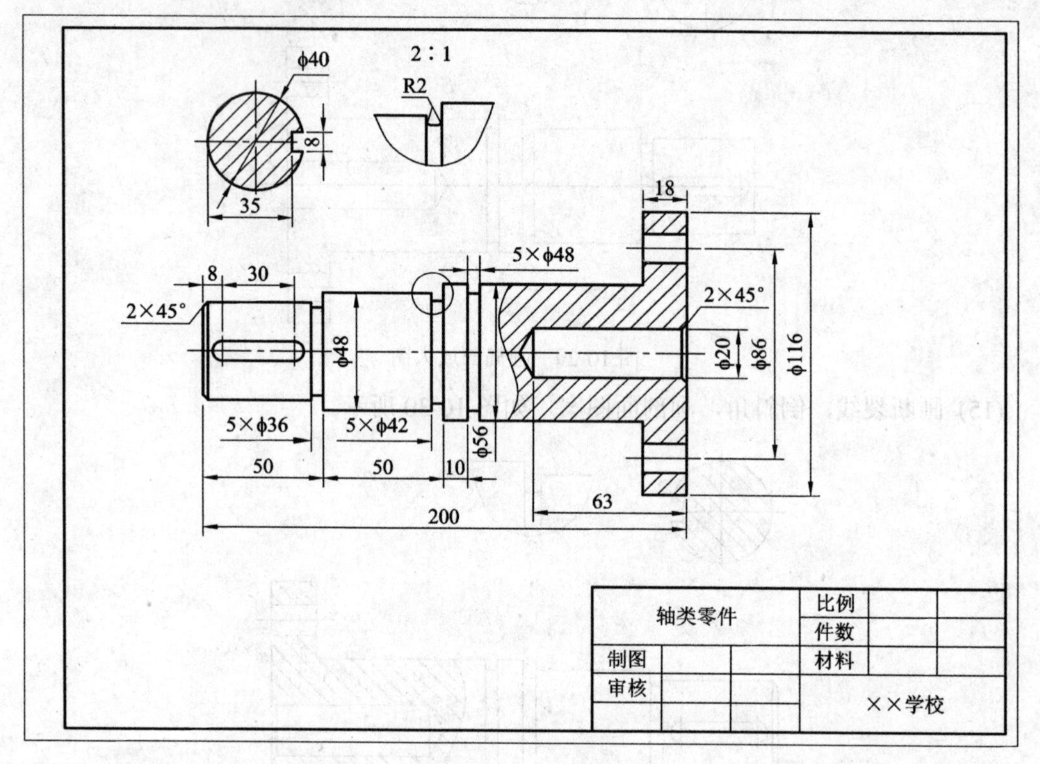

图 10-32　完成制图

10.3　实　　训

实训 1　绘制 A4 样板文件

1. 目的要求

目的：掌握新建图层、设置文字样式、标注样式的基本技能。

要求具体如下：

(1) 打开系统自带的名为“Gb_a4 -Named Plot Styles.dwt”的样板文件，新建“中心线”、“粗实线”、“细实线”、“剖面线”、“虚线”、“标注线”和“文字”图层。

(2) 将文字样式的字体名设置为“仿宋_GB2312”，再将字体高度设置为 3。

(3) 将标注样式的箭头大小设置为 3，将文字字体设置为“Times New Roman”，将字高设置为 3，将“小数分隔符”设置为“(句点)”。

(4) 保存 A4 样板文件。

2. 操作提示

(1) 单击“新建”按钮，打开图 10-33 所示的“选择样板”对话框。找到名为 Gb-a4.Named

Plot Styles 的样板文件，然后单击“打开”按钮，打开图 10-34 所示的样板文件，可见其中包括了边框线和标题栏。

图 10-33 “选择样板”对话框

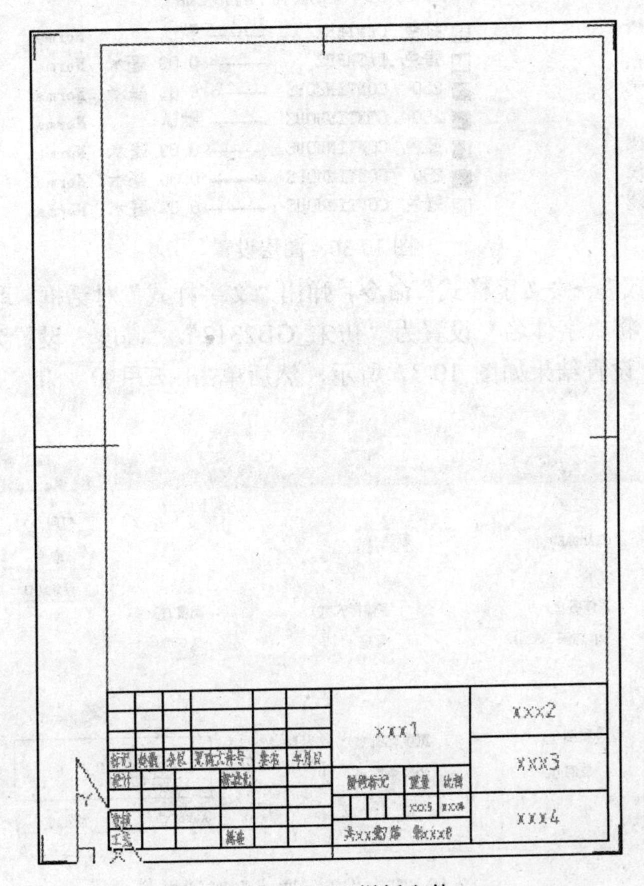

图 10-34 A4 样板文件

(2) 执行“格式”→“图层”命令，打开图 10-35 所示的“图层特性管理器”对话框，其中的图层是模板自带的图层。单击“新建”按钮，新建“中心线”、“粗实线”、“细实线”、“剖面线”、“虚线”、“标注线”和“文字”图层，并设置各层的颜色、线型和线宽，完成设置后如图 10-36 所示，单击“确定”按钮完成新建图层。

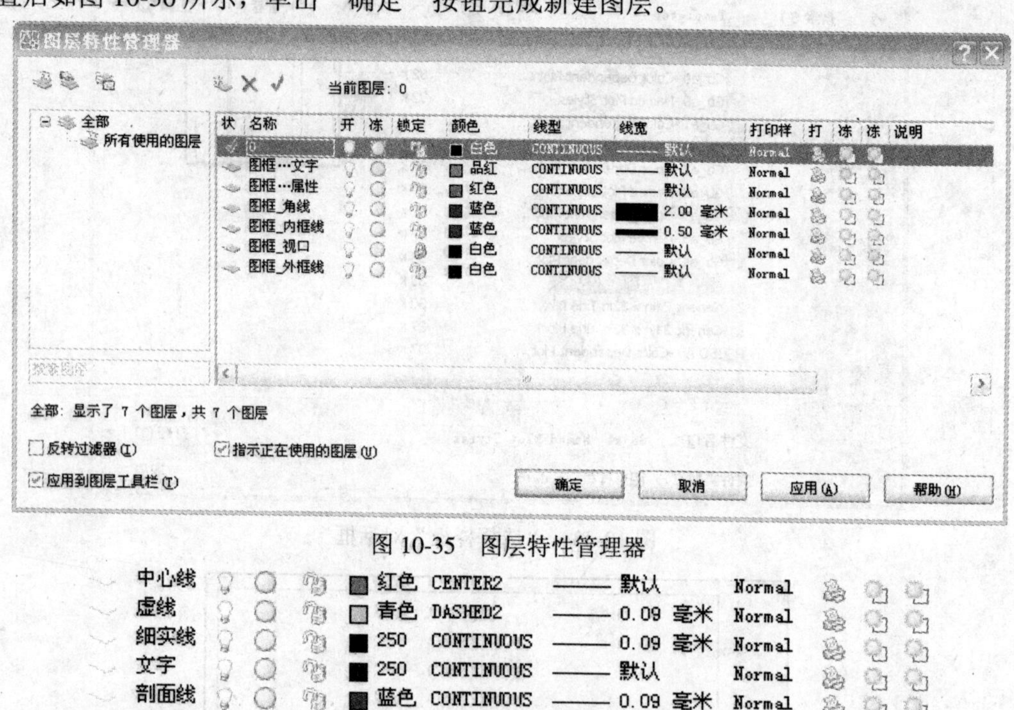

图 10-35 图层特性管理器

名称	颜色	线型	线宽	打印样式
中心线	红色	CENTER2	默认	Normal
虚线	青色	DASHED2	0.09 毫米	Normal
细实线	250	CONTINUOUS	0.09 毫米	Normal
文字	250	CONTINUOUS	默认	Normal
剖面线	蓝色	CONTINUOUS	0.09 毫米	Normal
粗实线	250	CONTINUOUS	0.30 毫米	Normal
标注线	绿色	CONTINUOUS	0.09 毫米	Normal

图 10-36 图层设置

(3) 执行“格式”→“文字样式”命令，弹出“文字样式”对话框，取消选择其中的“使用大字体”选项，将“字体名”设置为“仿宋_GB2312”，“高度”设置为 3，其余设置选择系统的默认设置，设置结果如图 10-37 所示，然后单击 应用(A) 和 ✕ 按钮完成文字样式的设置。

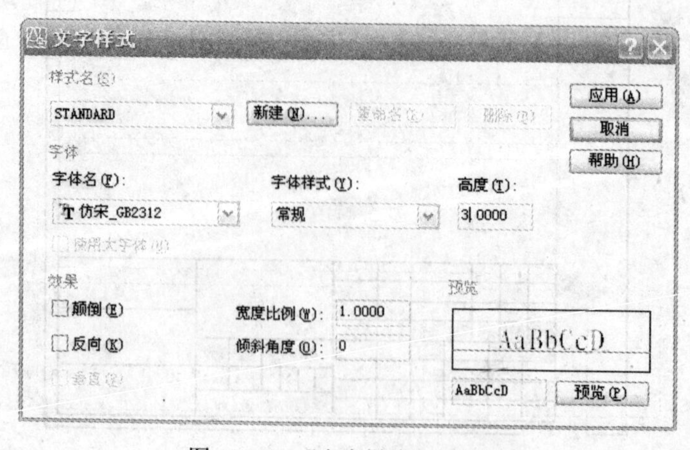

图 10-37 “文字样式”对话框

(4) 执行“格式”→“标注样式”命令，弹出“标注样式管理器”对话框。单击其中的 修改(M)... 按钮，弹出“修改标注样式”对话框，在其中的“符号和箭头”选项卡中将箭头大小设置为 3；在“文字”选项卡中将文字字体设置为“Times New Roman”，“文字对齐”为“ISO 标准”，将字高设置为 3；在“主单位”选项卡中将“小数分隔符”设置为“句点”，再单击 确定 按钮回到“标注样式管理器”对话框，单击其中的 置为当前(U) 按钮和 × 按钮完成标注样式的设置。

(5) 这时样板文件已经建立，单击 按钮，将其命名为“A4 样板文件”并保存。

用同样的方法建立“A3 样板文件”、“A2 样板文件”、“A1 样板文件”和“A0 样板文件”，这样就建立了样板文件库。以后绘制图形时，直接打开合适的样板文件就可以开始绘图，而不用每次都设置图层、文字样式和标注样式等选项。

实训 2　绘制传动箱盖零件图

零件图如图 10-38 所示。

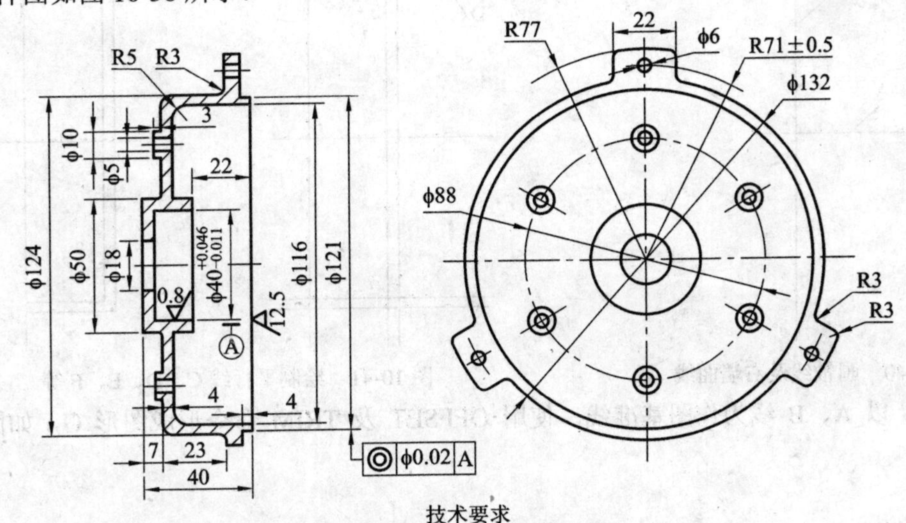

图 10-38　画传动箱盖零件图

1. 目的要求

掌握绘制盘盖类零件的方法和作图技巧。

2. 操作提示

(1) 依照实训 1 的方法建立图 10-39 所示的 A3 样板图。

(2) 打开极轴追踪、对象捕捉及捕捉追踪功能。设置极轴追踪角度增量为“90”，设置仅沿正交方向进行捕捉追踪，设定对象捕捉方式为“端点”、“圆心”、“交点”。

(3) 切换到轮廓线层。绘制主视图中的轴线 A 及零件右端面线 B，如图 10-40 所示。线段的长度约为 80，线段 B 的长度约为 180。

(4) 以 A、B 线为作图基准线，使用 OFFSET 命令绘制平行线 C、D、E、F 等，如图 10-41 左图所示。修剪多余线条，结果如图 10-41 右图所示。

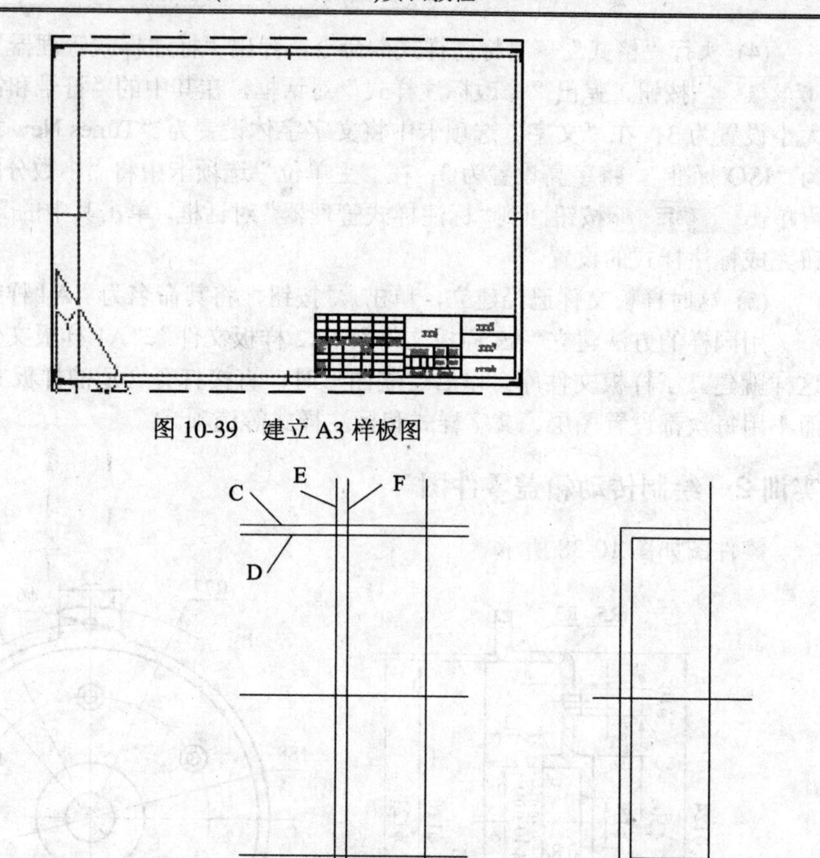

图 10-39 建立 A3 样板图

图 10-40 画轴线及右端面线

图 10-41 绘制平行线 C、D、E、F 等

(5) 以 A、B 线为作图基准线，使用 OFFSET 及 TRIM 命令形成图形 G，如图 10-42 所示。

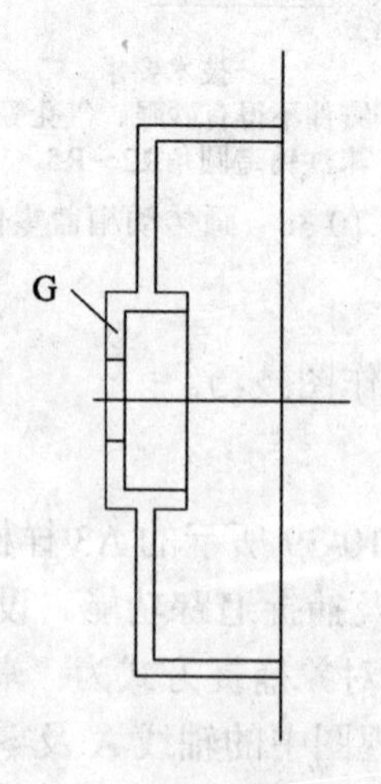

图 10-42 形成图形 G

(6) 以 A、H 线为作图基准线，使用 OFFSET、TRIM 及 MIRROR 命令形成图形 I、J，如图 10-43 所示。

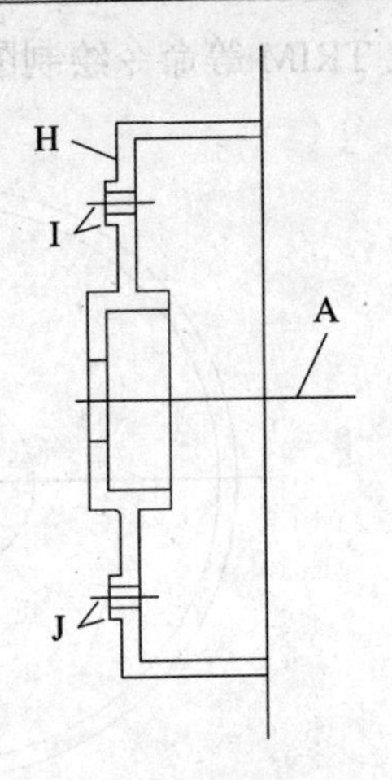

图 10-43 形成图形 I、J

(7) 以 A、B 线为作图基准线，使用 OFFSET、TRIM 命令形成图形 K、L，如图 10-44 所示。

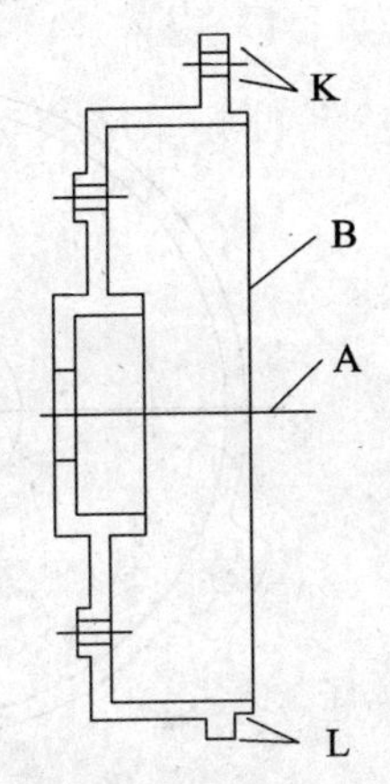

图 10-44 形成图形 K、L

(8) 倒圆角并绘制左视图定位线及圆，如图 10-45 所示。

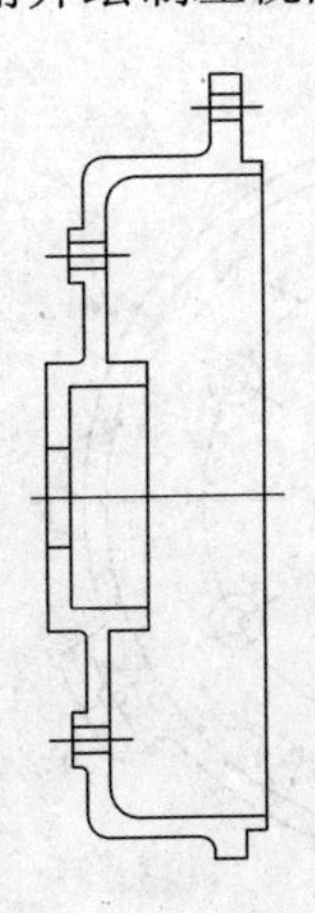
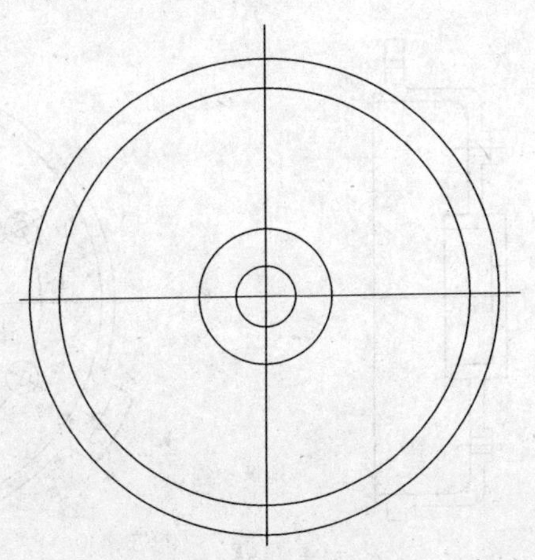

图 10-45 画左视图定位线及圆

(9) 使用 OFFSET、CIRCLE 及 TRIM 等命令绘制图形 M，如图 10-46 所示。

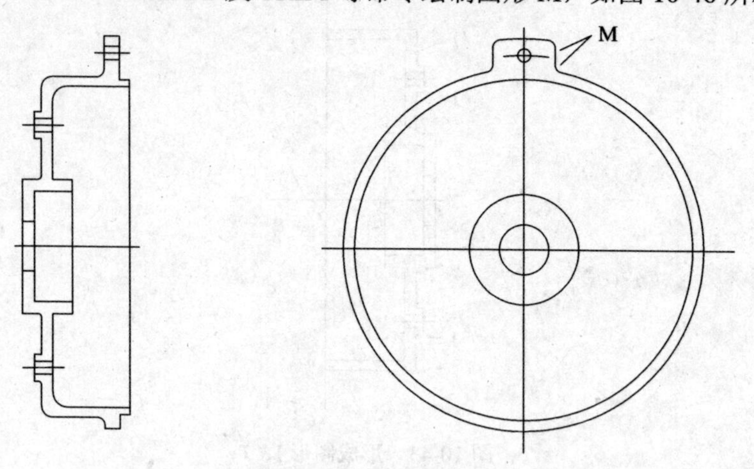

图 10-46 绘制图形 M

(10) 使用 ARRAY 命令阵列图形 M，再修剪多余线条，结果如图 10-47 所示。

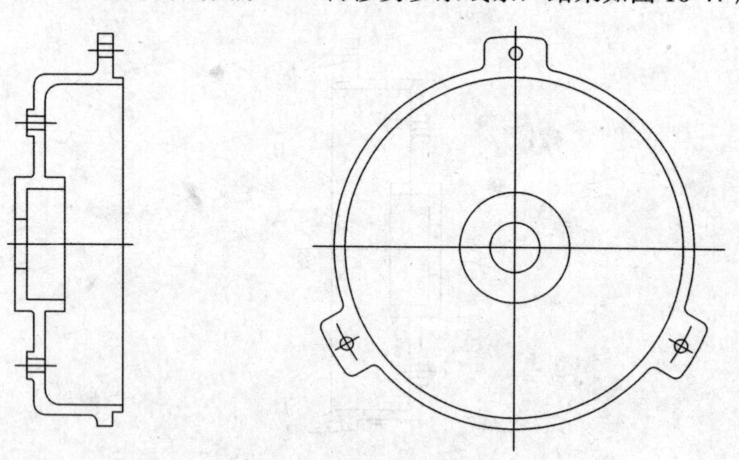

图 10-47 创建环形阵列

(11) 绘制 N、P，再创建圆环 P 的环形阵列，如图 10-48 所示。

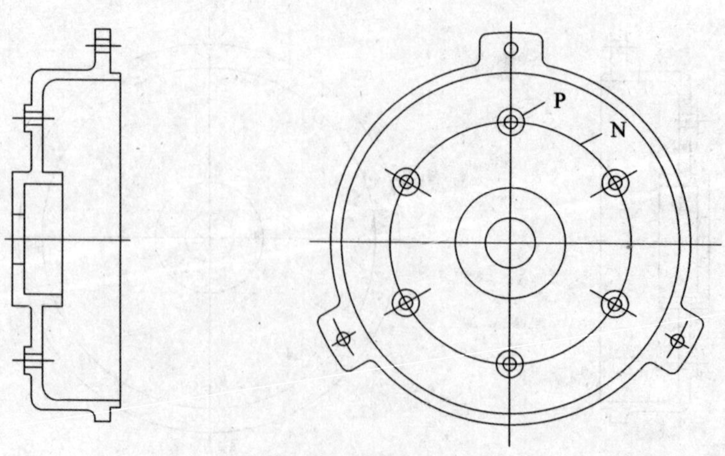

图 10-48 绘制圆及创建环形阵列

(12) 填充剖面图案及补画圆的定位线，如图 10-49 所示。

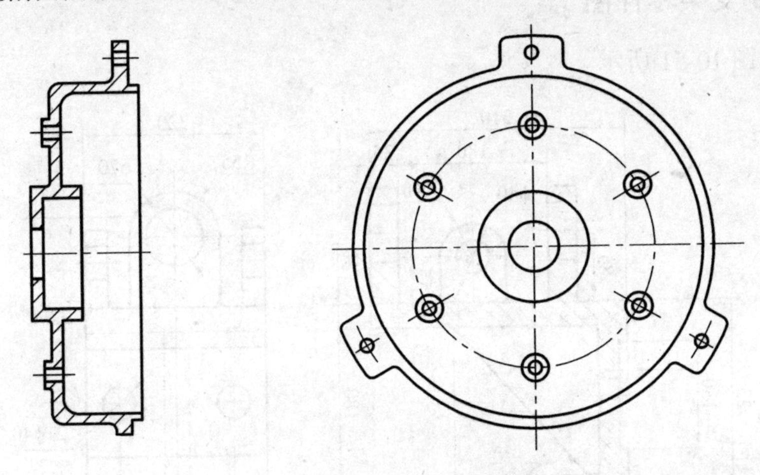

图 10-49 填充剖面图案及绘制圆的定位线

(13) 将轴线、定位线等放置到中心线层上，将剖面图案放置到剖面线层上。

(14) 切换到尺寸标注层，标注尺寸及表面粗糙度。

(15) 切换到文字层，书写技术要求，填写标题栏，完成全图，如图 10-50 所示。

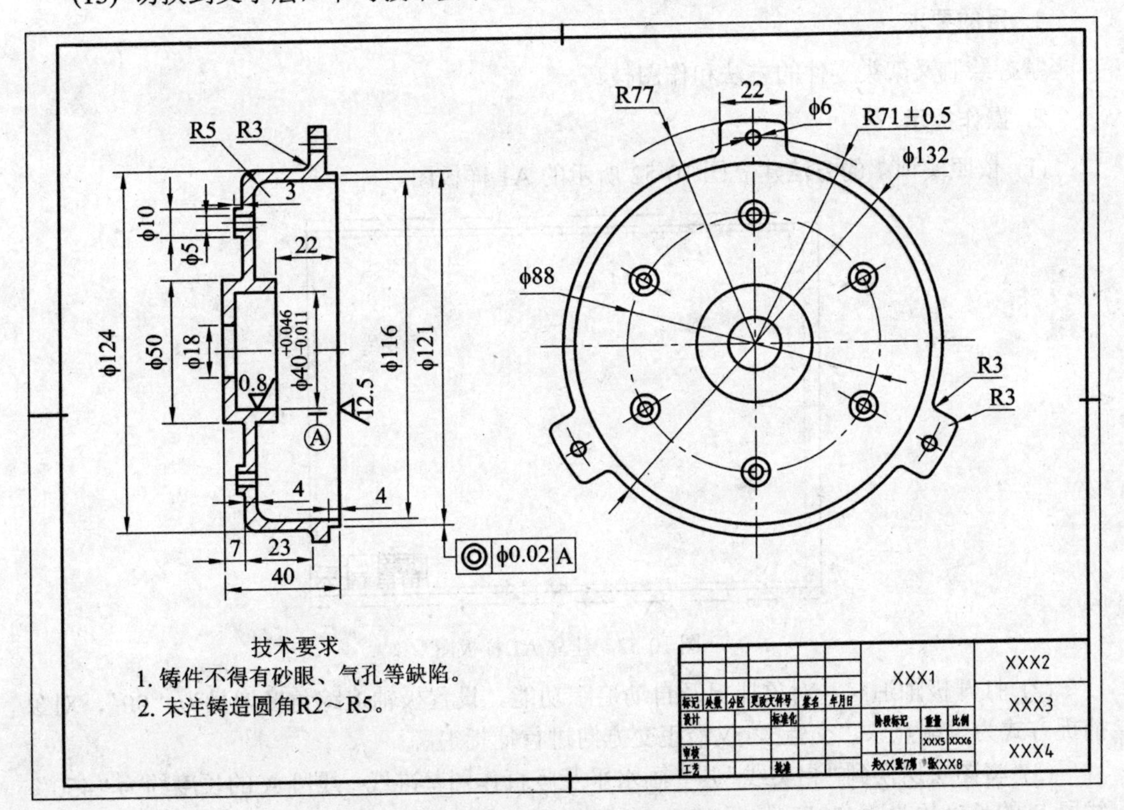

图 10-50 标注尺寸及书写文字

实训 3　绘制支架零件图

零件图如图 10-51 所示。

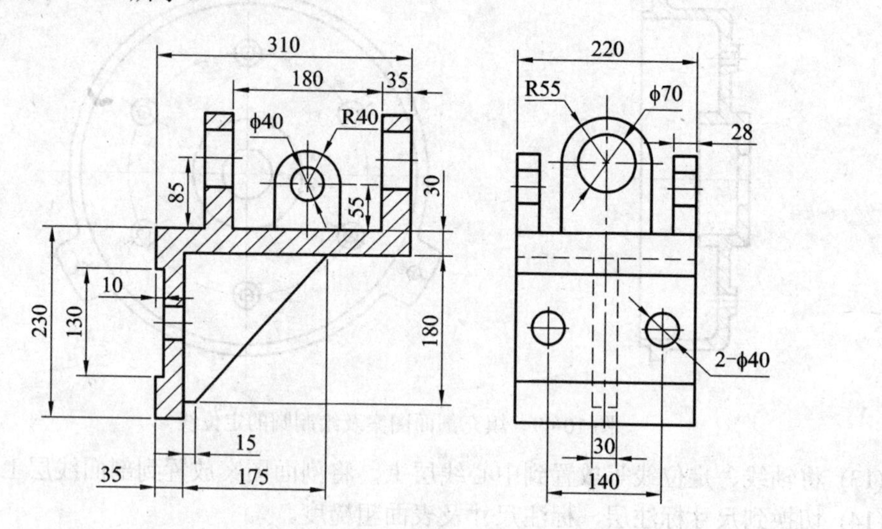

图 10-51　画支架零件图

1. 目的要求

掌握绘制叉架类零件的方法和作图技巧。

2. 操作提示

(1) 依照实训 1 的方法建立图 10-52 所示的 A1 样板图。

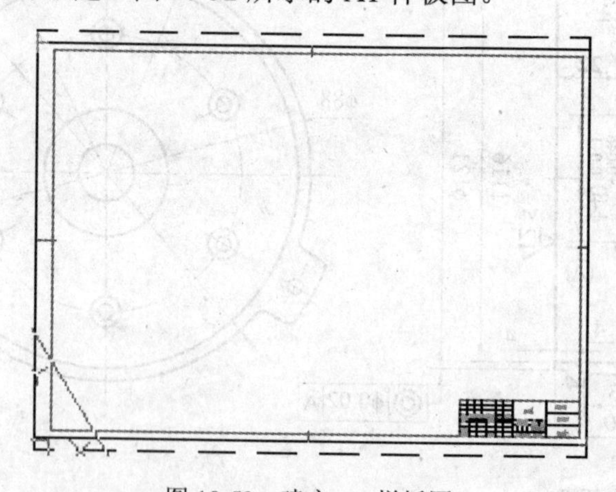

图 10-52　建立 A1 样板图

(2) 打开极轴追踪、对象捕捉及自动追踪功能。设置极轴追踪角度增量为“90”，对象捕捉方式为“端点”、“交点”，仅沿正交方向进行捕捉追踪。

(3) 将图层切换到“粗实线”层，画水平及竖直作图基准线，线段 A 的长度约为“450”，线段 B 的长度约为“400”，如图 10-53 所示。

(4) 使用 OFFSET、TRIM 命令绘制线框 C，如图 10-54 所示。

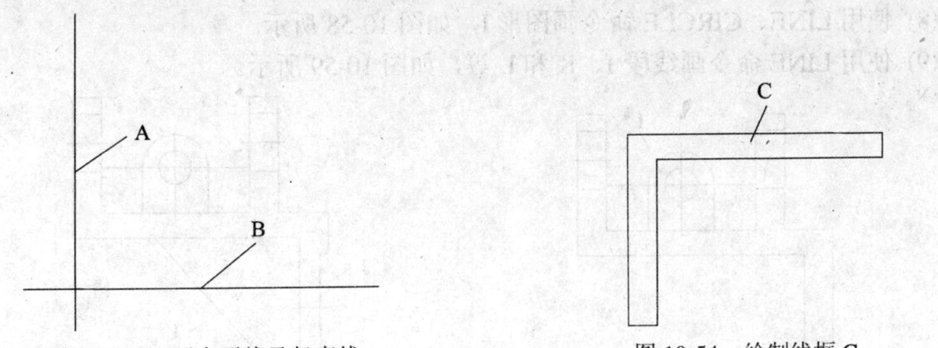

图 10-53 画水平线及竖直线

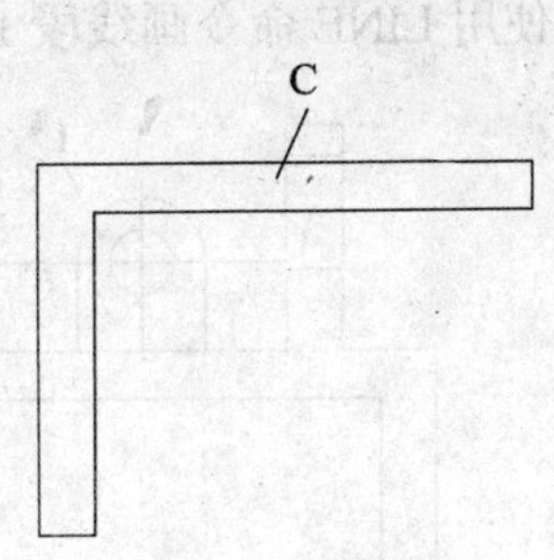

图 10-54 绘制线框 C

(5) 利用夹点编辑方式拉长线段 D，如图 10-55 所示。

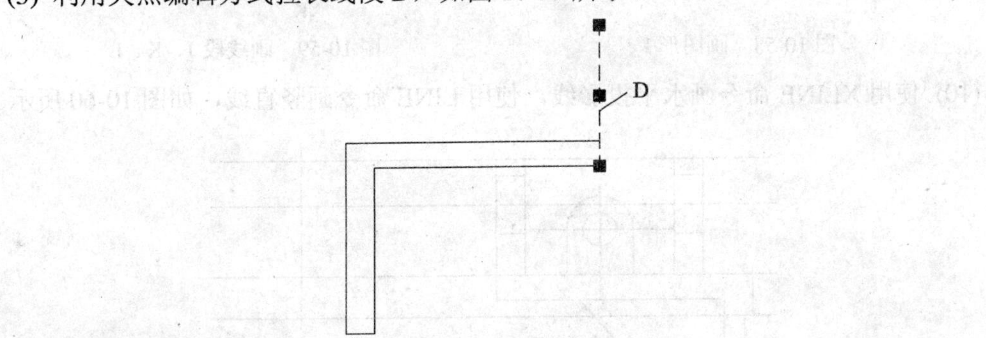

图 10-55 拉长线段 D

(6) 使用 OFFSET、TRIM 及 BREAK 命令绘制图形 E、F，如图 10-56 所示。

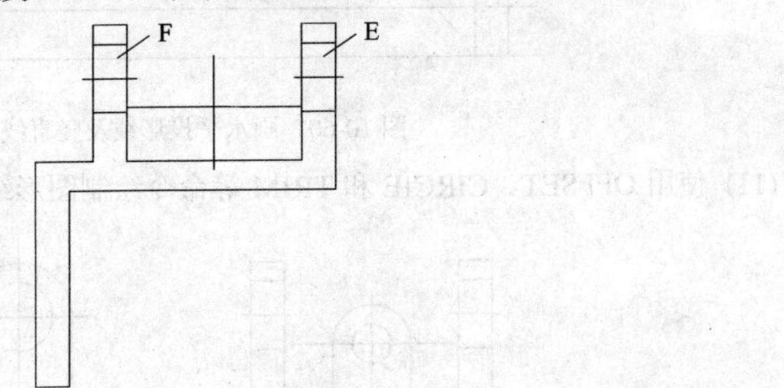

图 10-56 画图形 E、F

(7) 画平行线 G、H，如图 10-57 所示。

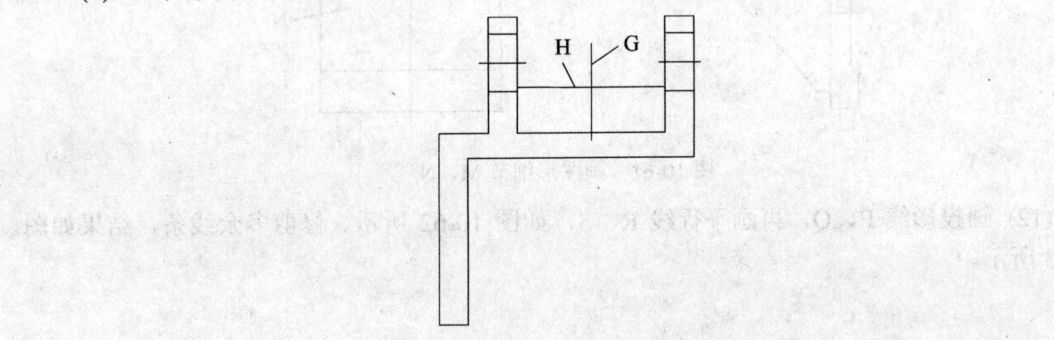

图 10-57 画平行线 G、H

(8) 使用 LINE、CIRCLE 命令画图形 I，如图 10-58 所示。

(9) 使用 LINE 命令画线段 J、K 和 L 等，如图 10-59 所示。

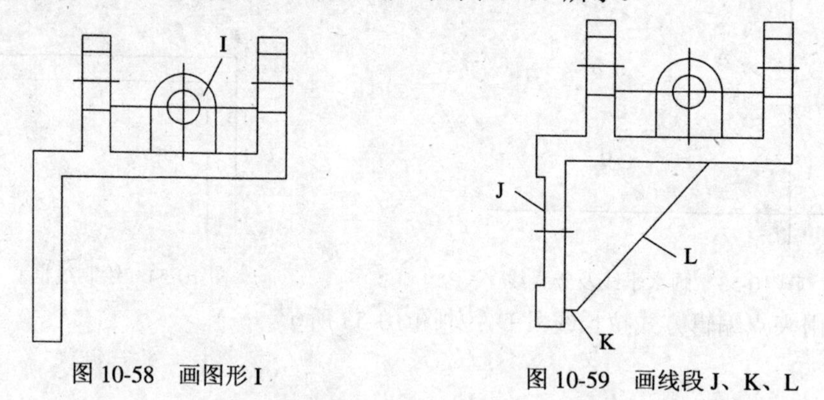

图 10-58　画图形 I　　图 10-59　画线段 J、K、L

(10) 使用 XLINE 命令画水平投影线，使用 LINE 命令画竖直线，如图 10-60 所示。

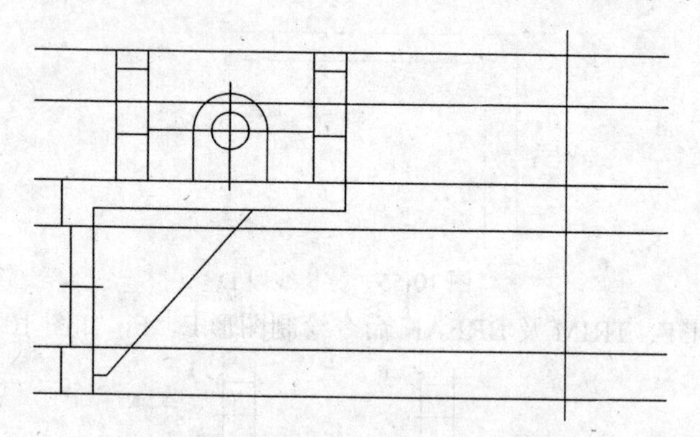

图 10-60　画水平投影线及竖直线

(11) 使用 OFFSET、CIRCIE 和 TRIM 等命令绘制图形细节 M、N，如图 10-61 所示。

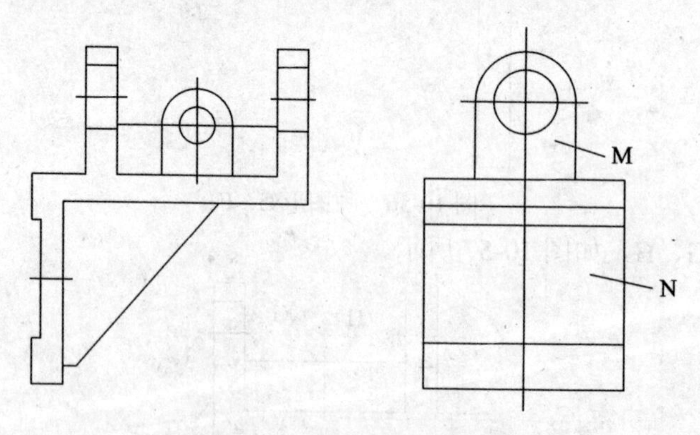

图 10-61　画图形细节 M、N

(12) 画投影线 P、Q，再画平行线 R、S，如图 10-62 所示。修剪多余线条，结果如图 10-63 所示。

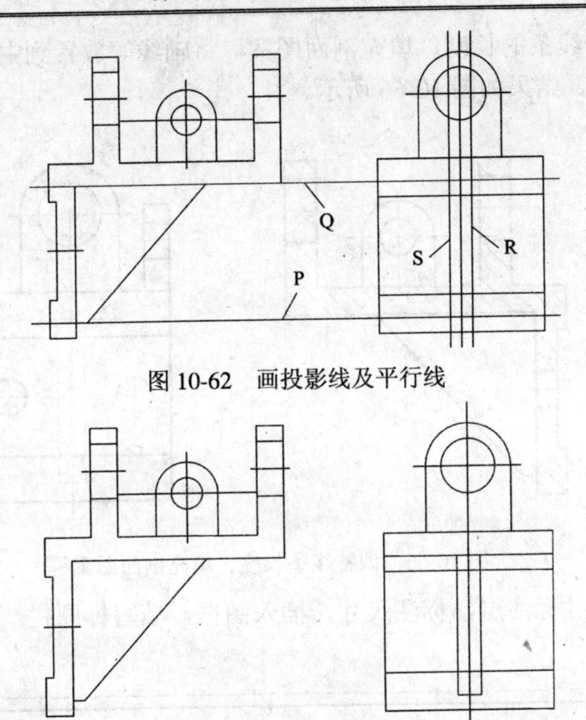

图 10-62 画投影线及平行线

图 10-63 修剪结果

(13) 画投影线及线段 T、U 等，绘制圆 V、W，补画主视图圆轮廓线，如图 10-64 所示。

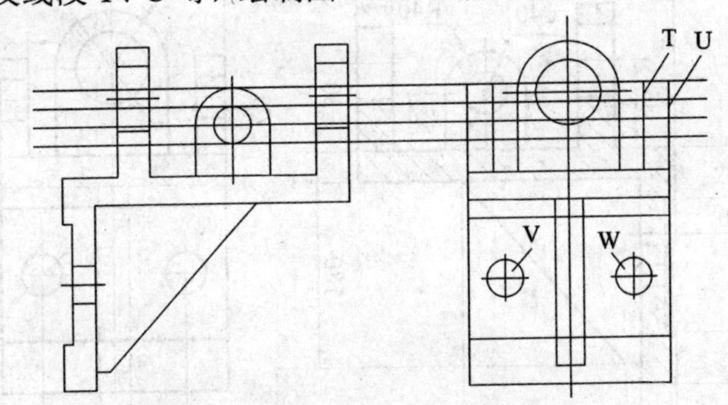

图 10-64 画投影线、直线、圆等

(14) 修剪多余线条，打断过长的直线，结果如图 10-65 所示。

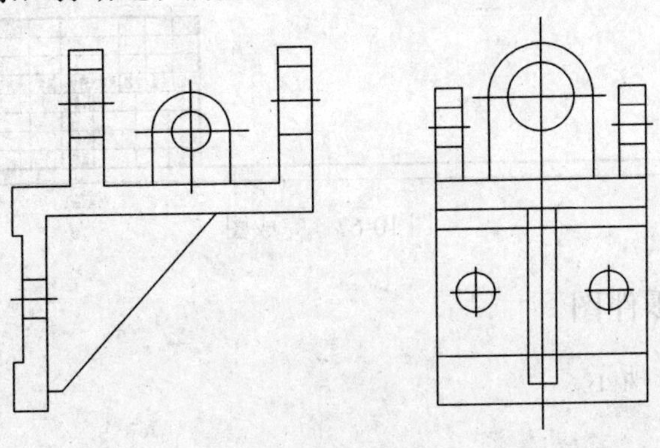

图 10-65 修剪结果

(15) 调整一些线条的长度，填充剖面图案，将轴线等放置到中心线层上，将剖面图案放置到剖面线层上，结果如图 10-66 所示。

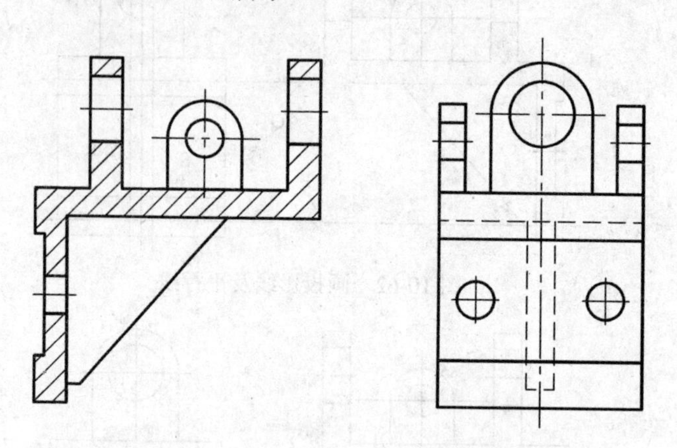

图 10-66 调整线条长度、填充剖面图案等

(16) 切换到尺寸标注层，标注尺寸，插入图框，填写标题栏，完成图形，如图 10-67 所示。

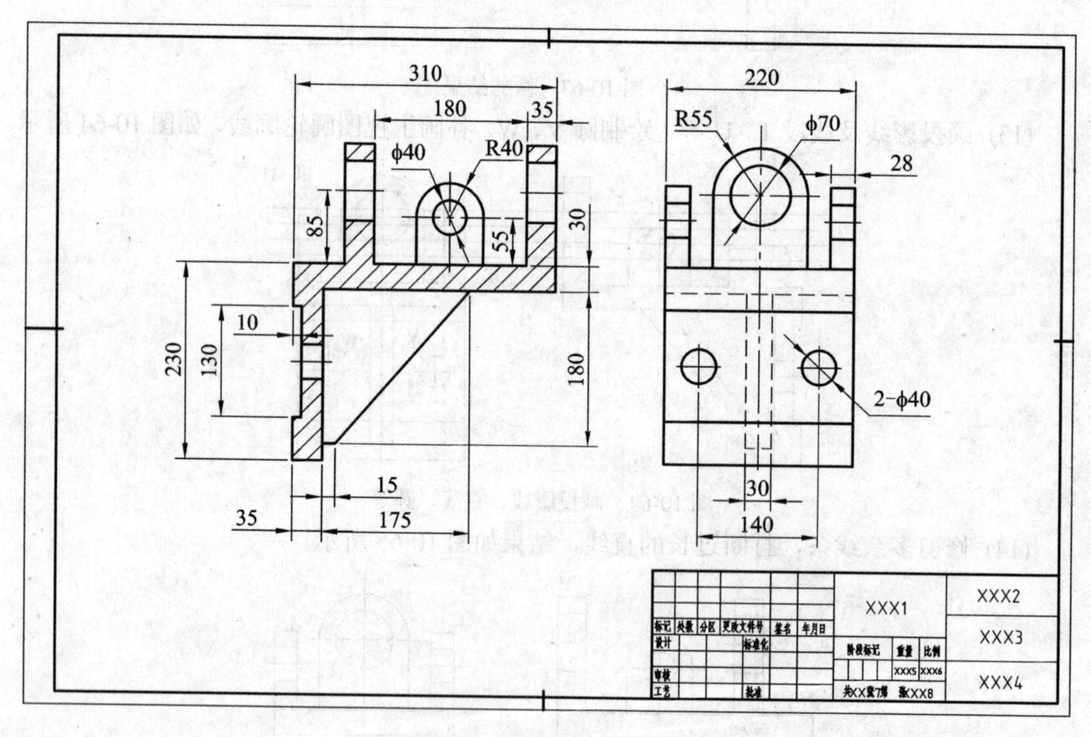

图 10-67 完成图

实训 4 绘制箱体零件图

零件图如图 10-68 所示。

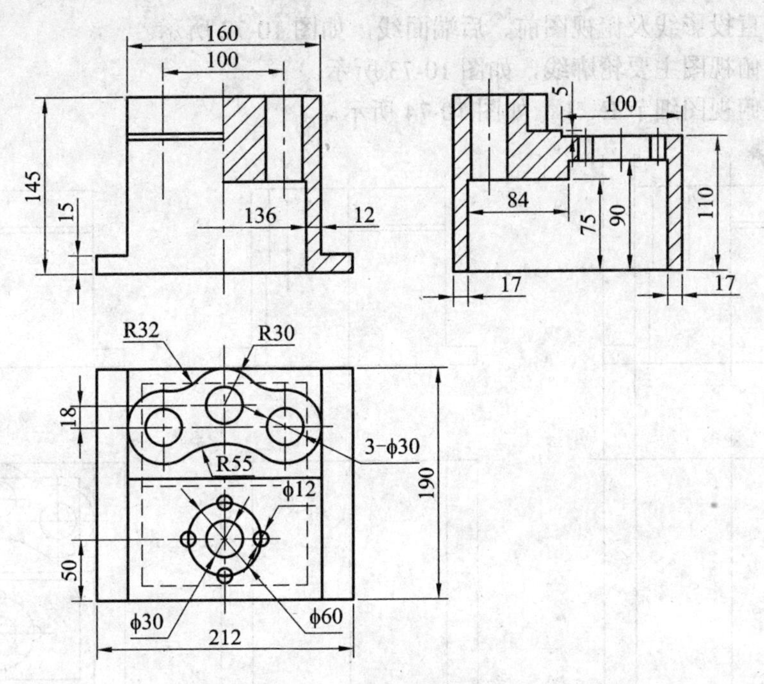

图 10-68　箱体零件图

1. 目的要求

掌握绘制箱体类零件的方法和作图技巧。

2. 操作提示

(1) 打开 A1 样板图。

(2) 打开极轴追踪、对象捕捉及自动追踪功能。设置极轴追踪角度增量为“90”，对象捕捉方式为“端点”、“交点”，仅沿正交方向进行捕捉追踪。

(3) 画主视图底边线 A 及对称线 B，如图 10-69 所示。

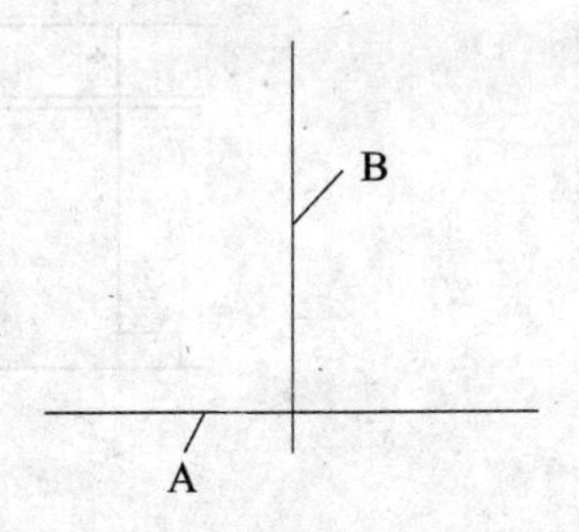

图 10-69　画主视图底边线及对称线

(4) 以线段A、B为作图基准线，使用 OFFSET 及 TRIM 命令形成主视图主要轮廓线，如图 10-70 所示。

(5) 使用 OFFSET 及 TRIM 命令绘制主视图细节 C、D，如图 10-71 所示。

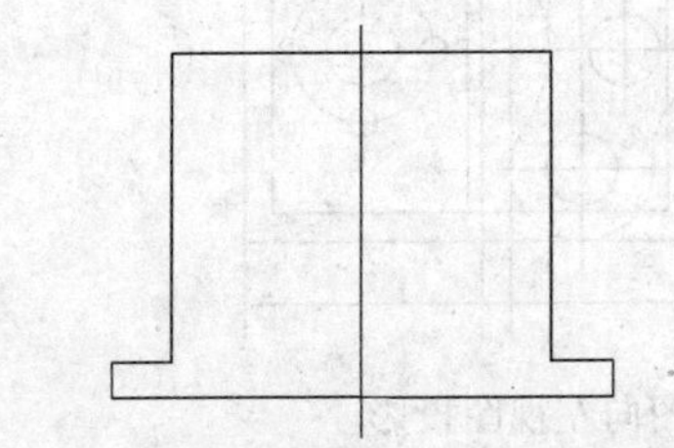

图 10-70　画主要轮廓线

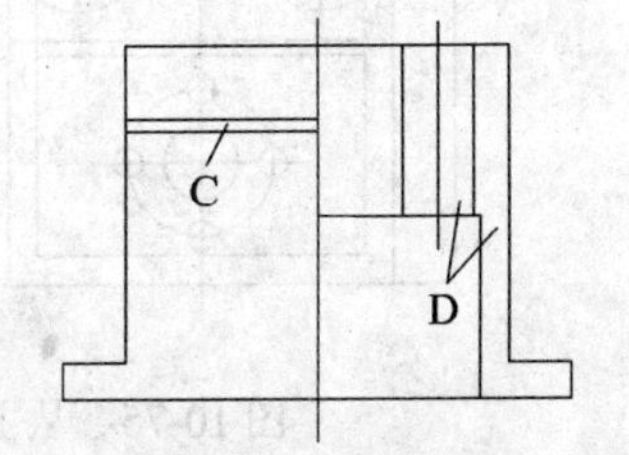

图 10-71　画主视图细节

(6) 画竖直投影线及俯视图前、后端面线，如图 10-72 所示。

(7) 形成俯视图主要轮廓线，如图 10-73 所示。

(8) 绘制俯视图细节 E、F，如图 10-74 所示。

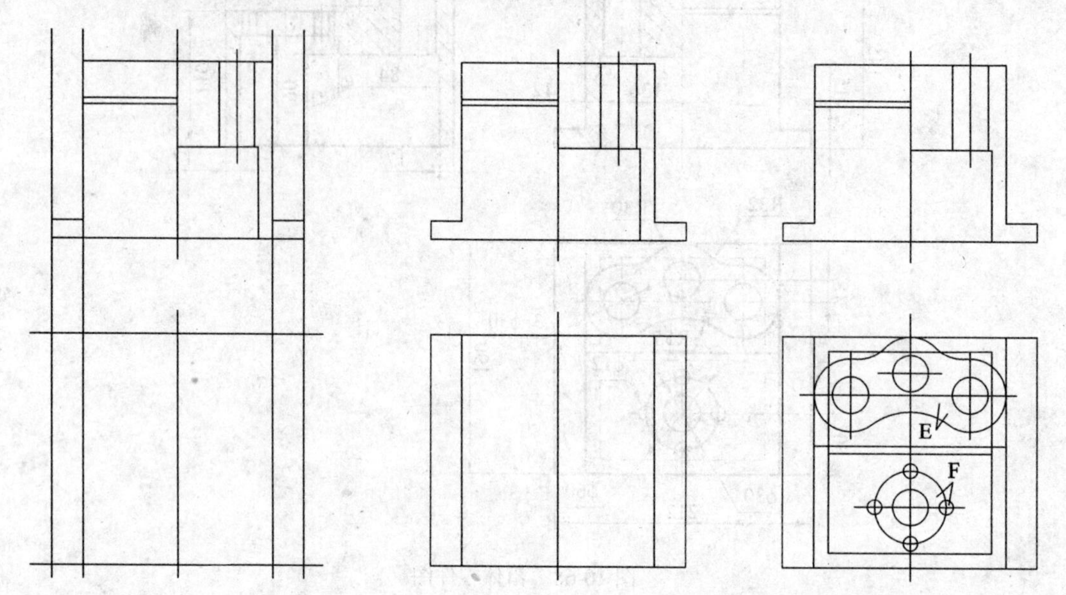

图 10-72 画竖直投影线及俯视图端面线 图 10-73 形成主要轮廓线 图 10-74 画俯视图细节

(9) 绘制俯视图并将其旋转 90°，然后从主视图、俯视图向左视图投影，如图 10-75 所示。

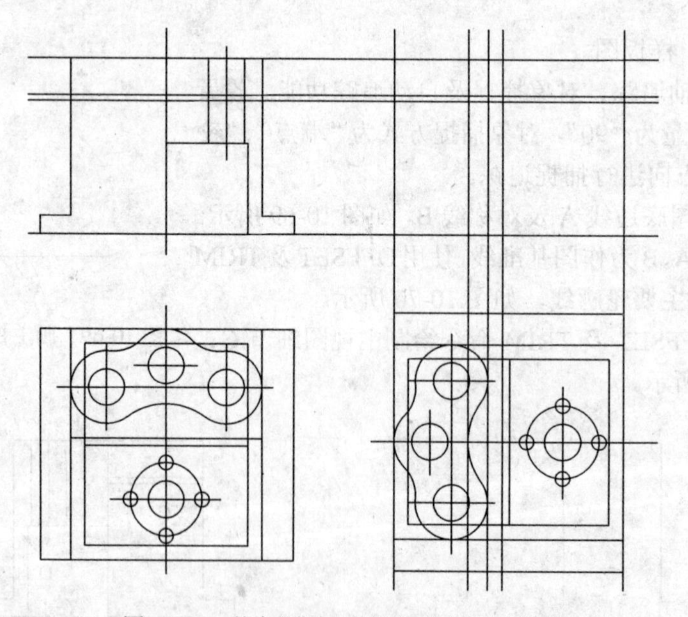

图 10-75 从主视图、俯视图向左视图投影

(10) 形成左视图主要轮廓线，如图 10-76 所示。

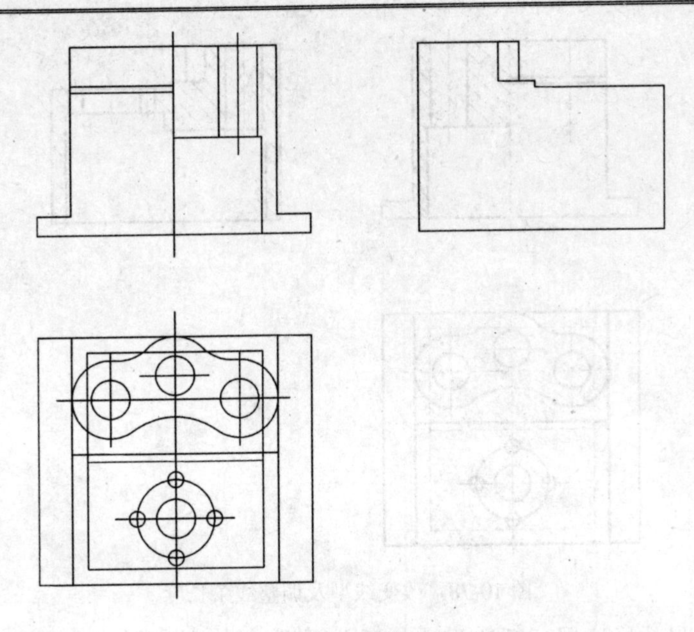

图 10-76 形成左视图主要轮廓线

(11) 画左视图细节 G、H，如图 10-77 所示。

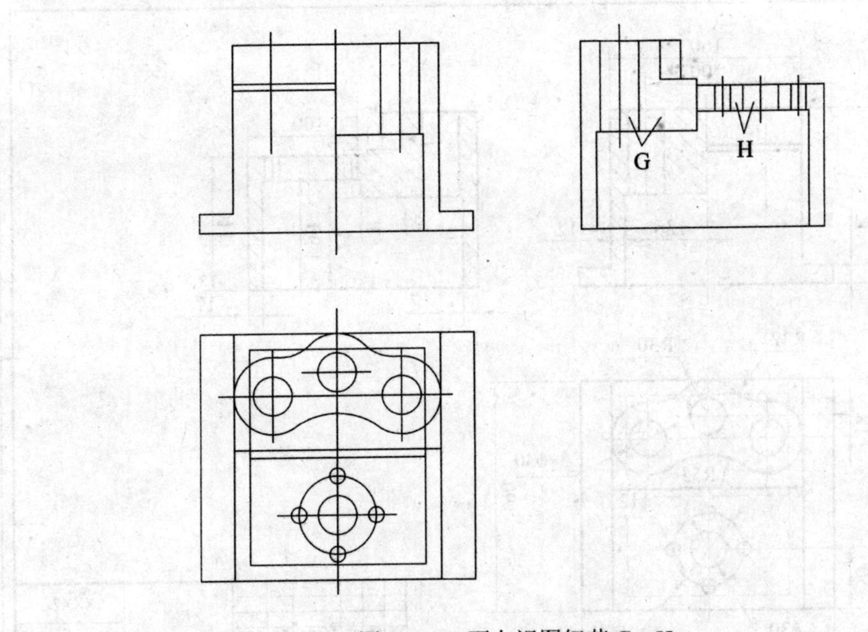

图 10-77 画左视图细节 G、H

(12) 调整一些线条的长度，填充剖面图案，将轴线等放置到中心线层上，将剖面图案放置到剖面线层上，虚线放置在虚线层，结果如图 10-78 所示。

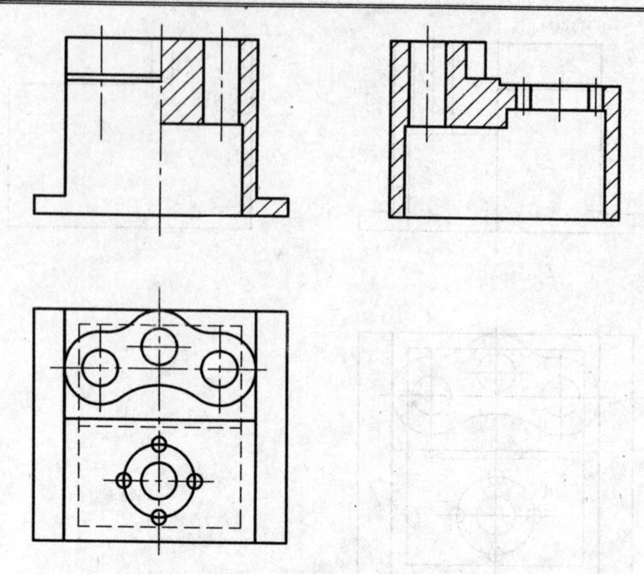

图 10-78 改变线型及调整线条长度

(13) 切换到尺寸标注层，标注尺寸，插入图框，填写标题栏，完成图形，如图 10-79 所示。

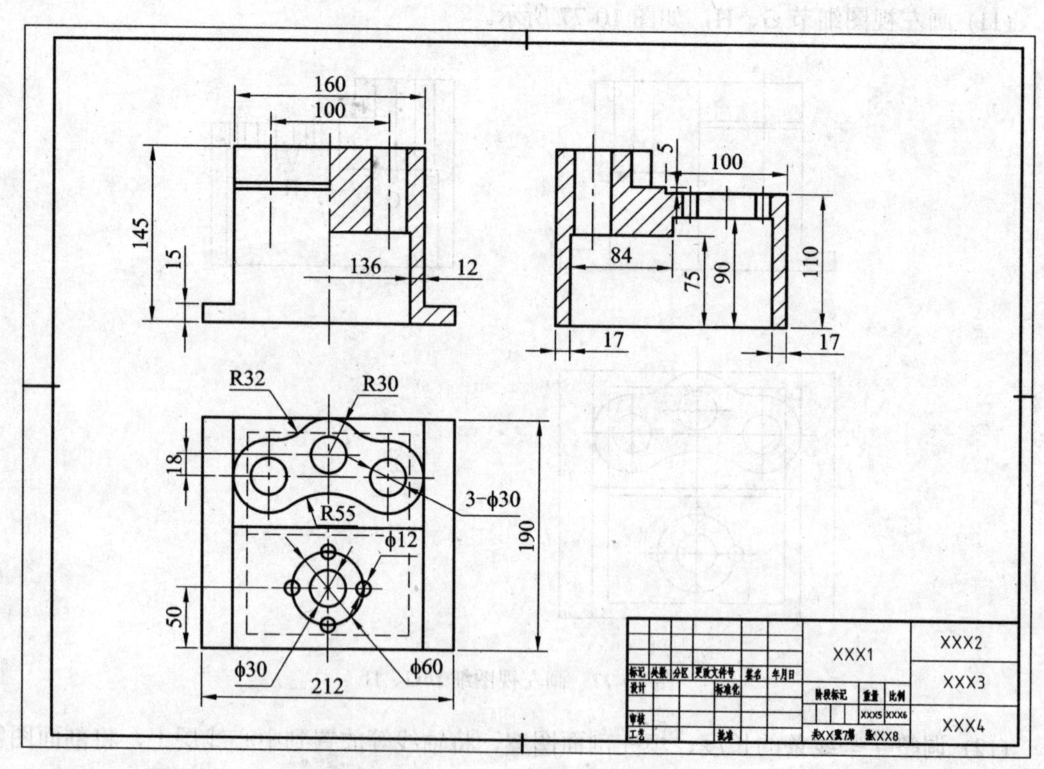

图 10-79 完成图

参 考 文 献

[1] 李喜华，等. AutoCAD 实用教程(2006 中文版). 哈尔滨：哈尔滨工业大学出版社，2007
[2] 姜勇，等. AutoCAD 应用实用教程. 北京：人民邮电出版社，2008
[3] 胡仁喜，等. AutoCAD 2006 中文版标准教程. 北京：科学出版社，2006
[4] 郑玉金. 中文版 AutoCAD 2004 应用实例与技巧. 成都：电子科技大学出版社，2004
[5] 黄小龙. AutoCAD 2005 机械制图一册通. 北京：人民邮电出版社，2005

现代控制理论基础(舒欣梅)	14.00	数控加工与编程(第二版)(高职)(詹华西)	23.00
过程控制系统及工程(杨为民)	25.00	数控加工工艺学(任同)	29.00
控制系统仿真(党宏社)	21.00	数控加工工艺(高职)(赵长旭)	24.00
模糊控制技术(席爱民)	24.00	数控加工工艺课程设计指导书(赵长旭)	12.00
工程电动力学(修订版)(王一平)(研究生)	32.00	数控加工编程与操作(高职)(刘虹)	15.00
工程力学(张光伟)	21.00	数控机床与编程(高职)(饶军)	24.00
工程力学(皮智谋)(高职)	12.00	数控机床电气控制(高职)(姚勇刚)	21.00
理论力学(张功学)	26.00	数控应用专业英语(高职)(黄海)	17.00
材料力学(张功学)	27.00	机床电器与 PLC(高职)(李伟)	14.00
材料成型工艺基础(刘建华)	25.00	电机及拖动基础(高职)(孟宪芳)	17.00
工程材料及应用(汪传生)	31.00	电机与电气控制(高职)(冉文)	23.00
工程材料与应用(戈晓岚)	19.00	电机原理与维修(高职)(解建军)	20.00
工程实践训练(周桂莲)	16.00	供配电技术(高职)(杨洋)	25.00
工程实践训练基础(周桂莲)	18.00	金属切削与机床(高职)(聂建武)	22.00
工程制图(含习题集)(高职)(白福民)	33.00	模具制造技术(高职)(刘航)	24.00
工程制图(含习题集)(周明贵)	36.00	模具设计(高职)(曾霞文)	18.00
工程图学简明教程(含习题集)(尉朝闻)	28.00	冷冲压模具设计(高职)(刘庚武)	21.00
现代设计方法(李思益)	21.00	塑料成型模具设计(高职)(单小根)	37.00
液压与气压传动(刘军营)	34.00	液压传动技术(高职)(简引霞)	23.00
先进制造技术(高职)(孙燕华)	16.00	发动机构造与维修(高职)(王正键)	29.00
机械原理多媒体教学系统(资料)(书配盘)	120.00	机动车辆保险与理赔实务(高职)	23.00
机械工程科技英语(程安宁)	15.00	汽车典型电控系统结构与维修(李美娟)	31.00
机械设计基础(郑甲红)	27.00	汽车机械基础(高职)(娄万军)	29.00
机械设计基础(岳大鑫)	33.00	汽车底盘结构与维修(高职)(张红伟)	28.00
机械设计(王宁侠)	36.00	汽车车身电气设备系统及附属电气设备(高职)	23.00
机械设计基础(张京辉)(高职)	24.00	汽车单片机与车载网络技术(于万海)	20.00
机械基础(安美玲)(高职)	20.00	汽车故障诊断技术(高职)(王秀贞)	19.00
机械 CAD/CAM(葛友华)	20.00	汽车营销技术(高职)(孙华宪)	15.00
机械 CAD/CAM(欧长劲)	21.00	汽车使用性能与检测技术(高职)(郭彬)	22.00
机械 CAD/CAM 上机指导及练习教程(欧)	20.00	汽车电工电子技术(高职)(黄建华)	22.00
画法几何与机械制图(叶琳)	35.00	汽车电气设备与维修(高职)(李春明)	25.00
《画法几何与机械制图》习题集(邱龙辉)	22.00	汽车使用与技术管理(高职)(边伟)	25.00
机械制图(含习题集)(高职)(孙建东)	29.00	汽车空调(高职)(李祥峰)	16.00
机械设备制造技术(高职)(柳青松)	33.00	汽车概论(高职)(邓书涛)	20.00
机械制造基础(高职)(郑广花)	21.00	现代汽车典型电控系统结构原理与故障诊断	25.00